개념, 용어, 이론을 쉽게 정리한

기초 물리 사전

오가와 신지로 지음 | 오시연 옮김 | 정광훈 감수

그린북

개념, 용어, 이론을 쉽게 정리한

기초 물리 사전

초판 1쇄 발행 | 2023년 5월 22일 **3쇄 발행** | 2024년 9월 30일

지은이 | 오가와 신지로 **옮긴이** | 오시연 **감수** | 정광훈

펴낸곳 | 도서출판 그린북
펴낸이 | 윤상열
기획편집 | 서영옥 최은영 고은희
디자인 | 김규림
마케팅 | 윤선미
경영관리 | 김미홍
출판등록 | 1995년 1월 4일(제10-1086호)
주소 | 서울시 마포구 방울내로11길 23 두영빌딩 3층
전화 | 02-323-8030~1
팩스 | 02-323-8797
이메일 | gbook01@naver.com
블로그 | blog.naver.com/gbook01

ISBN | 978-89-5588-437-1 43420

● 물리학으로 미래를 예측하자

물리학은 미래를 예측할 수 있는 학문이다. 고대 인류는 천체의 움직임을 보고 세상이 어떤 구조로 움직이는지 밝혀냈고 미래의 세상도 떠올렸다. 물리학의 사명은 세상을 정확하게 파악하고 미래를 높은 정확도로 예측하는 것이다. 물리학은 세상의 다양한 현상을 포착하는 방법들만큼이나 분야가 무척다양하다. 또한 정확하게 이해하고 예측하기 위해 수학 공식을 이용해 사고한다.

만약 내일 날씨를 예측하는 데 사흘이 걸린다면 아무런 의미가 없을 것이다. 날씨를 결정짓는 대기 중 온도, 습도, 기압 등을 정확하게 측정하거나 계산하기란 쉽지 않다. 따라서 더 쉽게 예측할 수 있는 공식을 생각하는 것도 물리학 공부의 즐거움 중 하나라고 할 수 있다.

● 물리학으로 기술이 발전한다

야구 경기에서 타자가 친 공이 어디로 떨어질지는 날아가는 공의 처음 속도와 각도를 알면 거의 정확하게 계산할 수 있다. 그렇다면 공중에 날아가는 공을 잡으려 하는 외야수는 속도와 각도를 그 자리에서 급하게 계산하고 있을까? 그렇진 않을 것이다. 외야수는 타격 소리나 공이 뜨는 방식을 보고 자신의 경험을 바탕으로 낙하 지점을 예측한다(가끔 실패하기도 한다). 이렇듯 경험으로 얻은 기술을 더욱 향상하려면, 현상을 분석하고 수식으로 만들어 다음에 일어날 일을 예측할 수 있는 물리학이 필요하다.

● 물리학으로 리얼리티를 추구한다

영화나 그림에 묘사된 세상을 볼 때 우리는 자신의 경험에 비추어 공감하고 현실감을 느낀다. 우리는 물리학의 법칙과 공식을 몰라도 세상이 어떻게 보이고 변화하는지에 대한 '물리학 관점의 올바름'을 경험을 통해 알고 있다. 르네상스 시대에 발전한 투시도법(원근법)과 색채 표현 기술부터 현대의 3D 영화 촬영 기술에 이르기까지 현실감을 표현하는 기술은 물리학의 뒷받침 아래 발전해 왔다. 깊이 있는 예술 표현은 이러한 기술로 얻은 현실감을 바탕으로 한 걸음 더 나아가고 있지 않을까?

● 물리학으로 세상을 바꾼다

자동차, 스마트폰과 같이 눈에 보이는 기술 분야뿐 아니라 인터넷 쇼핑과 같이 서비스 분야에서도 지난 수십 년간 큰 변화가 있었다. 앞으로도 정치·경제를 비롯한 모든 분야에서 혁신을 통한 대규모 변화가 필요할 것이다. 그렇다면 사회 구조와 우리 삶을 크게 바꾸는 독창적인 아이디어는 어떻게 생겨났을까?

테슬라와 스페이스X를 세운 일론 머스크는 물리학을 배워 세상을 바꾸자고 강조했다. 물리학에는 일상 속 상식으로는 상상하지 못할 아이디어가 무궁무진하다. 물체를 원리까지 파고들어 생각하고 이를 재구성하여 얻은 아이디어들이다. 물리학 공부는 미래의 모든 분야에서 혁신의 토대를 제공할 것이다. 물리학은 과학자의 전유물이 아니다.

● 이 책에서 배울 수 있는 점

이 책은 고등학교의 기초 물리학을 처음부터 배우고 싶은 사람을 대상으로 썼다. 고등학교 물리를 다시 배우고 싶은 일반 독자뿐 아니라 앞으로 배우려는 고등학생이나 중학생이 사전 지식 없이도 읽을 수 있도록 우리 주변의 친

숙한 현상을 예로 들어 문제를 내는 것으로 시작한다. 문제의 답을 설명하면서 그 이면의 물리학, 그리고 이를 나타내는 수식을 제시하고 단계별로 자세히 살펴본다. 이 책 한 권에 고등학교 물리의 웬만한 주제를 다루고 있으니, 먼저 문제와 그 답에 대한 설명부터 읽고 전체적인 짜임새를 파악하는 것도 좋겠다.

이 책의 집필 목적은 물리학을 배워서 '실제 현상에서 어떤 법칙을 배울 수 있을까', '현실 세계를 이론으로 어떻게 설명할 수 있을까'를 생각하는 즐거움을 얻게 하는 것이다. 하지만 고등학교에서 배우는 기초 물리학에도 현실과 다소 동떨어진 이론이 여럿 등장한다. 이에 대해 '내가 알고 있는 세상과 다르다'라며 외면하지 말고 '앞으로의 세상을 바꿀 참신한 아이디어의 원천'이라는 태도로 접근해 보자.

오가와 신지로

$$\boxed{\text{차 례}}$$

제 1 장   여러 가지 힘과 운동

제 2 장   물체의 운동

제3장 열과 에너지

제4장 반복되는 현상

제5장 파동의 특성

제6장 전기와 자기

제**7**장 원자핵의 구조

제1장

여러 가지
힘과 운동

1-1

가마를 멘 사람 중
누가 더 힘들까?

중력과 무게중심,
벡터의 평형과 모멘트의 평형

문제

두 사람이 가마를 메고 계단을 오르내린다고 생각해 보자. 계단 위쪽에 있는 사람과 아래쪽에 있는 사람 중 누가 더 힘들까?

그림과 같이 A와 B가 50kg짜리 가마를 메고 가고 있다. 두 사람은 무게중심에서 같은 거리의 지점을 떠받치고 있다. B가 계단 위쪽에 있을 때, 둘 중 누가 좀 더 힘껏 가마를 받쳐야 할까?

① A(아래쪽)　　　　② B(위쪽)　　　　③ 둘 다 똑같다.

④ 계단을 올라가느냐 내려오느냐에 따라 다르다.

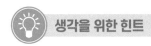

실제로는 봉 위에 가마가 얹혀 있는지(a), 반대로 봉 아래에 가마가 매달려 있는지(b)에 따라 힘든 사람이 다르다.

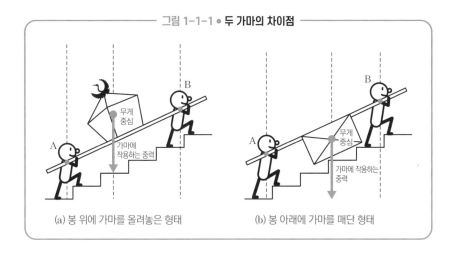

그림 1-1-1 ● 두 가마의 차이점

(a) 봉 위에 가마를 올려놓은 형태

(b) 봉 아래에 가마를 매단 형태

정답 ① A(아래쪽)

(a)처럼 봉 위에 가마를 올려놓으면 계단을 오르든 내려가든 계단 아래쪽에 있는 사람이 더 힘들다. 반면 (b)처럼 봉 아래에 가마를 매달면 계단 위쪽에 있는 사람이 힘들다. 이 차이는 무게중심과 사람 어깨 사이의 수평 거리 때문에 생긴다.

● 무게중심까지의 수평 거리가 짧은 쪽이 더 힘들다

평지에서는 A와 B가 가마의 무게중심에서 같은 거리에 있으므로 두 사람이 가마를 떠받치는 힘은 같을 것이다. 그러나 가마가 기울어지면 무게중심(중력이 작용하는 지점: 여기서는 가마의 중심이 무게중심이다)이 A에 가까워진다. 두 사람과 가마의 무게중심까지의 수평 거리를 각각 비교해 보자.

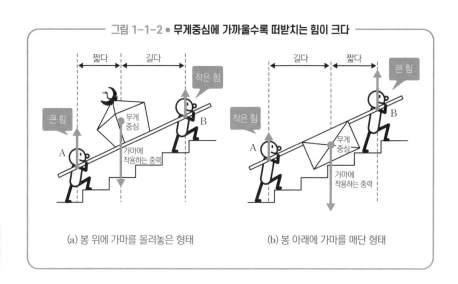

그림 1-1-2 ● 무게중심에 가까울수록 떠받치는 힘이 크다

짧다　　　길다

작은 힘

큰 힘

무게중심

가마에 작용하는 중력

A

B

길다　　　짧다

큰 힘

작은 힘

무게중심

가마에 작용하는 중력

A

B

(a) 봉 위에 가마를 올려놓은 형태

(b) 봉 아래에 가마를 매단 형태

그림 1-1-2의 (a)를 보면 계단 아래쪽에 있어 무게중심에 더 가까운 A가 더 힘들다는 것을 알 수 있다. 물론 이 앞에 내려가는 계단이 있다면 이번에는 먼저 내려가는 B가 더 큰 힘을 써야 한다.

반대로 봉 아래에 가마가 있으면 계단 위쪽에 있는 B가 더 힘들어진다. 그림 1-1-2의 (b)처럼 이때는 무게중심에 더 가까운 B가 더 큰 힘으로 가마를 지탱해야 한다. 책상과 같이 큰 물건을 옮길 때도 위쪽과 아래쪽 중 어디를 잡느냐에 따라 힘든 정도가 달라진다.

 한 번 더 생각하기

● **중력은 질량에 비례하여 작용한다**

힘의 크기 단위는 N(뉴턴: 물리학자 아이작 뉴턴의 이름)으로 표시한다. 질량이 1kg인 물체에 대해 지구 표면에서 작용하는 중력의 크기는 9.8N이다. 즉 50kg인 가마에 작용하는 중력은 490N이다.

물체에 작용하는 중력의 크기 $[N]$ = 물체의 질량 $[kg] \times 9.8 \, [m/s^2]$

50kg의 가마에 작용하는 중력의 크기 $[N]$ = $50 \times 9.8 = 490N$

우리는 평소에 질량과 '중력'을 구분하지 않고 '무게'라고 부른다. 하지만 높이 올라가면 질량은 변하지 않아도 중력이 작아지므로 물리학에서는 이 둘을 구별해서 부른다.

● 힘에는 크기와 방향이 있다

힘에는 크기뿐 아니라 방향도 있다. 힘이 작용하는 곳(작용점)을 시작으로 힘이 작용하는 방향의 화살표로 나타낸다. 이 화살표를 벡터라고 한다. 그림 1-1-3과 같이 힘의 크기는 화살표의 길이로 표현되며(길이 1cm의 화살표로 10N 의 힘을 나타내는 등 비율은 그때그때 결정한다) 힘이 작용하는 방향으로 그은 직선을 작용선이라고 한다.

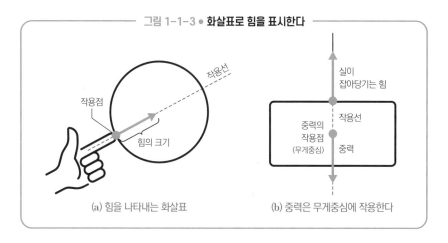

그림 1-1-3 ● 화살표로 힘을 표시한다

(a) 힘을 나타내는 화살표   (b) 중력은 무게중심에 작용한다

중력은 물체의 각 부분에 작용하며, 그것들을 합친 힘이 한 점에 집중해서 작용한다고 보면 된다. 이 점을 무게중심이라고 한다. 무게중심의 위치는 실에 물체를 매달았을 때 실이 당기는 힘의 작용선에 있다.

● 벡터의 평형으로 떠받치는 힘의 합을 알 수 있다

중력이 작용하는 물체에 중력의 작용선 반대 방향으로 힘을 가하면(다시 말해, 무게중심 아래를 잡거나 무게중심 위를 실로 당기는 등) 그 물체를 떠받칠 수 있다. 이때 떠받치는 힘의 크기는 중력과 같다. 또 두 힘의 화살표(벡터)는 길이는 같지만 방향은 반대다. 이 상태를 '물체에 작용하는 두 힘(벡터)이 평형을 이루고 있다'고 한다.

물체에 작용하는 두 힘(벡터)이 평형을 이룬다.

= 두 힘의 크기가 같으며, 같은 작용선에서 서로 반대 방향으로 작용하고 있다.

그림 1-1-4 ● 가방에 작용하는 힘(벡터)이 평형을 이룬다

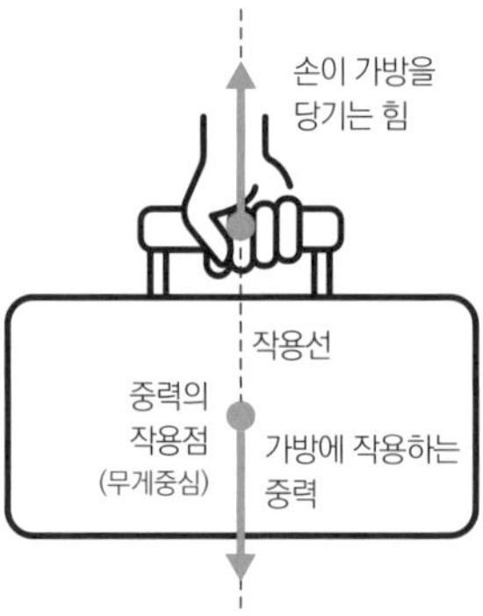

두 사람이 물체를 함께 떠받칠 때는 두 사람이 떠받치는 힘의 합(이것을 알짜힘(합력)이라고 한다)이 중력과 평형을 이룬다.

A가 떠받치는 힘과 B가 떠받치는 힘의 알짜힘

= 가마에 작용하는 중력과 크기(490N)는 같고 방향은 반대

● 모멘트의 평형을 이용해 떠받치는 힘의 비율을 알 수 있다

두 사람이 떠받치는 힘을 합치면 490N이다. 그러면 그 비율은 어떻게 될까? 그림 1-1-5와 같이 두 사람이 떠받치는 힘의 비율은 중력의 작용선까지의 거리로 결정된다. 저울의 양쪽 저울판에 물건을 놓고 계산할 때처럼 중력의 작용선까지의 거리와 떠받치는 힘의 크기를 곱한 값은 A와 B가 서로 같다.

중력의 작용선에서 A까지의 거리 × A가 떠받치는 힘의 크기

= 중력의 작용선에서 B까지의 거리 × B가 떠받치는 힘의 크기

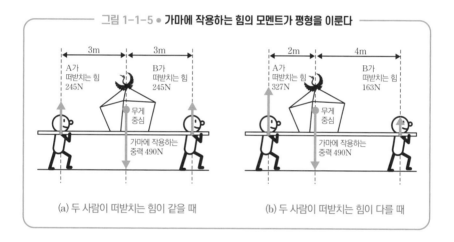

그림 1-1-5 ● 가마에 작용하는 힘의 모멘트가 평형을 이룬다

(a) 두 사람이 떠받치는 힘이 같을 때

(b) 두 사람이 떠받치는 힘이 다를 때

A의 힘이 너무 강하면 가마는 시계 방향으로 회전하고, B의 힘이 너무 강하면 반시계 방향으로 회전한다. 이런 이유로 위의 식과 같이 '거리'와 '힘의 크기'의 곱을 '회전 작용(모멘트)'이라고 한다. 가마를 안정적으로 떠받칠 때는 A가 떠받치는 힘의 모멘트와 B가 떠받치는 힘의 모멘트가 평형을 이룬 상태다.

벡터의 평형과 모멘트의 평형을 함께 고려하면 두 사람이 떠받치는 힘의 크기를 구할 수 있다.

> ▶ 두 사람이 떠받치는 알짜힘(벡터)과 가마에 작용하는 중력(벡터)이 평형을 이룬다.
> ▶ A가 떠받치는 힘의 모멘트와 B가 떠받치는 힘의 모멘트가 평형을 이룬다.

이 문제에서 두 사람이 떠받치는 힘의 알짜힘은 490N이 될 것이다. 그림 1-1-5의 (b)를 예로 들면, A에서 무게중심까지의 거리와 B에서 무게중심까지의 거리의 비는 1 : 2이다. 즉 A가 떠받치는 힘은 B의 2배가 된다. 따라서 A가 떠받치는 힘은 약 327N이고 B가 떠받치는 힘은 약 163N임을 알 수 있다.

문자식을 사용한 관계식

벡터의 평형 $\vec{F} + \vec{W} = 0$

가마를 위로 받치는 두 힘(힘 A와 힘 B)의 알짜힘: $\vec{F}$ (N)

가마에 작용하는 중력: $\vec{W}$ (N)

모멘트의 평형 $\vec{r_A} \times \vec{F_A} = \vec{r_B} \times \vec{F_B}$

가마를 위로 받치는 힘 A: $\vec{F_A}$ (N) (크기: F_A (N))

가마를 위로 받치는 힘 B: $\vec{F_B}$ (N) (크기: F_B (N))

가마에 작용하는 중력의 작용선에서 힘 A의 작용점까지의 변위:

$\vec{r_A}$ (m) (크기: r_A (m))

가마에 작용하는 중력의 작용선에서 힘 B의 작용점까지의 변위:

$\vec{r_B}$ (m) (크기: r_B (m))

1-2

아이는 엄마를 도울 수 있을까?

방향이 다른 두 힘의 알짜힘, 힘의 합성·분해·성분

문제

장을 보고 집에 오는 길에 엄마가 들고 있는 3kg짜리 장바구니 한쪽을 아이가 잡고 도와주려고 한다. 이때 두 사람이 당기는 힘을 생각해 보자.

엄마와 아이가 그림과 같이 장바구니를 들고 있을 때 누가 더 큰 힘으로 장바구니를 잡아당기고 있을까?

① 엄마 ② 아이

③ 두 사람의 힘의 크기는 같다. ④ 이 그림으로는 알 수 없다.

생각을 위한 힌트

엄마가 당기는 힘과 아이가 당기는 힘을 합치면 장바구니에 작용하는 중력과 평형을 이루고 있을 것이다. 이를 그림으로 그려서 생각하면, 장바구니의 손잡이 방향을 이용해 당기는 힘을 계산할 수 있다.

정답 ① 엄마

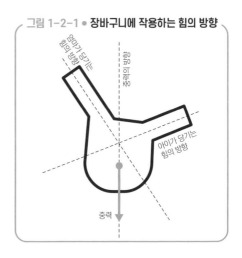

그림 1-2-1 ● 장바구니에 작용하는 힘의 방향

엄마가 당기는 힘의 방향
중력의 작용선
아이가 당기는 힘의 방향
중력

두 사람이 장바구니를 당기는 방향이 다를 때는 위쪽에 가까이 있는 힘이 더 크다. 따라서 이 그림을 보면 엄마가 더 큰 힘으로 장바구니를 잡아당기고 있다. 물론 작은 힘이긴 하지만 아이도 열심히 엄마를 돕고 있다.

● **중력과 평형을 이루는 힘을 계산하자**

그럼 이제 두 사람이 잡아당기는 힘을 계산해 보자. 우선 엄마가 혼자 장바구니를 들고 있을 때를 생각해 보자. 장바구니에 작용하는 중력의 작용선에서 중력과 같은 크기의 힘으로 손잡이를 위쪽으로 당기면 장바구니를 지탱할 수 있다.

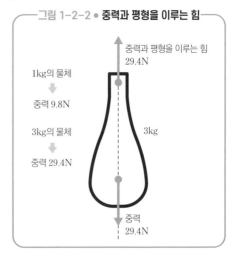

그림 1-2-2 ● 중력과 평형을 이루는 힘

중력과 평형을 이루는 힘
29.4N

1kg의 물체
↓
중력 9.8N

3kg의 물체
↓
중력 29.4N

3kg

중력
29.4N

1
–
2

아이는 엄마를 도울 수 있을까?

● 알짜힘을 분해해서 원래의 힘을 구한다

두 사람이 힘을 합쳐 함께 당겼을 때는 그림처럼 두 사람이 당기는 힘의 방향은 알지만 힘의 크기는 알 수 없다. 두 사람이 당기는 힘의 알짜힘은 그림 1-2-2처럼 중력과 평행을 이룰 것이다. 이렇게 방향이 서로 다른 두 힘의 알짜힘은 평행사변형법을 통해 알아볼 수 있다.

> ▶ **평행사변형법**
>
> 방향이 다른 두 힘을 합칠 때 평행사변형의 대각선은 각 힘의 화살표를 변으로 하여 알짜힘을 나타내는 화살표가 된다.

여 러 가 지 힘 과 운 동

이 법칙을 사용하면 반대로 중력과 평형을 이루는 힘을 분해해서 두 사람이 각각 당기는 힘을 선으로 그려서 구할 수도 있다.

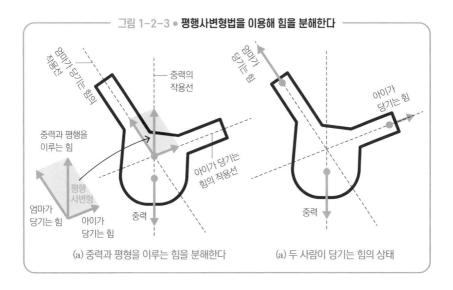

그림 1-2-3 ● 평행사변형법을 이용해 힘을 분해한다

(a) 중력과 평형을 이루는 힘을 분해한다   (a) 두 사람이 당기는 힘의 상태

엄마와 아이가 당기는 힘의 작용선을 이용하여 중력과 평형을 이루는 힘이 대각선이 되는 평행사변형을 만든다. 이 평행사변형의 두 변이 두 사람이 잡

아당기는 힘의 크기와 방향을 나타낸다. 이렇게 얻은 두 힘을 각각의 작용선을 따라 이동시키면 엄마가 당기는 힘과 아이가 당기는 힘을 알 수 있다. 평행사변형이 마름모꼴이라면 두 사람의 당기는 힘은 같다.

한 번 더 생각하기

● 평행사변형법을 이용한 계산과 가마의 계산은 같다

앞서 다룬 가마를 짊어질 때의 힘과 여기서 소개한 평행사변형법은 얼핏 달라 보이지만 실은 같은 내용이다. 그림 1-2-4와 같이 아이가 당기는 힘을 엄마의 손 높이와 같아질 때까지 아이가 당기는 힘의 작용선을 따라 올려 보자. 그리고 두 사람이 당기는 힘을 각각 위로 당기는 힘과 옆으로 당기는 힘으로 분해해 보면 다음과 같은 관계를 알 수 있다.

엄마가 왼쪽으로 당기는 힘의 크기 = 아이가 오른쪽으로 당기는 힘의 크기

엄마가 위로 당기는 힘의 크기 × a = 아이가 위로 당기는 힘의 크기 × b

이렇게 힘의 작용점이 같은 높이가 되도록 이동하여 비교하면, 두 사람이

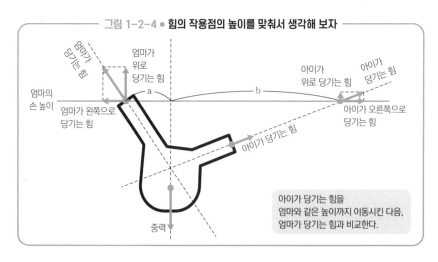

— 그림 1-2-4 ● **힘의 작용점의 높이를 맞춰서 생각해 보자** —

엄마가 당기는 힘

엄마가 위로 당기는 힘

엄마의 손 높이

엄마가 왼쪽으로 당기는 힘

a

아이가 위로 당기는 힘

아이가 당기는 힘

b

아이가 오른쪽으로 당기는 힘

아이가 당기는 힘

중력

아이가 당기는 힘을 엄마와 같은 높이까지 이동시킨 다음, 엄마가 당기는 힘과 비교한다.

위로 당기는 힘은 중력 작용선까지의 거리의 비에 반비례한다. 이는 가마를 계산할 때와 같은 방식이다. 또한 아이가 오른쪽으로 당기는 만큼 엄마가 왼쪽으로 당겨서 평형을 이룬다는 것도 잘 알 수 있다.

● 식칼로 힘의 분해를 이용한다

날카로운 식칼로 재료를 으깨지 않고도 자를 수 있다. 이 또한 평행사변형법으로 생각해 보면 이해할 수 있다. 칼날 표면에 수직인 방향으로 재료에 힘이 가해진다. 따라서 칼날이 날카로울수록 옆으로 향하는 힘이 커진다.

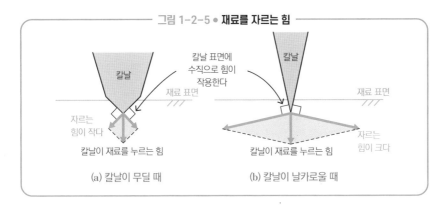

그림 1-2-5 ● 재료를 자르는 힘

그림 1-2-5의 (a)와 (b)를 비교해 보면 칼이 재료를 누르는 힘은 같아도 칼날이 날카로울수록 재료를 좌우로 잘라 내는 힘이 더 크다는 것을 알 수 있다.

문자식을 사용한 관계식

$$\vec{F} = \vec{F_1} + \vec{F_2}$$

물체에 작용하는 힘1 : $\vec{F_1}$(N)   물체에 작용하는 힘2 : $\vec{F_2}$(N)

힘1과 힘2의 알짜힘 : $\vec{F}$(N)

1-3

책장을 쓰러뜨리지 않고 옮길 수 있을까?

강체에 작용하는 힘의 평형,
수직항력, 마찰력

문 제

방을 정리하기 위해 책장을 옮기려고 밀다가 책장이 쓰러질 뻔했다. 책장을 쓰러뜨리지 않고 옮기려면 어떻게 해야 할까?

책장에 책들이 있는 상태에서 책장을 쓰러뜨리지 않고 옮기려면 다음 중 어떤 방법이 가장 효과적일까?

---

① 책을 위쪽 선반에 놓는다. ② 책을 아래쪽 선반에 놓는다.

③ 책장 위쪽을 민다. ④ 책장 아래쪽을 민다.

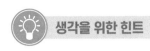

책이 놓여 있는 책장에 작용하는 중력의 작용점(무게중심)과 책장을 밀어내는 힘의 작용점은 ①에서 ④까지 각각 다르다. 미는 힘이 너무 강하면 선반은 쓰러지고, 너무 약하면 움직이지 않는다. 같은 작용선 위에 있으면 작용점이 달라도 작용하는 힘이 변하지 않는다는 점을 이용해 책장을 어떻게 잘 옮길지 생각해 보자.

그림 1-3-1 ● **책장에 작용하는 중력과 책장을 밀어내는 힘**

정답 ④

여기서 중요한 것은 책장을 밀어내는 힘의 작용선의 높이다. 책장을 쓰러뜨리지 않고 옮기려면 낮은 위치에서 미는 것이 가장 중요하다. 책이 아래쪽 선반에 있다면 책장이 쓰러질 것 같아도 미는 것을 멈추면 원래대로 돌아간다. 하지만 책이 위쪽 선반에 있으면 책장이 기울어지면 그대로 쓰러져 버린다. 따라서 책이 어느 선반에 있든 책장을 쓰러뜨리지 않고 옮길 수 있는지는 책장을 미는 위치에 달려 있다.

● 힘의 평형을 이용해 책장이 쓰러지지 않는 조건을 생각하자

책장에 작용하는 중력과 책장을 밀어내는 힘의 합(알짜힘)을 고려하면, 알짜

힘과 바닥을 받쳐 주는 힘이 평형을 이룰 때는 책장이 쓰러지지 않는다. 알짜
힘은 힘의 화살표를 작용선 위에서 이동시켜 두 작용선의 교차점에 평행사변
형(여기서는 두 작용선이 수직이므로 직사각형이다)을 그려서 구한다.

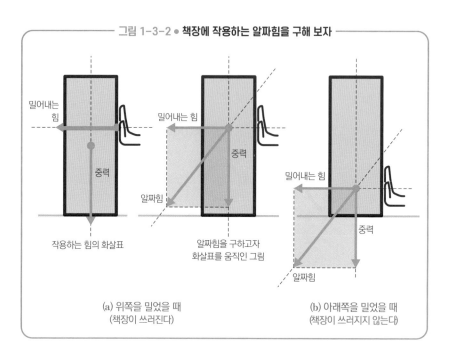

그림 1-3-2 ● 책장에 작용하는 알짜힘을 구해 보자

(a) 위쪽을 밀었을 때
(책장이 쓰러진다)

(b) 아래쪽을 밀었을 때
(책장이 쓰러지지 않는다)

그림 1-3-2와 같이 책장을 미는 힘과 중력의 알짜힘 작용선을 그려 보면
책장이 쓰러질지 아닐지를 예측할 수 있다. 알짜힘의 작용선에 선반의 밑면
이 있으면 바닥이 알짜힘을 받쳐 준다. 따라서 (a)에서는 책장이 쓰러지지만
(b)에서는 쓰러지지 않는다.

● 항력을 수직항력과 마찰력으로 나눠서 생각하자

밀어내는 힘이 강하면 바닥이 책장을 잘 떠받치지 못해서 쓰러지지만, 밀어
내는 힘이 약하면 책장이 움직이지 않는다. 미는 힘을 알맞게 주려면 바닥이
지탱하는 힘(항력)을 바닥과 수직인 힘(수직항력)과 바닥에 평행한 힘(정지마찰력)

으로 나누어 생각해야 한다.

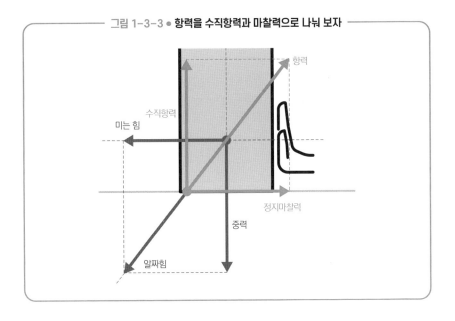

그림 1-3-3 ● 항력을 수직항력과 마찰력으로 나눠 보자

항력
수직항력
미는 힘
정지마찰력
중력
알짜힘

이 그림은 그림 1-3-2의 (b)와 같이 책장이 쓰러지지 않지만, 미는 힘이 충분하지 못해서 책장을 옮길 수 없다. 이때 다음과 같은 관계가 성립한다.

수직항력의 크기 = 책장에 작용하는 중력의 크기
정지마찰력의 크기 = 책장을 미는 힘의 크기

수직항력의 한계를 넘는 중력이 작용하면 수직항력의 크기 < 책장에 작용하는 중력의 크기가 되어 바닥이 뚫려 버릴 것이다. 또한 마찰력의 한계(최댓값)를 넘는 힘으로 책장을 밀면 정지마찰력의 크기 < 책장을 밀어내는 힘의 크기가 되어 책장이 옆으로 움직인다.

지금까지의 이야기를 정리해 보자. 책장을 쓰러뜨리지 않고 옮기려면 다음 조건을 충족하는 힘으로 책장을 밀면 된다.

1. 미는 힘과 중력의 알짜힘 작용선이 책장의 밑면을 통과하도록 밀어낸다.

2. 정지마찰력의 최댓값보다 큰 힘으로 밀어낸다.

 한 번 더 생각하기

● **정지마찰력의 최댓값은 정지마찰계수와 수직항력으로 결정된다**

여기서 정지마찰력의 최댓값은 '접촉면의 상태'와 '면이 서로 밀어내는 수직항력의 크기'로 결정된다.

정지마찰력의 최댓값 = 정지마찰계수 × 수직항력

정지마찰계수는 바닥이 마룻바닥인지 흙바닥인지, 젖었는지 말랐는지 등 접촉하는 면의 조합과 상태에 따라 다르다. 수직항력은 바닥이 책장을 수직으로 밀어내는 항력을 말하며, 책장과 바닥이 서로 밀어내는 힘이다. 책장이 무거우면 중력이 크게 작용해 수직항력도 커지고 옮기기 어렵다.

책장이나 책상을 당겨서 옮기려고 할 때는 비스듬히 위쪽으로 당기면 수직항력이 감소해 정지마찰력의 최댓값이 줄어들어서 쉽게 옮길 수 있다.

● **미끄러지기 시작하면 마찰력이 작용하기 어렵다**

열심히 책장을 옮기다가 중간에 멈추면 다시 책장을 옮기기 쉽지 않다. 이미 미끄러지고 있는 두 물체 사이에 작용하는 마찰력(운동마찰력)은 다음과 같은 관계식을 사용해 설명할 수 있다.

운동마찰력의 크기 = 운동마찰계수 × 수직항력

운동마찰계수도 접촉하는 면의 조합이나 상태에 따라 달라지며, 이 값은 같은 접촉면일 때의 정지마찰계수보다 작다.

즉 정지마찰력의 최댓값을 초과하여 미끄러지기 시작하면 그보다 약한 운동마찰력만 작용하므로 비교적 쉽게 옮길 수 있다.

문자식을 사용한 관계식

정지마찰력의 최댓값 $f_0 = \mu \times N$

정지마찰력의 최댓값: f_0 (N)

정지마찰계수: μ 접촉면의 수직항력: N (N)

운동마찰력의 크기 $f' = \mu' \times N$

운동마찰력의 크기: f' (N)

운동마찰계수: μ' 접촉면의 수직항력: N (N)

여러 가지 힘과 운동

1-4

고무줄은 얼마나 늘이면 끊어질까?

탄성과 훅의 법칙, 작용 반작용 법칙

문제

고무줄은 잘 늘어나는 성질이 있어서 가방을 묶을 때 편리하지만, 너무 늘이면 끊어지고 만다. 그럼 고무줄을 얼마나 늘리면 괜찮을지 생각해 보자.

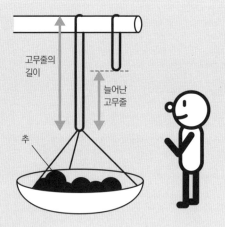

고무줄의 길이

늘어난 고무줄

추

시중에 판매되는 고무줄(둘레 약 5cm)에 추를 매달고 늘려 보자. 추를 얼마나 매달아야 고무줄이 끊어질까?

① 500g   ② 1kg   ③ 3kg   ④ 10kg

생각을 위한 힌트

고무줄에 추를 매달면 고무줄은 점점 늘어난다. 둘레가 5cm인 고무줄이라면 50cm 정도 늘렸을 때 보통 끊어지는 듯하다. 거기까지 도달하려면 추를 얼마나 매달아야 할까?

정답 ③ 3kg

놀랍게도 실제로 해 보니 고무줄은 상당히 무거운 무게까지 견딜 수 있었다. 하지만 너무 늘이면 끊어지진 않아도 상태가 나빠진다. 따라서 고무줄을 오래 사용하고 싶다면 너무 늘이지 않는 것이 좋다.

● 고무줄의 탄성 범위를 알아보자

문제에 나온 그림처럼 추의 개수를 바꾸며 고무줄이 늘어나는 길이를 측정하면 다음과 같다.

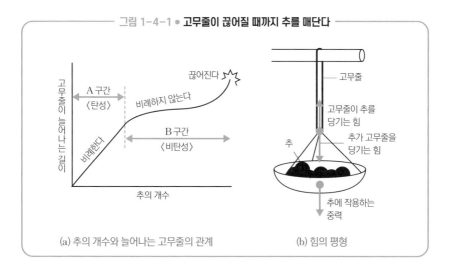

그림 1-4-1 ● 고무줄이 끊어질 때까지 추를 매단다

(a) 추의 개수와 늘어나는 고무줄의 관계   (b) 힘의 평형

(a)의 A구간에서는 추의 개수와 고무줄의 늘어나는 길이가 비례한다. 이 성

질을 탄성이라고 한다. B구간으로 들어서면 잘 늘어나지 않다가 추를 더 매달면 결국 끊어진다.

● 훅의 법칙은 탄성이 나타날 때 성립한다

그림 1-4-1(a)의 A구간과 같이 탄성이 나타나는 영역에서는 고무줄이 늘어나는 길이로 매달린 추의 개수를 알 수 있다. 추의 개수에 따라 고무줄이 추를 당기는 힘(탄성력)이 달라지며, 이러한 관계를 훅의 법칙이라고 한다.

> ▶ 훅의 법칙 : 탄성력의 크기 = 탄성계수 × 변형량

고무줄의 경우는 다음과 같다.

고무줄이 추를 당기는 힘의 크기 = 고무줄의 탄성계수 × 고무줄이 늘어나는 길이

B구간에서는 이 관계가 성립되지 않으며, 탄성의 한계를 드러낸다.

 한 번 더 생각하기

● 작용 반작용 법칙으로 생각해 보자

위의 공식에서 '고무줄이 추를 당기는 힘'은 그림 1-4-1(b)의 '추가 고무줄을 당기는 힘'과 같은 크기의 힘이다. 이는 작용 반작용 법칙과 관련된다.

> ▶ 작용 반작용 법칙(뉴턴 운동 제3법칙)
> 두 물체 A와 B가 서로 힘을 가할 때, A가 B에 미치는 힘(작용)과 B가 A에 미치는 힘(반작용)은 크기가 같고 방향이 반대다.

추에 작용하는 힘의 평형에서 '고무줄이 추를 당기는 힘'과 '추에 작용하는 중력'은 같은 크기다. 결국 '추가 고무줄을 당기는 힘', '고무줄이 추를 당기는 힘' '고무줄에 작용하는 중력'은 모두 같은 크기다. 당연한 관계로 보이지만, 더 복잡한 상황에서 이 법칙은 매우 중요하다.

● 고무줄의 탄성계수를 계산해 보자

그림 1-4-1에 나온 고무줄의 탄성계수를 구해 보자. 그래프의 A구간에서 100g의 추를 8개(합계 800g) 매달았을 때 고무줄이 20cm 늘어났다고 생각해 보자. 단위를 kg과 m로 변환하면 다음과 같이 탄성계수를 구할 수 있다.

$$\text{탄성계수}(N/m) = \frac{\text{고무줄이 추를 당기는 힘}(N)}{\text{고무줄이 늘어나는 길이}(m)} = \frac{\text{추에 작용하는 중력}(N)}{\text{고무줄이 늘어나는 길이}(m)}$$

$$= (0.8 \times 9.8)\,N \div 0.20m = 39.2N/m$$

이 값은 고무줄의 종류에 따라 다르지만, 같은 고무줄이라도 탄성 한계를 크게 초과하여 늘리면 고무가 열화되어 탄성계수가 변한다.

문자식을 사용한 관계식

작용 반작용 법칙 $\vec{F}_{AB} = -\vec{F}_{BA}$

A가 B에 미치는 힘: $\vec{F}_{AB}$ (N)　B가 A에 미치는 힘: $\vec{F}_{BA}$ (N)

훅의 법칙 $\vec{F} = -k \times \vec{x}$

탄성력(벡터): $\vec{F}$ (N)

탄성계수: k (N/m)　변형량(벡터): $\vec{x}$ (m)

여러 가지 힘과 운동

1-5

풍선으로 하늘을 날 수 있을까?

**부력과 아르키메데스의 원리,
기체 또는 액체의 압력**

문 제

풍선 다발을 손에 들고 하늘을 나는 모습을 상상해 보자. 정말로 날 수 있다면 무섭겠지만, 상상 속에서는 흥미진진하다. 그런데 실제로도 그럴 수 있을까?

헬륨 가스가 들어 있는 15L(리터) 부피의 풍선(지름 약 30cm)을 몇 개 손에 쥐어야 공중에 뜰 수 있을까? 소년의 몸무게는 30kg이다.

① 500개　　② 1,500개　　③ 2,000개　　④ 3,500개

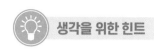

온도가 20℃일 때 공기는 15L, 즉 18g 정도 존재하지만, 같은 부피의 헬륨 가스는 약 2.5g밖에 되지 않는다. 아르키메데스의 원리를 이용하여 풍선이 주변 공기에서 받는 부력을 계산해 보자.

> ▶ 아르키메데스의 원리
>
> 공기 중이나 물속에 있는 물체의 부력은 밀어낸 공기 또는 물에 작용하는
>
> 중력의 크기와 같다.

정답 ④ 3,500개

물체에 작용하는 부력이 중력보다 커지면 물체가 떠오른다. 풍선 1개당 18g의 부력이 작용하기 때문에 약 1,667개의 풍선은 30kg이 된다. 다만 풍선의 고무(약 6.5g)와 안에 들어 있는 헬륨 가스(약 2.5g)에 작용하는 중력을 고려하면 약 3,500개가 필요하다. 여기서는 풍선의 고무가 얇기 때문에 풍선의 부피와 풍선 안의 공기 부피가 같다고 보았다.

● 아르키메데스의 원리를 사용하여 부력을 계산한다

풍선에는 중력과 부력이 작용한다. 중력은 풍선 질량에 9.8을 곱한 크기만큼 작용한다. 중간 크기의 풍선의 고무는 약 6.5g이다. 물리학에서 쓰는 질량 단위인 kg으로 단위를 환산해서 생각해 보자(6.5g = 0.0065kg).

풍선에 작용하는 중력의 크기〔N〕 = 풍선의 질량 × 9.8

$$= (풍선의\ 고무\ 질량 + 풍선\ 내\ 헬륨\ 가스\ 질량) × 9.8$$

$$= (0.0065 + 0.0025) × 9.8$$

$$= 0.009 × 9.8$$

제1장

여러 가지 힘과 운동

이제 부력을 계산해 보자. 부력은 아르키메데스의 원리로 구할 수 있다.

풍선에 작용하는 부력의 크기〔N〕

> = 밀어낸 공기에 작용하는 중력과 같은 크기의 힘
>
> = 풍선 부피만큼 공기에 작용하는 중력과 같은 크기의 힘
>
> = 0.018 × 9.8(풍선 부피 15L의 공기는 약 18g)

따라서 풍선을 하늘로 띄우는 힘은 다음과 같다.

풍선을 위로 띄우는 힘의 크기〔N〕

> = 풍선에 작용하는 부력 − 풍선에 작용하는 중력
>
> = 0.018 × 9.8 − 0.009 × 9.8
>
> = 0.009 × 9.8

● 중력과 부력의 평형으로 하늘에 떠오르는 조건을 알 수 있다

소년의 몸무게는 30kg이므로 다음 크기의 중력이 작용한다.

소년에게 작용하는 중력의 크기〔N〕 = 30 × 9.8

이제 소년이 풍선을 몇 개 들었을 때 풍선을 위로 띄우는 힘이 소년에게 작용하는 중력보다 커지는지 계산하면 된다. 다음과 같이 부등식으로 풍선이 3,500개 있으면 위로 띄울 수 있음을 알 수 있다.

풍선을 하늘에 띄우는 힘 × 풍선 개수 > 소년에게 작용하는 중력

$$0.009 × 9.8 × 풍선 개수 > 30 × 9.8$$

풍선 개수 > 3,333

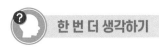
● 땅에서의 높이에 따라 기압이 달라진다

아르키메데스의 원리를 공기가 물체를 밀어내는 힘의 평형이라는 관점에서 생각해 보자. 먼저 넓이가 1m²인 종이를 2장 준비한다. A종이는 지표면 근처에 있고 B종이는 그보다 1m 높은 위치에 있다. 공기가 두 종이를 각각 밀어내는 힘을 생각해 보자.

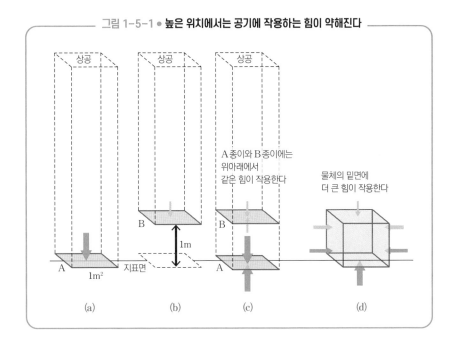

그림 1-5-1 ● 높은 위치에서는 공기에 작용하는 힘이 약해진다

해수면 부근의 공기에는 약 101,300Pa(파스칼) 크기의 '압력'이 존재한다. 이 값을 대기압이라고 한다. 일기예보에서는 Pa의 100배인 hPa(헥토파스칼)을 단위로 사용한다. 고도가 낮은 지표 부근의 대기압은 약 1,013hPa이다.

공기가 물체를 밀어내는 힘의 크기는 기압과 넓이의 곱이다. 따라서 공기가 지표면 근처의 A종이를 밀어내는 힘의 크기는 다음과 같이 계산할 수 있다.

공기가 A종이를 밀어내는 힘의 크기〔N〕

　　= 지표면 근처의 기압〔Pa〕 × 넓이〔m²〕

　　= 101,300Pa × 1m² = 101,300N

지표면 근처에 있는 A종이에 공기가 가하는 힘은 다음과 같이 계산할 수 있다. 기압은 날씨에 따라 다르지만 그림 1-5-1의 (a)(b)와 같이 위쪽 공기의 무게로도 달라진다. A종이 위에 있는 공기의 질량은 대략 다음과 같다.

A종이에 가해지는 공기의 힘〔N〕 = A종이 위에 있는 공기에 작용하는 중력〔N〕

101,300N = A종이 위에 있는 공기의 질량〔kg〕 × 9.8

A종이 위에 있는 공기의 질량〔kg〕 = 101,300N ÷ 9.8 = 10,337kg

반면 A종이보다 1m 높이 있는 B종이를 밀어내는 공기의 힘은 A종이를 밀어내는 힘보다 두 종이 사이에 있는 1m³의 공기(질량은 약 1.2kg)에 작용하는 중력만큼 작아진다.

B종이에 가해지는 공기의 힘과 A종이에 가해지는 공기의 힘의 차이〔N〕

　　= 공기 1m³에 작용하는 중력의 크기〔N〕

　　= 1.2kg × 9.8 = 11.76N

종이에 가해지는 공기의 힘〔N〕을 종이 넓이 1m²로 나눈 것이 기압이다. B종이 위치의 기압은 A종이 위치의 기압보다 11.76Pa 작아진다. 다만 공기는 자유자재로 모양이 변하므로 그림 1-5-1의 (c)와 같이 종이 양쪽에서 공기가 종이를 같은 힘으로 밀어낸다. 따라서 보통은 공기가 밀어내는 힘은 별문제가 아니다. 흡착 빨판 등으로 물체와 바닥이나 벽 사이의 공기를 빼내면 공기가 강한 힘으로 한쪽에서만 밀어내므로 바닥이나 벽에 달라붙게 된다.

● 부력은 공기나 물이 물체를 밀어내는 압력의 평형으로 생긴다

부력은 공기가 물체의 윗면을 밀어내는 힘보다 아랫면을 밀어내는 힘이 더 강하기 때문에 생긴다. 예를 들어 부피가 $1m^3$인 정육면체라면 공기가 윗면을 밀어내는 힘은 B종이를 밀어내는 힘과 같고, 아랫면을 밀어내는 힘은 A종이를 밀어내는 힘과 같다(그림 1-5-1).

여기서 옆면에 작용하는 힘은 평형을 이루므로 부력에 관여하지 않는다. 따라서 $1m^3$의 정육면체에 작용하는 부력은 공기가 아랫면을 밀어내는 힘에서 윗면을 밀어내는 힘을 빼서 구한다. 즉 부력의 크기는 $1m^3$ 부피(정육면체와 같은 부피)의 공기 무게와 같다. 물론 상공으로 올라가면 공기가 희박해져서 공기 $1m^3$의 질량과 부력이 작아진다.

부피 $1m^3$의 정육면체에 작용하는 부력 [N]

= 아랫면을 밀어내는 공기의 힘 − 윗면을 밀어내는 공기의 힘

= $1m^3$의 공기에 작용하는 중력

이를 응용하여 복잡한 형태의 물체를 정육면체의 집합으로 본다면 물체에 작용하는 부력은 물체와 같은 부피의 공기에 작용하는 중력과 같은 크기라고 할 수 있다. 이것이 아르키메데스의 원리다.

여러 가지 힘과 운동

문자식을 사용한 관계식

유체(액체나 기체)가 물체를 밀어내는 힘 $F = pS$

압력: p [N/m²]   넓이: S [m²]

부력 $F = \rho Vg$

유체의 밀도: ρ [kg/m³]   부피: V [m³]

중력가속도의 크기: g [m/s²]

1-6

어떤 힘이 작용하고 있을까?

힘은 눈에 보이지 않아서 상황을 통해서만 짐작할 수 있다. 이 책에서 자주 등장하는 힘을 살펴보자.

【물체에 접촉하며 작용하는 힘】

접촉하는 물체에 밀리는(잡아당겨지는) 힘 (물체 접촉면의 원자에 의해 작용하는 정전기력이 바탕이 된다)	**밀어내는 힘 · 당기는 힘**
변형된 물체가 원래 상태로 되돌아가는 힘(스프링이 수축되거나 고무가 늘어났을 때 작용)	**탄성력**
실이나 끈으로 끌어당기는 힘(약간 늘어난 실이나 끈에 의해 작용하는 탄성력)	**장력**
접촉하는 물체를 받쳐 주는 힘 (물체의 접촉면(바닥 또는 경사면)에 수직 방향으로 작용하는 항력)	**수직항력**
접촉하는 물체에 긁히는 힘(물체의 접촉면(바닥 또는 경사면)에 평행하게 운동을 방해하는 항력)	**마찰력**
물체를 둘러싼 유체가 달라붙는 힘 (액체나 기체 안에서 움직이는 물체는 물체의 형태나 속도에 따라 저항력이 작용한다)	**저항력**
물체를 둘러싼 유체의 압력 차이로 작용하는 힘 (윗면보다 아랫면의 압력이 강하기 때문에, 합치면 위로 밀어올리는 힘이 된다)	**부력**

【물체와 떨어지며 작용하는 힘】

지표 부근에서 지구 중심 방향으로 끌어당기는 힘(달 표면에서는 달로부터 중력이 작용)	**중력**
질량 있는 물체끼리 작용하는 인력(중력은 만유인력에 의해 발생한다)	**만유인력**
전기를 띤 물체 사이에 작용하는 인력 · 척력 (물체 접촉면에 작용하는 힘도 접촉면의 분자가 서로 가까이 작용하는 정전기력이 바탕이다)	**정전기력**
자기를 띤 물체 사이에 작용하는 인력 · 척력(자석이나 자성체 사이에 작용하는 힘)	**전자기력**
자기장 속을 흐르는 전류에 작용하는 힘(플레밍의 왼손 법칙에서 전선을 움직이는 힘)	**전자력**
전자처럼 전하를 띤 물체가 자기장 안에서 움직일 때 작용하는 힘(이 힘으로 전자력이 발생)	**로런츠 힘**

제 2 장

물체의
운동

2-1

거북이는 토끼를 이길 수 있을까?

위치 변화량과 속도, 속도 변화량과 가속도, 등속 직선 운동

문 제

토끼와 거북이가 경주하는 동화에서는 앞서 달리던 토끼가 낮잠을 자는 동안 걸음이 느린 거북이가 계속 걸어 토끼를 앞지른다.

실제로 토끼와 거북이가 경주한다면 승부가 뻔하겠지만, 토끼가 아래 왼쪽 그래프처럼 달리거나 쉬면서 속도를 바꾸는 동안 거북이는 초당 2m(2m/s라고 표기)의 속도로 계속 걸었다고 생각해 보자.

(참고로 거북이의 실제 달리기 속도는 초속 8cm 정도다.)

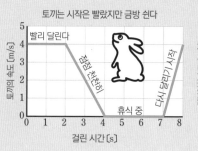

토끼는 시작은 빨랐지만 금방 쉰다

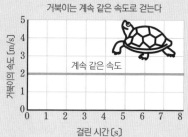

거북이는 계속 같은 속도로 걷는다

2m/s로 나아가는 거북이는 몇 초 후에 토끼를 앞지를까?

① 4초 후   ② 6초 후   ③ 7초 후   ④ 따라잡을 수 없다.

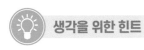

속도-시간 그래프만 봐서는 토끼가 거북이를 언제 앞지를지 알기 어렵다. 속도-시간 그래프를 이용해 위치-시간 그래프를 만들어서 생각해 보자. 속도-시간 그래프 아래의 넓이는 이동 거리를 나타낸다.

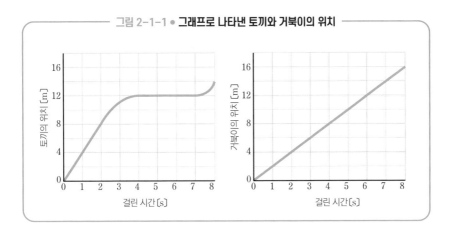

그림 2-1-1 ● **그래프로 나타낸 토끼와 거북이의 위치**

정답　②6초 후

그래프를 보면 토끼가 12m 지점에서 쉬고 있는 동안 거북이가 6초 후에 앞지른다. 이렇게 속도-시간 그래프로 위치-시간 그래프를 만들면 실제 움직임을 알 수 있다.

● **속도-시간 그래프의 넓이로 이동 거리를 표시한다**

일정하게 이동한 거북이부터 살펴보자. 거북이는 2m/s로 걷고 있다. 직접 계산하지 않아도 그래프를 통해 6초(6s)만 걸으면 12m가 나온다고 쉽게 확인할 수 있다. 거북이의 속도-시간 그래프와 가로축 사이의 넓이를 0~6초 범위에서 구해 보자. 직사각형이니 넓이 = 세로 × 가로, 즉 2m/s × 6s = 12m가 된다.

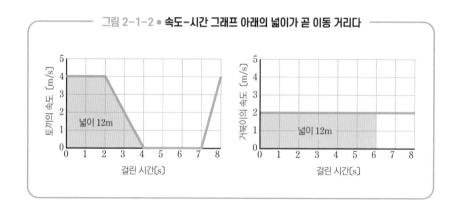

그림 2-1-2 ● 속도-시간 그래프 아래의 넓이가 곧 이동 거리다

토끼의 속도–시간 그래프의 넓이를 0~4초 범위에서 구해 보자. 사다리

꼴이므로 넓이 = (윗변 + 아랫변) × 높이 ÷ 2 = 12m다. 즉 토끼가 4초(4s)로

12m를 간 뒤 쉬고 있을 때, 6초(6s)로 12m 나아간 거북이가 토끼를 앞지른다.

? 한 번 더 생각하기

● **위치–시간 그래프의 기울기로 속도를 알 수 있다**

이번에는 위치 – 시간 그래프를 살펴보자.

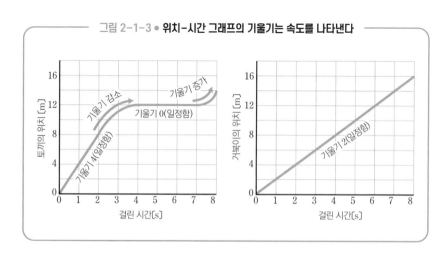

그림 2-1-3 ● 위치-시간 그래프의 기울기는 속도를 나타낸다

이 그래프의 기울기는 그때의 속도를 나타낸다. 거북이는 일정하게 2m/s 속도로 걷고 있다. 반면 토끼는 처음에는 4m/s로 달렸다가 2초 후부터 속도를 줄였고 4초 후에는 멈췄다. 그리고 7초 후에 다시 달리기 시작해 속도를 냈다.

● **속도-시간 그래프의 기울기로 가속도를 알 수 있다**

이제 속도-시간 그래프의 기울기를 구하면 속도 변화량도 값으로 나타낼 수 있다.

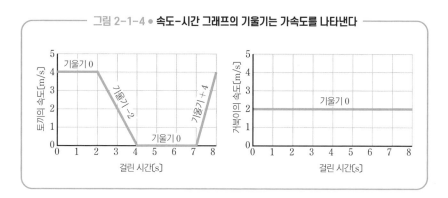

그림 2-1-4 ● **속도-시간 그래프의 기울기는 가속도를 나타낸다**

거북이는 일정한 속도로 나아갔지만, 토끼는 처음에는 빠른 속도를 유지하다가 2초 후 속도를 늦추고 4초 후 멈췄다가(속도 0 유지) 7초 후 다시 속도를 냈다. 그래프에 표시된 값은 초당 속도가 얼마나 변화하는지를 나타내며, 이를 가속도라고 한다. 2~4초 범위에서는 초당 2m/s씩 감속하고(가속도 -2m/s²: 감속하므로 음의 가속도), 7초 이후에는 초당 4m/s씩 가속(가속도 +4m/s²)하고 있다. 가속도 단위는 m/s²이라고 쓰고, '미터 매초 제곱'이라고 읽는다.

이 가속도를 잘 이해하면 물리학 중 역학을 대부분 이해할 수 있다.

● **계주가 빠른 이유**

이같이 속도-시간 그래프의 넓이와 기울기를 통해 물체의 움직임을 정확

물체의 운동

하게 파악할 수 있다. 육상 400m 4인 계주에서는 4명의 선수가 각각 100m씩 달린다. 하지만 4명이 각각 100m씩 달린 시간을 합친 것보다 계주에서 훨씬 빨리 결승선을 통과한다. 이러한 점도 속도−시간 그래프를 분석하여 설명할 수 있다. 100m를 11초에 달리는 선수의 속도가 아래 그래프처럼 변화했다고 가정하자.

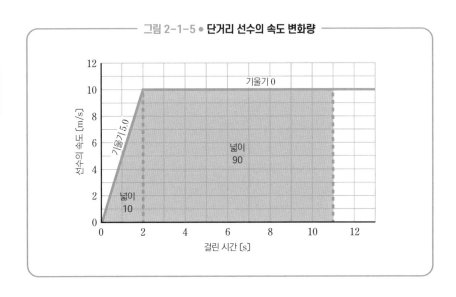

그림 2-1-5 ● 단거리 선수의 속도 변화량

2
|
1

거북이는 토끼를 이길 수 있을까?

그래프의 기울기와 넓이를 살펴보자. 출발 후 2초간 가속도 5m/s²으로 가속하면서 10m 나아갔다가, 이후 가속 없이 10m/s의 속도로 매초 10m를 달렸다. 넓이를 보면 처음 2초간 그리 멀리 가지 않았다는 것을 알 수 있다. 그러나 계주를 할 때는 속도를 낸 순간에 바통을 이어받기 때문에 처음부터 빠른 속도로 100m를 달릴 수 있다. 4명 모두 이 그래프와 같은 속도로 달린다고 치면, 따로 달렸을 때는 44초가 걸린다. 하지만 두 번째 선수부터 100m를 최고 속도인 10m/s로 달린다고 가정하면 41초 만에 결승선을 통과할 수 있다.

등속 직선 운동 하는 물체 $v = v_0$ $s = v_0 t$

등가속도 직선 운동 하는 물체 $v = v_0 + at$ $s = v_0 t + \dfrac{1}{2} at^2$

속도: v (m/s) 처음 속도: v_0 (m/s) 위치 변화량: s (m)

가속도: a (m/s^2) 걸린 시간: t (s)

제
2
장

물체의 운동

2-2

우주에서 수송선의 속도는 얼마일까?

**상대속도, 등속 직선 운동,
등가속도 운동, 관성 좌표계**

문 제

지구 주위를 돌고 있는 국제우주정거장에 수송선이 도킹하는 장면을 본 적 있는 가? 조용한 우주 공간에서 국제우주정거장에 서서히 접근하는 수송선의 정밀한 움직임이 인상적이다. 자, 이때 수송선의 속도는 얼마인지 생각해 보자.

수송선이 국제우주정거장에 접근할 때의 속도는 얼마나 될까?

① 8km/s   ② 8m/s   ③ 8cm/s   ④ 8mm/s

생각을 위한 힌트

국제우주정거장은 지상에서 약 400km 위를 날고 있다. 지구 반지름이 6,370km라고 하면 반지름이 약 6,770km인 원주(원둘레)를 약 92분 만에 한 바퀴 도는 셈이다. 이렇게 움직이는 국제우주정거장에 수송선이 서서히 접근한다. 이때 수송선의 속도는 얼마일까?

정답 ① 또는 ③

답이 2개라서 당황스러울 수도 있지만, 사실 속도는 관찰자의 시점에 따라 다르다. 국제우주정거장이 약 7.7km/s의 속도로 지구 주위를 돌지만 수송선은 그보다 조금 더 빠르게 접근한다.

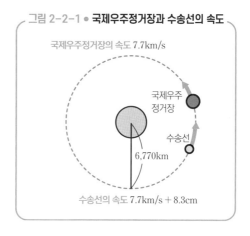

그림 2-2-1 ● **국제우주정거장과 수송선의 속도**

국제우주정거장의 속도 7.7km/s

국제우주정거장

수송선

6,770km

수송선의 속도 7.7km/s + 8.3cm

● **어떤 관찰자이냐에 따라 속도가 다르다**

우선 국제우주정거장을 기준으로 생각해 보자. 수송선이 국제우주정거장에 도킹할 때는 1분에 1~10m씩 접근한다. 1분에 5m씩 다가간다고 계산하면 1초에 8.3cm가 된다. 이렇게 국제우주정거장을 기준으로 생각하면 ③이 정답이다.

그러면 이번에는 지구를 기준으로 생각해 보자. 국제우주정거장은 지구와 일정한 거리를 유지하며 돌고 있으므로, '지구가 멈춰 있다'는 관점으로 우주에서 봤을 때 국제우주정거장이 궤도를 한 바퀴 도는 속도를 생각할 수 있다. 물리학에서는 일반적으로 시간 단위로 초[s]를 사용하며 주회 시간(한 바퀴를 도는 데 걸리는 시간)인 92분은 5,520초다.

$$\text{한 바퀴 도는 속도} = \text{한 바퀴의 거리} \div \text{주회 시간}$$
$$= (\text{반지름} \times 2 \times \text{원주율}) \div 5{,}520\text{s}$$
$$= (6{,}770\text{km} \times 2 \times 3.14) \div 5{,}520\text{s}$$
$$= \text{약 } 7.7\text{km/s}$$

도킹하는 수송선은 초당 약 7.7km/s로 지구 주위를 도는 국제우주정거장을 조금 더 빠른 속도로 뒤쫓으며 점점 가까워진다. 즉 지구를 기준으로 하면 수송선의 속도는 초당 7.7km + 8.3cm인 셈이므로 ①이 정답이다.

이처럼 속도는 관찰자에 따라 달라지기 때문에 혼란을 막기 위해 상대속도라는 말을 사용한다. '국제우주정거장에 대한 수송선의 상대속도'는 약 8.3cm/s이지만 '지구에 대한 수송선의 상대속도'는 약 7.7km/s이다. 상대속도에 대해서는 다음과 같은 관계가 성립된다.

지구에 대한 수송선의 상대속도
= 지구에 대한 국제우주정거장의 상대속도
+ 국제우주정거장에 대한 수송선의 상대속도

 한 번 더 생각하기

● 물체의 운동을 관찰할 때의 규칙

여기서 설명한 상대속도와 같이 속도는 관찰자에 따라 다르게 보인다. 물리학 관점에서는 물체를 볼 때 '움직이면서 봐도 된다'고 정해져 있다. 잠시 멈춰서 보면 되지 않을까 하고 생각할 수도 있지만, 우주에서 누가 멈춰 있는지를 정하는 것은 어려운 일이다.

그렇다고 해서 움직이면서 보는 게 모두 좋다는 뜻은 아니다. 물리학에서 물체의 운동을 설명하려면 가속도에 초점을 맞춰서 가속도가 발생하는 이유를 생각해야 한다. 하지만 관찰자가 가속도운동을 하고 있으면 보고 있는 물체의 운동을 설명할 수 없기 때문에 바람직하지 않다.

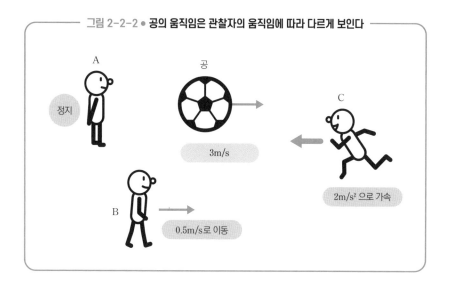

그림 2-2-2 ● 공의 움직임은 관찰자의 움직임에 따라 다르게 보인다

그림 2-2-2에서 A는 정지해 있고 B는 일정한 속도로 움직이고 있다. 반면 C는 가속도운동을 하고 있다. A와 B 입장에서는 굴러 가는 공이 등속 직선 운동을 하는 것으로 보이지만, C가 보기에는 굴러 가는 공이 등가속도 운동을 하고 있다.

A가 본 공의 운동: 3m/s의 등속 직선 운동
B가 본 공의 운동: 2.5m/s의 등속 직선 운동
C가 본 공의 운동: $2m/s^2$의 가속도운동

물체가 가속도운동을 하고 있을 때는 물체에 작용하는 힘의 평형이 무너져 있다. 힘의 평형을 잃지 않은 공을 보고 '가속하지 않았다'라고 말할 수 있는 A와 B의 위치를 관성 좌표계라고 한다. 물리학에서는 기본적으로 관성 좌표계에서 물체를 관찰한다.

● 무엇을 기준으로 한 속도인지도 중요하다

갈릴레오 갈릴레이가 살던 시대에는 지동설이 큰 논란거리였다. 지구는 멈춰 있다는 천동설 관점에서는 '지구에 대한 행성의 움직임'이 너무 복잡해서 설명하기 어렵다. 반면 태양이 멈춰 있다는 지동설 관점에서는 '태양에 대한 행성의 움직임'이 '각 행성이 태양 주위를 원형(또는 타원형)으로 움직인다'는 단순한 논리가 된다. 따라서 태양과 각 행성 사이의 만유인력으로 쉽게 설명할 수 있다.

어렵고 복잡한 설명이 필요한 생각보다 쉽게 설명할 수 있는 생각이 진리에 가깝다는 것도 물리학의 중요한 원칙 중 하나다.

문자식을 사용한 관계식

$$v_{BC} = v_{AC} - v_{AB}$$

B에 대한 C의 상대속도: v_{BC} (m/s)

A에 대한 C의 상대속도: v_{AC} (m/s)

A에 대한 B의 상대속도: v_{AB} (m/s)

2-3

보트의 속도는
어느 정도일까?

벡터 합성과 분해,
속도와 속력

문제

강을 건너 강기슭으로 가는 보트의 속도를 생각해 보자. 관찰자는 강가에서 초속 3m로 흐르는 강을 건너는 보트를 보고 있다. 보트는 강기슭에 수직인 방향으로 뱃머리를 돌리고 있지만 물살에 휩쓸려 비스듬히 나아간다. 강폭은 16m이고 보트는 4초 만에 강을 건넜다.

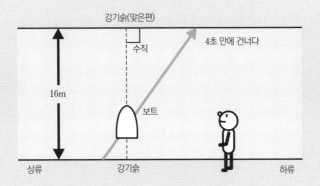

강기슭에 대한 보트 속도의 크기는 어느 정도일까?

① 3m/s   ② 4m/s   ③ 5m/s   ④ 7m/s

![생각을 위한 힌트]

폭이 16m인 강을 4초 만에 건넌 것으로 보면 초속 4m로 강 건너편에 접근했음을 알 수 있다. 하지만 강을 건너는 보트의 '강기슭에 대한 속도'라고 할 때는 강 건너편까지의 거리의 변화율을 묻는 것이 아니다. '강기슭은 멈춰 있다'라는 시점으로 위에서 내려다보았을 때 보트의 속도가 얼마일지 알아보는 것이다.

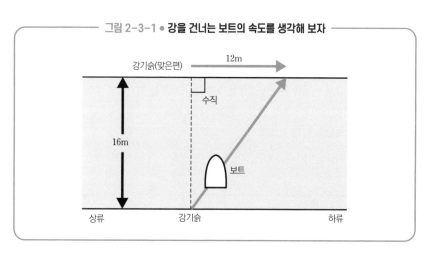

── 그림 2-3-1 ● **강을 건너는 보트의 속도를 생각해 보자** ──

정답　③ 5m/s

폭이 16m인 강을 4초 만에 건넜기 때문에 보트에서 강 건너까지의 거리는 초당 4m의 비율로 가까워진다. 그러나 보트는 그동안 12m를 떠내려가기 때문에 실제로는 비스듬히 20m를 이동하고 있다.

이것은 직각삼각형 변의 길이에 대한 피타고라스의 정리를 이용해 구할 수 있다. 피타고라스의 정리에 따르면, 직각삼각형 빗변의 제곱은 다른 변을 각각 제곱한 것의 합과 같다.

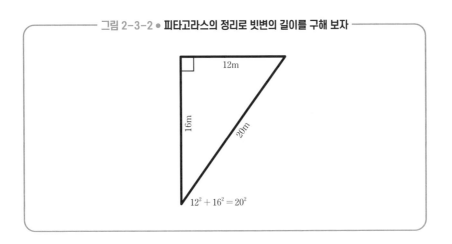

그림 2-3-2 ● **피타고라스의 정리로 빗변의 길이를 구해 보자**

12m

16m

20m

$12^2 + 16^2 = 20^2$

12의 제곱과 16의 제곱의 합이 400이므로, 실제로 보트가 이동한 거리는 20m임을 알 수 있다. 4초 동안 20m를 이동하기 때문에 정답은 ③의 5m/s다.

보트의 속력(m/s) = 20m ÷ 4s = 5m/s

 한 번 더 생각하기

● **속력은 속도의 크기다**

여기까지 속력과 속도를 구분하지 않고 설명했지만, 정확하게는 '속력(속도의 크기)'과 '이동 방향'을 합친 것을 '속도'라고 한다. 이 문제에서 강이 서쪽에서 동쪽을 향해 흐르고 있다면 보트의 속도는 '강을 비스듬히 건너는 방향(정확하게는 북쪽에서 약 36.9° 동쪽 방향)으로 5m/s의 속력'이다. 36.9°라고 했지만 이 각도를 외운 것은 아니다. 사실 직각삼각형의 세 변이 12m, 16m, 20m일 때는 그 비율이 3:4:5이다. 즉 계산해 보면 이 삼각형의 세 각도는 반드시 90°, 36.9°, 53.1°가 된다. 이를 통해 보트가 나아가는 방향을 알 수 있다.

제 2 장

물체의 운동

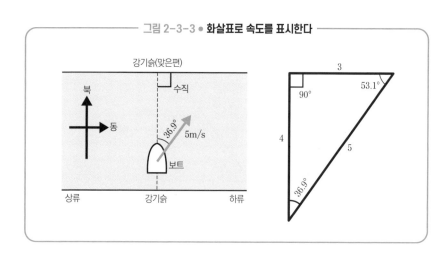

그림 2-3-3 ● 화살표로 속도를 표시한다

속력만 전달하면 될 때는 단순히 5m/s라고 말하면 된다. 만약 방향을 포함해서 전달한다면 화살표 길이를 1m/s일 때 1cm라는 식으로 정해 두고 화살표로 속도를 표현할 수 있다. 이렇게 표현되는 양을 벡터라고 한다.

하지만 벡터를 나타내는 화살표를 항상 그리기는 힘들기 때문에, 일반적으로 속도를 2개의 숫자로 나타내곤 한다. 보트의 속도는 그림 2-3-4와 같이 '동쪽으로 3m/s'와 '북쪽으로 4m/s'를 조합하여 말할 수 있다.

그림 2-3-4 ● 보트의 속도를 동쪽과 북쪽으로 분해해 보자

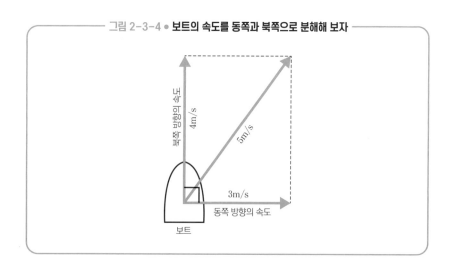

보트의 속도를 '동쪽 방향의 속력, 북쪽 방향의 속력'이라는 두 숫자 값으로 표현할 때는 (3, 4)라고 표기한다. 이렇게 하면 화살표를 그리거나 각도를 '북쪽에서 약 36.87° 동쪽 방향'이라고 일일이 말하지 않아도 알기 쉽게 속도를 표현할 수 있다. 이렇게 방향이 다른 두 속도 벡터를 나누어 생각하는 방법을 속도의 벡터 분해라고 한다.

보트의 속도 $\vec{v} = (3, 4)$

수식으로 벡터를 나타낼 때는 보트의 속도$^{\text{velocity of the boat}}$를 $\vec{v}$로 표시한다. 위에 붙은 작은 화살표는 벡터를 나타낸다.

● 상대속도를 충분히 활용하자

상대속도도 이용해 생각해 보자. 만약 강물이 흐르지 않는다면 보트는 4m/s 속력으로 강을 나아간다. 즉 물에 대한 보트의 상대속도는 4m/s이다.

실제로는 강물이 3m/s로 흐르기 때문에 강기슭에 대한 물의 속도는 3m/s 이다. 이때 강기슭에 대한 보트의 속도는 그림 2-3-5와 같다.

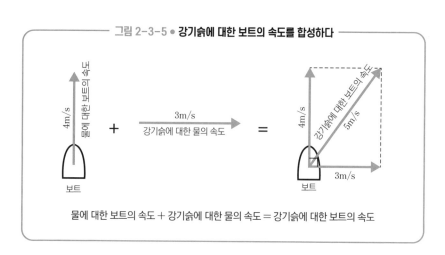

그림 2-3-5 ● 강기슭에 대한 보트의 속도를 합성하다

물에 대한 보트의 속도 + 강기슭에 대한 물의 속도 = 강기슭에 대한 보트의 속도

이렇게 두 속도 벡터를 합쳐서 생각하는 방법을 속도의 벡터 합성이라고
한다.

문자식을 사용한 관계식

$$\vec{v}_{BC} + \vec{v}_{AB} = \vec{v}_{AC}$$

B에 대한 C의 상대속도 벡터: $\vec{v}_{BC}$ (m/s)

A에 대한 B의 상대속도 벡터: $\vec{v}_{AB}$ (m/s)

A에 대한 C의 상대속도 벡터: $\vec{v}_{AC}$ (m/s)

2-4

유지방 입자는
왜 움직일까?

브라운 운동, 가속도 법칙,
관성 법칙

문 제

우유를 물로 희석하여 현미경으로 들여다보면 유지방의 입자를 관찰할 수 있다.
그런데 자세히 보면 이 구체들은 불규칙한 움직임을 보인다.

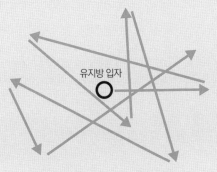

불규칙하게 움직이는 유지방 입자

우유의 성분인 유지방 입자는 왜 물속에서 불규칙하게 움직일까?

① 우유는 생물에서 유래했기 때문에

② 물속의 미생물들이 밀고 있기 때문에

③ 물 분자가 서로 충돌하기 때문에

생각을 위한 힌트

이 현상은 1827년 식물학자 로버트 브라운이 물속에 떠 있는 꽃가루가 물을 흡수해 부풀어 오를 때 그 안에서 파열되어 나온 단백질 등의 미세한 입자를 관찰하여 발견한 것이다. 이를 브라운 운동이라고 한다. 브라운 운동이 왜 일어나는지는 오랫동안 밝혀지지 않았다. 그러다 20세기에 이르러 물리학자 알베르트 아인슈타인이 작용 원리를 밝혀내 그전까지 이론으로만 존재하던 원자와 분자의 존재를 입증했다.

정답 ③

분필 가루 등 무생물 분말에서도 비슷한 움직임이 관찰되기 때문에 생물에서 유래했는가는 아무런 상관이 없다. 미생물이 없는 순수한 물에서도 이러한 움직임을 관찰할 수 있어서, 물 분자가 여러 방향에서 충돌하면 유지방 입자가 불규칙하게 움직이는 것으로 판단된다. 아인슈타인은 열운동으로 인해 물 분자가 격렬하게 움직이고 충돌하면서 브라운 운동이 발생한다고 설명했다.

● **운동이 변화하는 것은 힘의 평형이 깨졌기 때문이다**

물 분자는 어떻게 유지방 입자를 밀어낼까? 이 의문은 17세기 물리학자 아이작 뉴턴의 가속도 법칙(뉴턴 운동 제2법칙)으로 풀 수 있다.

유지방 입자는 1,000억 분의 1g 정도의 구체이며 물 분자에 밀려서 움직여도 곧바로 다른 물 분자와 부딪혀 정지한다. 참고로 물 분자의 질량은 유지방 입자의 약 1조 분의 1이다.

정지해 있던 물체가 움직이면서 가속 또는 감속하거나 방향 전환을 할 때 물리학에서는 '물체가 가속하고 있다'라고 표현한다. 감속은 '음(-)의 가속'이고 방향 전환은 '진행 방향에 대한 수평 방향 가속'이다.

가속도 법칙에서는 물체가 가속하고 있을 때 물체에 작용하는 힘의 평형이 무너지고 있다. 힘의 평형이 깨지면 물체에 작용하는 힘을 합쳤을 때의 알짜힘은 0이 되지 않는다. 이때 알짜힘과 가속도의 방향은 같다.

물체가 가속하는 방향 = 물체에 작용하는 알짜힘의 방향

자세한 내용은 다음에 설명하겠지만, 가속도 법칙에 따르면 가속도의 크기와 물체의 질량에서 작용하는 알짜힘의 크기를 계산할 수 있다. 다만 유지방 입자가 10N의 힘으로 오른쪽으로 밀린 것을 알 수 있다고 해도 그것이 그림 2-4-1의 왼쪽 그림과 같이 단독 10N의 힘인지, 오른쪽 그림과 같이 여러 힘을 합친 알짜힘인지는 명확하지 않다.

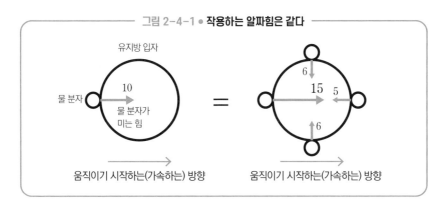

— 그림 2-4-1 ● **작용하는 알짜힘은 같다** —

2-2에서 배운 대로 관성 좌표계에 있는 사람이 '가속되지 않았다'고 관찰한 물체의 운동은 다른 관성 좌표계에 있는 사람의 눈에도 '가속되지 않았다', 즉 '작용하는 힘은 평형을 이룬다'라고 해석된다. 이를 관성 법칙(뉴턴 운동 제1법칙)이라고 한다.

여기서는 가속과 힘의 방향을 주로 살펴봤지만, 이어지는 2-5에서는 힘의 크기를 구하는 방법을 설명하겠다.

2-5

굴러가는 연필을 어떻게 잡을 수 있을까?

뉴턴 운동 제3법칙,
운동방정식

문제

기울어진 책상 위에 올려놓은 연필이 데굴데굴 굴렀다. 연필을 잡으려고 손을 뻗었지만 바닥에 떨어지고 말았다. 연필이 굴러가는 속도 때문에 굴러가는 것을 알고도 연필을 잡지 못한 것이다.

폭이 40cm인 책상이 기울어져 있고, 책상 가장자리에서 연필이 굴러서 반대쪽 끝에 도달하기까지 0.4초가 걸렸다. 만약 연필이 굴러가는 것을 알아차리고 연필에 손을 뻗기까지 0.2초가 걸린다고 하자. 연필이 몇 cm 이동하기 전에 알아차려야 떨어지기 전에 연필을 잡을 수 있을까?

① 20cm　　② 10cm　　③ 5cm　　④ 2cm

⑤ 연필의 이동 거리와 상관없이 연필을 잡을 수 없다.

연필은 생각보다 빠르게 구르기 때문에 눈앞에서 직접 봐도 속도를 짐작하기 어렵다. 이럴 때는 영상을 슬로 모드로 촬영해 되돌려 보면서 연필이 굴러간 거리를 확인하고 이를 바탕으로 속도를 구하면 된다.

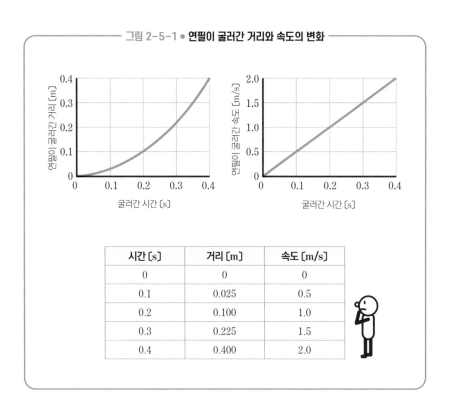

그림 2-5-1 ● **연필이 굴러간 거리와 속도의 변화**

시간 [s]	거리 [m]	속도 [m/s]
0	0	0
0.1	0.025	0.5
0.2	0.100	1.0
0.3	0.225	1.5
0.4	0.400	2.0

속도-시간 그래프를 만들기 전에 2-1을 복습해 보자. 속도-시간 그래프를 통해 0.1s에 0.5m/s씩 빨라지고 있음을 알 수 있다(s는 초, m/s는 미터 매초로 읽는다). 즉 1초에 5m/s씩 빨라지는 것과 같은 비율이다. 이를 $5m/s^2$의 가속도라고 한다.

$$가속도 = \frac{속도\ 변화량}{걸린\ 시간} = \frac{0.5m/s}{0.1s} = 5m/s^2 (미터\ 매초\ 제곱)$$

정답 ② 10cm

떨어지기 시작한 연필에 손을 뻗는 데 0.2초가 걸린다. 처음 0.2초에는 10cm, 다음 0.2초에는 30cm 구르기 때문에 0.2초가 걸린다면 10cm 지점을 볼 수 있어야 한다.

● 운동방정식으로 물체의 운동을 설명할 수 있다

아이작 뉴턴이 제시한 뉴턴의 운동 법칙 중에 제2법칙인 가속도 법칙이 있다. 이 법칙은 물체에 작용하는 '힘'의 평형이 무너지는 것을 이용해 물체의 속도 변화량, 즉 가속도가 왜 일어났는지를 설명한다. 이는 운동방정식이라는 유명한 공식으로 바꿔 말할 수 있으며, 물체 운동의 원인을 찾을 때 사용한다.

> ▶ **운동방정식**
>
> 물체의 질량 × 물체의 가속도 = 물체에 작용하는 알짜힘
>
> m (kg) × a (m/s²) = F (N)
> (킬로그램)　　(미터 매초 제곱)　　　　(뉴턴)
>
> 물체의 가속도 방향 = 물체에 작용하는 알짜힘의 방향

[1단계] 속도 변화량을 통해 힘의 평형이 깨졌는지 파악한다

물체가 가속하거나 감속할 때는 힘의 평형이 깨져 있다. 경사면에서 굴러가는 연필의 가속도는 5m/s²이므로 연필의 질량을 4g(0.004kg)이라고 하면 연필에 작용하는 알짜힘은 구르는 방향으로 0.02N임을 알 수 있다.

운동방정식: $0.004kg \times 5m/s^2 = 0.02N$

즉 '물체에 작용하는 힘을 더하면(알짜힘을 구하면) 가속도 방향으로 0.02N이 된다'고 말할 수 있다. 여기서 힘의 단위(N)는 질량의 단위(kg)와 가속도의 단위(m/s²)를 곱한 것이다. 'kg·m/s²'로 표기하면 너무 길기 때문에 뉴턴의 업적을 기려 'N'으로 표시한다.

(2단계) 어떤 힘이 작용하는지 상상해 보자

힘은 눈에 보이지 않으니 상상할 수밖에 없다(1-6 참고). 굴러가는 연필에 마찰력이 거의 작용하지 않는다는 점을 생각하면, 작용하는 힘은 수직항력(경사면이 지탱하는 힘)과 중력(지구가 연필을 끌어당기는 힘)이다.

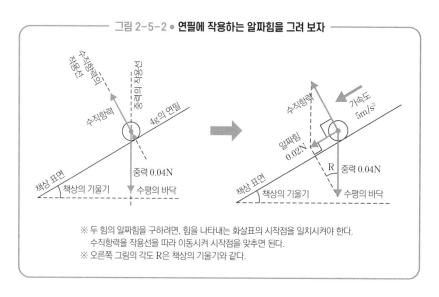

그림 2-5-2 ● 연필에 작용하는 알짜힘을 그려 보자

※ 두 힘의 알짜힘을 구하려면, 힘을 나타내는 화살표의 시작점을 일치시켜야 한다.
　수직항력을 작용선을 따라 이동시켜 시작점을 맞추면 된다.
※ 오른쪽 그림의 각도 R은 책상의 기울기와 같다.

(3단계) 작용하는 힘을 그림으로 나타내 운동을 설명한다

그림을 통해 '수직항력과 중력의 알짜힘은 연필이 굴러가는 방향으로 0.02N이므로 4g 연필은 가속도 2m/s²으로 운동했다'고 설명할 수 있다. 수직항력과 중력의 알짜힘은 그림 2-5-2와 같이 그렸을 때 가속도 방향을 향하고 있다. 여기서 물체의 질량이 1kg이라면 지구 표면의 중력은 9.8N이므로 4g 연필에 작용하는 중력은 약 0.04N이다.

한 번 더 생각하기

● 물체의 운동으로 경사면의 기울기를 구해 보자

직각삼각형 변의 비를 계산할 수 있으면 연필의 가속도에서 구한 알짜힘을 바탕으로 책상 표면이 얼마나 기울어져 있었는지도 계산해서 구할 수 있다.

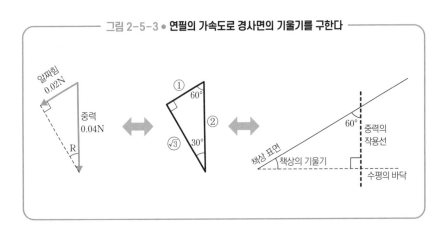
그림 2-5-3 ● **연필의 가속도로 경사면의 기울기를 구한다**

그림 2-5-3을 자세히 보면 알짜힘과 중력을 두 변으로 하는 직각삼각형을 찾을 수 있다. 알짜힘과 중력의 크기가 1:2이므로 이 삼각형은 변의 비가 $1:2:\sqrt{3}$인 직각삼각형이다. 이 삼각형의 예각 R은 30°이고, 자세히 보면 책상과 바닥과 중력의 작용선이 만드는 삼각형도 같은 모양이므로 책상 표면이 30° 기울어져 있음을 알 수 있다.

이렇게 그림으로 힘을 표현해서 운동을 설명하면 책상의 기울기 각도마다 연필이 어떻게 굴러갈지 예측할 수 있다!

$$m \times \vec{a} = \vec{F}$$

물체의 질량: m (kg)

물체의 가속도 벡터: $\vec{a}$ (m/s^2)

물체에 작용하는 알짜힘 벡터: $\vec{F}$ (N)

2-6

가방은 왜 움직이기 시작했을까?

관성력, 관성,
관성 좌표계와 가속 좌표계

문제

30kg짜리 바퀴 달린 여행 가방을 들고 전철을 탔는데, 전철이 출발하자 가방이 움직였다.

전철이 가는 방향

가방이 움직인 방향

가방은 왜 움직였을까?

① 전철이 흔들렸기 때문이다.

② 알 수 없는 어떤 힘에 끌려갔기 때문이다.

③ 사실 가방은 움직이지 않았다.

운동을 관찰할 때는 관성 좌표계에서 보는 것이 중요하다. 만약 다른 관점에서 본다면 어떻게 될까? 자, 이 가방 문제도 관찰자에 초점을 맞춰서 생각해 보자.

그림 2-6-1 ● **관찰자에 초점을 맞추자**

정답   ② 또는 ③

또 정답이 2개다. 전철을 탄 사람이 보기에는 갑자기 가방이 뒤로 움직이기 시작했으니 ②처럼 알 수 없는 어떤 힘이 가방에 작용했다고 생각할 수도 있다.

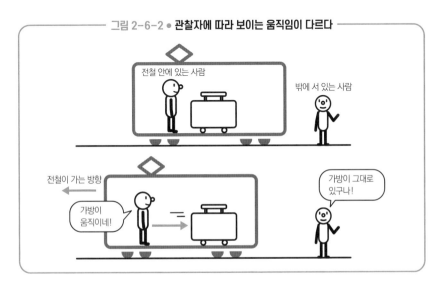

그림 2-6-2 ● **관찰자에 따라 보이는 움직임이 다르다**

제 2 장

물체의 운동

바퀴가 잘 움직이는 가방이라면 전철 밖에 서 있는 사람이 보기에 기차가 움직이기 시작해도 가방은 제자리에 머무른 채 정지해 있다. 따라서 ③이 정답이다.

바퀴가 잘 움직이지 않는다면 가방은 전철에서 뒤늦게 움직이는데, 전철 안에 있는 사람이 보기에는 알 수 없는 어떤 힘이 작용해 가방이 전철 안에서 움직이는 것처럼 느껴진다. 이제부터는 바퀴가 잘 움직인다고 가정하고 설명하겠다.

● 전철 밖에 서 있는 사람이 봤을 때

전철 밖에 서 있는 사람 입장에서 가방의 상태를 생각해 보자. 전철이 출발할 때 승객은 손잡이를 붙잡거나 다리에 힘을 주어 버텨서 전철과 함께 움직이기 시작한다. 가방은 바퀴 덕분에 전철에 끌려가지 않고 정지해 있다.

이처럼 힘의 평형이 깨지지 않는다면 물체는 움직이지 않는다(또는 달리다가 멈추지 않는다). 이 성질은 모든 물질에 존재하며 관성이라고 한다. 또한 관성을 따르는 물체에 대해 '운동이 변화하지 않았다'고 보는 입장을 관성 좌표계라고 한다. 땅에 정지해 있는 관성 좌표계로서는 가방이 움직이지 않는다는 것 말고는 별다른 일은 일어나지 않았다.

운동방정식에 따르면 힘의 균형이 깨졌을 때 질량이 큰 물체는 작은 가속도를 갖지만 질량이 작은 물체는 운동을 크게 바꾼다. 이처럼 질량은 관성의 크기를 나타내기도 한다.

● 달리는 전철에 탄 사람이 봤을 때

전철 안에 있는 사람에게는 가방이 뒤로 움직이기 시작한 것처럼 보인다. 멈춰 있던 가방이 움직이기 시작한 것이기 때문에 가속도가 붙는다. 전철이 움직이기 시작하는 가속도를 $2m/s^2$이라고 하면, 전철에 탄 사람이 본 가방의 가속도는 뒤쪽으로 2m/s²이다. 운동방정식으로 살펴보면 가방의 질량은 30kg이므로 60N만큼 뒤쪽으로 향하는 힘이 작용했음을 알 수 있다.

운동방정식: $30kg \times 2m/s^2 = 60N$

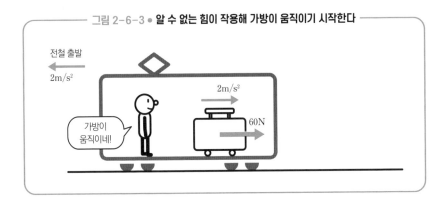

그림 2-6-3 ● 알 수 없는 힘이 작용해 가방이 움직이기 시작한다

실제로는 전철이 출발하면서 보고 있던 사람이 2m/s²으로 왼쪽으로 움직였다. 하지만 전철 안에 있는 사람은 가방이 오른쪽으로 움직이는 것처럼 보기 때문에 오른쪽으로 60N의 힘이 작용한다고 생각하는 것이다. 멈춰 있던 가방이 계속 정지한 채로 있으려는 관성 때문에 생긴 힘이라는 뜻에서, 이러한 가상의 힘을 관성력이라고 한다.

 한 번 더 생각하기

● 위치에 따라 운동을 보는 방식이 다르다

실제로는 힘이 작용하지 않아 움직이지 않는데도 '관성력에 의한 가속도운동'이 관찰되는 것은 가방을 보는 사람이 관성 좌표계의 위치에 있지 않기 때문이다. 이렇게 가속하면서 다른 물체의 운동을 보는 관점을 가속 좌표계라고 한다.

가속 좌표계에서 물체의 운동을 관찰할 때는 관성력이라는 가상의 힘을 가정해야 한다. 그림 2-6-2의 밖에 서 있는 사람처럼 땅에 정지된 관성 좌표계에서 보면 가방은 바닥에 멈춰 있다. 이렇듯 물체의 운동을 관찰할 때는 관성 좌표계로 봐야 그 운동을 쉽게 설명할 수 있다.

● 가속 좌표계 위치에서 생각해 보자

실제로 가속 좌표계 위치에서 생각하면 쉽게 설명할 수 있는 일이 있다. 예를 들어 가방을 꽉 잡고 눌러서 전철과 함께 움직일 때다. 가방을 전철과 같은 2m/s^2 가속도로 왼쪽으로 옮기려면 60N의 힘으로 누르고 있어야 한다.

운동방정식: $30\text{kg} \times 2\text{m/s}^2 = 60\text{N}$

그림 2-6-4와 같이 사람이 60N의 힘으로 가방을 누르면 가방은 오른쪽으로 움직이지 않고 전철과 함께 왼쪽으로 움직인다. 이때 가방의 운동은 관

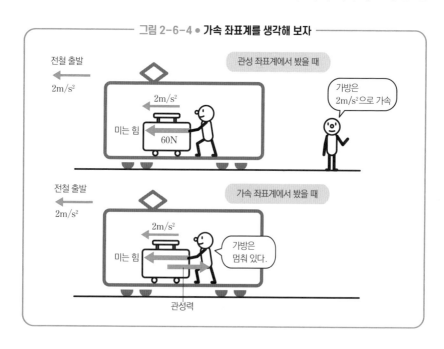

그림 2-6-4 ● 가속 좌표계를 생각해 보자

찰자의 위치에 따라 달라진다.

전철 밖의 관성 좌표계에서 봤을 때:

'30kg 가방에 60N의 힘이 작용해 2m/s²으로 가속하고 있다.'

　운동방정식: $30\text{kg} \times 2\text{m/s}^2 = 60\text{N}$

전철 안의 가속 좌표계에서 봤을 때:

'가방에 작용하는 두 힘(오른쪽으로 작용하는 60N의 관성력과 왼쪽으로 밀어내는 60N의 힘)이 평형을 이룬다.'

　힘의 평형: 관성력 + 가방을 미는 힘 = 0

밖에 서 있는 관성 좌표계에서 보면 운동방정식을 고려해야 하지만, 전철을 탄 가속 좌표계에서는 힘의 평형만 생각하면 되기 때문에 쉽게 설명할 수 있다. 물리학에서는 단순한 설명이 기본이다. 관점에 따라 다른 방식으로 설명할 수 있는지 생각해 보면 물리가 한층 재미있어질 것이다.

문자식을 사용한 관계식

$$\vec{f} = -m \times \vec{a}$$

물체에 작용하는 관성력 벡터: $\vec{f}$ (N)

물체의 질량: m (kg)

가속 좌표계에 있는 관찰자의 가속도 벡터: $\vec{a}$ (m/s²)

2-7

공 던지기 시합에서 이길 수 있을까?

낙하운동, 포물선 운동, 자유낙하, 중력가속도

문제

운동회에서 꼭 하는 경기가 바구니에 공 던지기다. 얼핏 쉬워 보이지만 좀처럼 잘하기 힘든 경기다. 공을 잘 넣으려면 어떻게 해야 할까?

공을 바구니에 넣으려면 던질 때 어디를 노려야 할까?

----

① A 방향으로 머리 바로 위를 노린다.

② B 방향으로 A와 C 사이를 노린다.

③ C 방향으로 바구니 가장자리를 노린다.

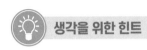

생각을 위한 힌트

공을 던지면 공은 포물선 모양의 곡선을 그리며 비스듬히 위로 날아가다가
이윽고 떨어진다.

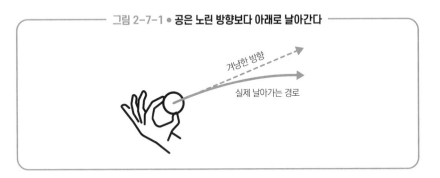

── 그림 2-7-1 ● **공은 노린 방향보다 아래로 날아간다** ──

정답 ②

A 방향은 바로 위이기 때문에 공이 자신의 머리 위로 떨어져 버린다. 또한
비스듬히 던진 공은 목표점을 향해 똑바로 그은 선에서 점점 아래로 치우치
며 날아가기 때문에 C를 노리면 공은 바구니보다 아래로 지나간다. 던지는
속도를 조절해서 B를 노리면 바구니에 공을 잘 넣을 수 있다.

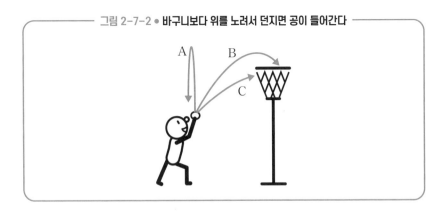

── 그림 2-7-2 ● **바구니보다 위를 노려서 던지면 공이 들어간다** ──

속도가 좀 더 빠른 야구공이나 골프공이 날아가는 방식을 예측하려면 중력

제
2
장

물
체
의

운
동

75

의 효과에 더해 공기 저항이 진행 방향에 반대쪽으로 작용하는 영향도 고려해야 한다. 이 계산은 의외로 어려워 경험과 컴퓨터에 의존할 수밖에 없지만, 공기 저항이 없을 때보다 앞쪽으로 낙하한다는 것을 알 수 있다.

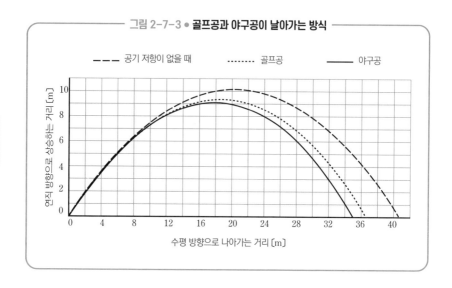

그림 2-7-3 ● **골프공과 야구공이 날아가는 방식**

골프공은 표면이 올록볼록해서 공기 저항이 줄어드는 데다 야구공보다 질량이 크기 때문에 공기 저항을 덜 받아서 더 잘 날아간다.

 한 번 더 생각하기

● 날아가는 공에 작용하는 여러 가지 힘

공중에 던져진 물체에는 중력 외에 공기로부터 공기 저항, 부력, 양력 등이 작용한다. 속도가 야구공처럼 빠르면 공기 저항이 커지고 풍선처럼 가볍고 큰 물체라면 공기 저항 외에 부력도 크게 받는다. 또한 날개처럼 비대칭인 형태라면 바람이나 유체 속에서 물체의 운동 방향과 수직 방향으로 작용하는 양력의 영향도 받는다.

그러나 바구니에 던지는 공은 속도가 그리 빠르지 않고 질량에 비해 크기도 크지 않다. 따라서 중력의 영향만 생각하여 어떻게 날아갈지 예측할 수 있다.

● 먼저 중력이 없는 세상을 가정해 보자

물리학에서는 기본적으로 간단한 조건에서 다양한 영향을 더해 현실 세계를 설명한다. 물리학을 공부한다는 것은 이러한 방식을 배운다는 뜻이기도 하다.

그림 2-7-4와 같이 대각선 30° 방향으로 20m/s의 속도로 공을 던졌을 때 중력이 없는 세상을 가정해 보자. 중력이 없으면 공은 던진 방향으로 똑바로 날아갈 것이다.

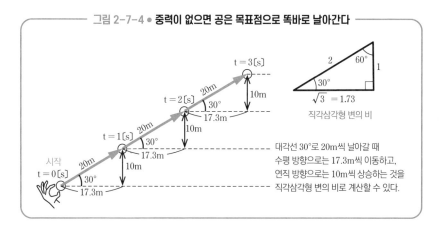

그림 2-7-4 ● 중력이 없으면 공은 목표점으로 똑바로 날아간다

직각삼각형 변의 비

대각선 30°로 20m씩 날아갈 때 수평 방향으로는 17.3m씩 이동하고, 연직 방향으로는 10m씩 상승하는 것을 직각삼각형 변의 비로 계산할 수 있다.

이것을 직각삼각형의 비를 이용하여 계산해 보자. 대각선 30° 방향으로 초당 20m 날아가는 경우, 공은 초당 17.3m씩 오른쪽으로 이동하면서 초당 10m씩 상승한다. 날아가는 공의 이동 거리를 수평 방향(오른쪽)과 연직 방향(위쪽)으로 나누어 생각하면 다음과 같은 식으로 나타낼 수 있다.

수평 방향으로 이동한 거리 [m] = 17.3m/s × **걸린 시간** [s]　　　(1)

연직 방향으로 상승한 거리 [m] = 10m/s × **걸린 시간** [s]　　　(2)

● **중력으로 인한 낙하 운동도 생각해 보자**

다음으로 중력의 영향을 생각해 보자. 공에 작용하는 중력은 공이 날아가든 아니든 항상 아래로 작용한다. 이때 지구에서 물체에 작용하는 중력의 크기는 질량보다 9.8배 크다.

공에 작용하는 중력(N) = 공 질량의 9.8배

이러한 중력이 작용하는 공은 어떤 운동을 할까? 운동방정식을 적용해 풀어 보자.

공의 질량(kg) × 공의 가속도(m/s²) = 공에 작용하는 알짜힘(N)

공에 작용하는 힘은 중력뿐이므로 공의 가속도는 운동방정식의 우변에 중력을 나타내는 식을 대입하여 얻을 수 있다.

공의 질량(kg) × 공의 가속도(m/s²) = 공 질량의 9.8배
공의 가속도(m/s²) = 9.8m/s²

이 $9.8m/s^2$이라는 가속도를 중력가속도$^{gravitational\ acceleration}$라고 한다. 중력가속도는 물리학자에게 중요한 수치이며 머리글자를 따서 'g'로 표기한다. 물리학에서는 일반적으로 중요한 수치를 문자로 표현한다. 이 수치는 위치에 따

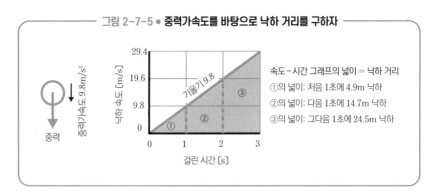

── 그림 2-7-5 ● **중력가속도를 바탕으로 낙하 거리를 구하자** ──

속도-시간 그래프의 넓이 = 낙하 거리
①의 넓이: 처음 1초에 4.9m 낙하
②의 넓이: 다음 1초에 14.7m 낙하
③의 넓이: 그다음 1초에 24.5m 낙하

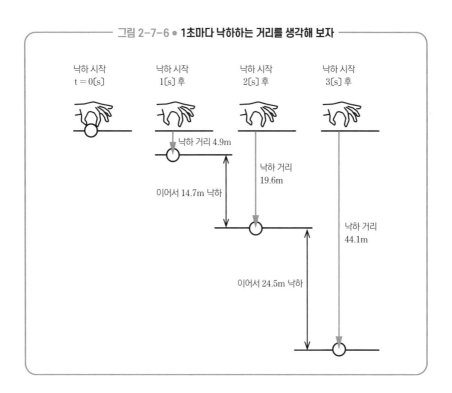

그림 2-7-6 ● 1초마다 낙하하는 거리를 생각해 보자

낙하 시작
t = 0[s]

낙하 시작
1[s] 후

낙하 거리 4.9m

낙하 시작
2[s] 후

낙하 거리
19.6m

이어서 14.7m 낙하

낙하 시작
3[s] 후

낙하 거리
44.1m

이어서 24.5m 낙하

라 조금씩 다르지만 반올림하면 대략 9.8이 된다. 중력은 아래쪽으로(정확하게
는 연직 아래 방향) 작용하므로 중력가속도도 아래쪽으로 작용한다.

　지구에서 낙하하는 물체의 낙하 속도는 그림 2-7-5와 같이 변화한다. 낙
하 거리는 속도-시간 그래프의 넓이와 같다. 그림 2-7-5의 그래프를 보면
처음 1초는 ①의 넓이로 4.9m, 다음 1초는 ②의 넓이로 14.7m, 그다음 1초는
③의 넓이로 24.5m 낙하하는 것을 알 수 있다. 또 처음 2초에서는 ①＋②이
기 때문에 19.6m가 된다.

　물리학에서는 몇 초 후에 몇 m 떨어지는지 바로 알 수 있도록 걸린 시간을
알면 떨어지는 거리를 구할 수 있는 식을 세워 둔다. 걸린 시간마다 낙하하는
거리는 그림 2-7-5의 직각삼각형(가로가 걸린 시간, 세로가 걸린 시간의 9.8배인 직각
삼각형)의 넓이이며 다음과 같은 식으로 나타낸다.

$$\text{낙하하는 거리 (m)} = \frac{1}{2} \times \text{걸린 시간 (s)} \times (9.8\text{m/s}^2 \times \text{걸린 시간 (s)})$$

$$= \frac{1}{2} \times 9.8\text{m/s}^2 \times (\text{걸린 시간 (s)})^2 \qquad (3)$$

공중에서 공을 떨어뜨리면(물리학에서는 이를 자유낙하라고 한다) 이 식에 따라 똑바로 떨어진다. 예를 들어 공을 떨어뜨리고 0.1초 후에는 5cm 정도 낙하하고 있다.

$$\text{0.1초 동안 낙하하는 거리 (m)} = \frac{1}{2} \times 9.8\text{m/s}^2 \times (0.1\text{s})^2 = 0.049\text{m} = 4.9\text{cm}$$

● 마지막으로 공이 어떻게 날아갈지 예측해 보자

이제 앞서 설명한 것을 정리해서 공이 어떻게 날아갈지 예측해 보자. 공은 '비스듬히 20m/s로 나아가면서' '9.8m/s²의 가속도로 낙하'하므로 다음 그림과 같이 날아간다.

포물선을 그리며 나아가는 공의 움직임을 '직선으로 날아간다' + '낙하한

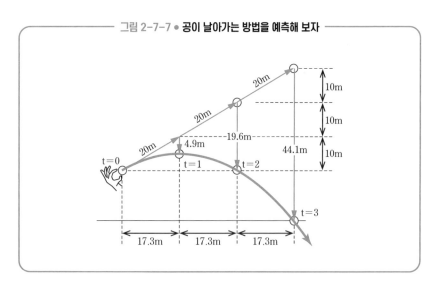

그림 2-7-7 ● 공이 날아가는 방법을 예측해 보자

다'로 나누어 생각하는 것이 중요하다. 이런 운동을 포물선 운동이라고 한다. 포물선 운동을 식으로 나타내는 게 언뜻 어려워 보이지만, 지금까지 나온 (1)(2)(3)의 식을 조합하면 된다.

수평 방향으로 이동한 거리 [m] = 17.3m/s × 걸린 시간 [s]

연직 방향으로 상승한 거리 [m]

$$= 10\text{m/s} × \text{걸린 시간 [s]} - \frac{1}{2} × 9.8\text{m/s}^2 × (\text{걸린 시간 [s]})^2$$

문자식을 사용한 관계식

수평 방향

t초 후의 속도 $v_x = v_{ox}$

t초 동안 도달하는 거리 $x = v_{ox} × t$

연직 방향

t초 후의 상승 속도 $v_y = v_{oy} - g × t$

t초 동안 상승하는 거리 $y = v_{oy} × t - \frac{1}{2} × g × t^2$

물체의 처음 속도: 수평 방향 v_{ox}[m/s]   연직 방향 v_{oy}[m/s]

중력가속도 크기: g[m/s^2]

※ v_y가 0일 때 높이가 최대가 되고, 음(-)이 되면 하강한다.

2-8

무거운 물체가 더 빨리 떨어질까?

운동방정식의 응용, 공기 저항,
종단 속도

문제

도시락에 반찬을 넣을 때 사용하는 알루미늄 컵 3개를 준비하자. 1개를 오른손
으로 잡고, 나머지 2개는 겹쳐서 왼손으로 잡는다. 1m 높이에서 양손을 놓고 동
시에 떨어뜨리면 어느 컵이 먼저 바닥에 닿을까?

어느 쪽이 먼저 바닥에 닿을지 생각해 보자.

① 둘 다 동시에   ② 겹친 2개가 먼저

③ 1개인 컵이 먼저

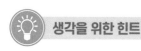

생각을 위한 힌트

컵을 작고 둥글게 말아서 떨어뜨리면 둘 다 동시에 바닥에 닿는다. 즉 무거운 쪽이 빨리 떨어지지 않는다. 작게 말면 공기 저항을 거의 받지 않아서 중력만 작용하여 떨어지는 것이다. 중력은 질량보다 약 9.8배 크기 때문에 다음과 같은 운동방정식을 생각할 수 있다.

질량 [kg] × 가속도 [m/s²] = 작용하는 알짜힘 [N] (이 경우는 중력)

질량 [kg] × 가속도 [m/s²] = 질량 [kg] × 9.8

따라서, 가속도 = 9.8m/s²

이렇게 컵의 개수와 상관없이 작고 둥글게 말면 질량이 무엇이든 9.8m/s²의 가속도로 떨어진다.

다음 속도-시간 그래프처럼 알루미늄 컵을 작게 말았을 때는 기울기가 9.8인 직선이 나타난다. 즉 낙하 속도가 초당 9.8m/s씩 점점 빨라진다. 반면 컵을 원래 모양으로 떨어뜨렸을 때는 그래프가 곡선을 그린다. 그렇다면 이 속도-시간 그래프의 곡선은 컵의 개수에 따라 어떻게 달라질까?

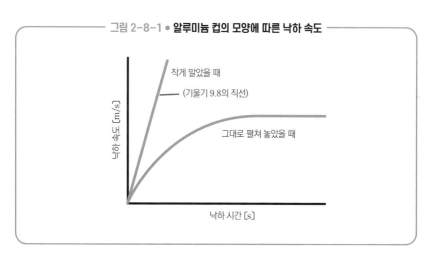

그림 2-8-1 • **알루미늄 컵의 모양에 따른 낙하 속도**

작게 말았을 때

(기울기 9.8의 직선)

그대로 펼쳐 놓았을 때

낙하속도 [m/s]

낙하 시간 [s]

그림 2-8-2는 알루미늄 컵을 2개 겹쳐서 떨어뜨렸을 때(B)와 1개만 펼쳐서 떨어뜨렸을 때(C)를 그래프로 나타낸 것이다. 처음에는 작게 말았을 때(A)와 마찬가지로 가속하지만, 점점 가속이 느려지고 시간이 더 지나면 속도가 변하지 않고 유지된다.

이같이 2개를 겹친 컵이 1개인 컵보다 항상 더 빨리 떨어진다. 따라서 2겹의 컵이 먼저 바닥에 닿는다는 것을 알 수 있다.

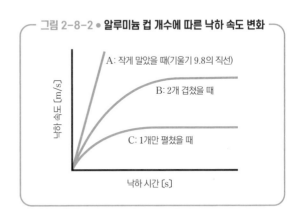

그림 2-8-2 ● 알루미늄 컵 개수에 따른 낙하 속도 변화

A: 작게 말았을 때(기울기 9.8의 직선)
B: 2개 겹쳤을 때
C: 1개만 펼쳤을 때

낙하 속도 [m/s]

낙하 시간 [s]

 한 번 더 생각하기

● 속도 변화량으로 힘의 평형이 깨진다

펼친 알루미늄 컵의 낙하 속도를 자세히 살펴보면 다음과 같다. 속도가 점점 느려지다가 얼마 후에는 일정한 속도가 된다.

이러한 속도-시간 그래프의 곡선에 살펴보려는 시각에 따라 접선(그림에서는 파선으로 표시됨)을 그어 기울기를 구하면 그 시각의 가속도를 알 수 있다. 처음에는 $9.8m/s^2$이었던 가속도가 감소하고 얼마 후에는 0이 된다. 여기서 운동방정식을

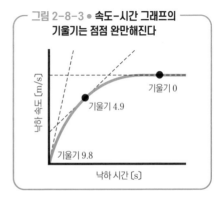

그림 2-8-3 ● 속도-시간 그래프의 기울기는 점점 완만해진다

낙하 속도 [m/s]

기울기 0
기울기 4.9
기울기 9.8

낙하 시간 [s]

이용하면 컵 가속도의 변화를 통해 컵에 작용하는 알짜힘의 변화를 유추할 수 있다.

질량 × 가속도 = 작용하는 알짜힘

즉 컵에 작용하는 알짜힘도 낙하와 함께 감소하다가 얼마 후 0이 된 것으로 보인다. 알짜힘이 0이 되었을 때의 낙하 속도는 2개의 컵을 겹친 쪽이 더 크기 때문에 먼저 바닥으로 떨어진다.

● 작용하는 힘을 상상하고 운동을 설명해 보자

컵에는 아래를 향하는 중력(질량의 약 9.8배)과 위를 향하는 공기 저항이 함께 작용한다. 공기 저항은 넓게 펼쳐진 형태일 때나 낙하 속도가 빠를 때 크게 작용한다. 이 두 힘이 낙하 중인 컵에 작용하므로 운동방정식은 다음과 같다.

질량 × 가속도 = 중력 − 공기 저항

여기서 이 식의 양변을 질량으로 나누면 중력 = 질량 × 9.8이므로 가속도를 다음과 같이 나타낼 수 있다.

$$\text{가속도} = 9.8 - \frac{\text{공기 저항}}{\text{질량}} \qquad (1)$$

컵을 작게 말았을 때는 펼쳐진 형태가 아니라서 낙하 속도와 상관없이 공기 저항은 거의 0이다. 식(1)의 우변 제2항이 0이므로 가속도는 항상 $9.8\,\text{m}/\text{s}^2$이다. 이렇게 떨어지는 방식을 자유낙하라고 한다.

반면 컵을 펼쳤을 때의 낙하 단계를 3가지로 나누어 생각하면 다음 표와 같다.

표 2-8-1 ● 펼친 알루미늄 컵에 작용하는 힘과 가속도

① 떨어지기 시작할 때	② 조금 떨어졌을 때	③ 얼마 동안 떨어졌을 때
가속도 · 중력	공기 저항 · 가속도 · 중력	공기 저항 · 중력
중력만 작용한다	중력 > 공기 저항	중력 = 공기 저항
가속도: $9.8m/s^2$	가속도: $9.8m/s^2$과 $0m/s^2$ 사이	가속도: $0m/s^2$

① 떨어지기 시작하면 속도가 작아 공기 저항이 작용하지 않는다. 식(1)의 우변 제2항이 0이 되므로 가속도는 $9.8m/s^2$이다.

② 조금 낙하하여 낙하 속도가 커지면 공기 저항이 증가해 식(1)의 우변 제2항이 커지고 좌변의 가속도가 감소한다. 따라서 그림 2-8-3의 속도-시간 그래프의 기울기가 작아진다.

③ 잠시 후 공기 저항이 중력과 같은 크기(질량의 9.8배)가 되면 식(1)의 우변이 0이 되므로 좌변의 가속도와 그림 2-8-3의 기울기도 0이 된다. 이렇게 되면 가속이나 감속 없이 이 속도를 유지하며 낙하한다. 이때의 속도를 종단 속도라고 한다.

알루미늄 컵 1개와 알루미늄 컵 2개를 비교해 보면 모양도 같고 낙하 속도도 같으므로 공기 저항도 동일하게 작용한다. 그러나 2겹으로 겹친 컵은 질량이 2배이므로 식(1)의 우변의 제2항은 절반의 크기가 된다. 즉 공기 저항이 절반이 되는 것이다.

따라서 컵이 1개일 때는 공기 저항을 크게 받아 별로 가속하지 않은 채 종단 속도가 되지만 컵이 2개일 때는 더 빠르게 가속되어 종단 속도가 커진다.

알루미늄 컵의 개수가 증가할수록 식(1) 우변의 제2항은 점점 작아지고 공기 저항이 감소한다. 그러면 낙하 속도-시간 그래프는 그림 2-8-2의 A에 가까워진다고 예측할 수 있다.

● 배운 내용을 적용해 다른 현상도 예측해 보자

하늘에서 떨어지는 빗방울도 공기 저항을 받아 종단 속도에 도달하며 떨어지고 있는 셈이다. 빗방울이 클수록 공기 저항과 질량도 커진다. 여기서 빗방울의 지름이 2배가 되면 공기 저항은 2~4배로, 질량은 8배가 된다. 이를 통해 빗방울이 크면 공기 저항이 작아져 종단 속도가 빨라진다고 예측할 수 있다.

정리

낙하하는 물체에 공기 저항이 작용하면 결국 일정한 종단 속도에 도달한다.
질량이 클수록 공기 저항을 덜 받는다.
같은 형태라면 질량이 큰 쪽이 종단 속도도 더 빠르다.

물체의 운동

2-9

어느 상자가 더 쉽게 찌그러질까?

운동방정식의 응용,
작용 반작용 법칙

문 제

각각 10kg의 짐이 들어 있는 골판지 상자 3개를 나란히 놓고 단숨에 밀어서 움직였다. 상자의 크기와 강도는 모두 같다고 가정하고, 각 상자에 작용하는 힘을 생각해 보자.

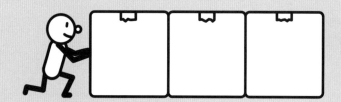

어느 상자가 가장 찌그러지기 쉬울까?

....

① 가장 왼쪽　　② 가운데　　③ 가장 오른쪽　　④ 모두 같다.

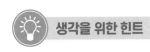

멈춰 있던 물체가 움직이기 시작하면 그 물체는 가속하여 속도를 얻는다.
여기서는 3개의 상자가 동시에 오른쪽으로 이동하기 때문에 모든 상자의 가
속도는 오른쪽 방향으로 같은 크기다.

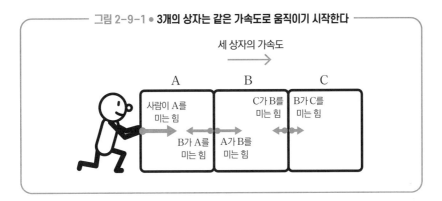

그림 2-9-1 ● **3개의 상자는 같은 가속도로 움직이기 시작한다**

여기서도 기본적으로 운동을 설명할 때 운동방정식을 이용한다. 같은 질량
의 상자 3개가 함께 움직이기 때문에 각각 작용하는 알짜힘은 동일하다.

여기서 중요한 것은 작용 반작용 법칙이다. 이웃한 두 상자가 서로 미는 힘
은 항상 같은 크기이며 방향은 반대다. '사람이 A를 미는 힘이 B나 C에도 전
달된다'는 생각은 제쳐 두고 옆 상자 사이에서 서로 미는 힘만 생각해 보자.

정답 ①

상자들은 다 같이 움직이므로 각각 같은 알짜힘이 작용한다. 그러나 맨 오
른쪽의 상자 C는 왼쪽에서 밀리고 있을 뿐이고, 맨 왼쪽의 상자 A는 좌우로 긴
상태에서 왼쪽에서 밀리는 힘이 약간 더 커진다. 따라서 가운데 상자만큼 찌그
러질 수 있다. 상자의 질량이 다를 때도 같은 현상이 나타난다.

● 가속도를 가정해 운동방정식을 세워 보자

물리학은 보통 단순한 상황을 가정하여 설명한다. 우선 상자의 질량이 모두 10kg으로 같고, 바닥이 미끄러우며 마찰력이 작용하지 않는다고 해 보자. 상자의 가속도를 $1m/s^2$이라고 가정하고 운동방정식을 세워 보면 다음과 같다.

운동방정식: 질량 × 가속도 = 작용하는 알짜힘

운동방정식은 상자마다 따로 세운다. 운동방정식의 좌변은 모두 $10kg \times 1m/s^2$이다.

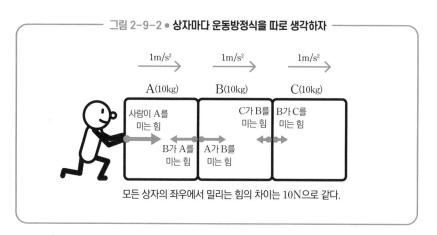

그림 2-9-2 ● 상자마다 운동방정식을 따로 생각하자

상자 A에 대한 운동방정식

$10kg \times 1m/s^2 = $ 사람이 A를 미는 힘 $-$ B가 A를 미는 힘

상자 B에 대한 운동방정식

$10kg \times 1m/s^2 = $ A가 B를 미는 힘 $-$ C가 B를 미는 힘

상자 C에 대한 운동방정식

$10kg \times 1m/s^2 = $ B가 C를 미는 힘

식을 세울 때는 힘의 방향을 고려해서 왼쪽 방향의 힘에는 (−) 부호를 붙

인다. 모든 식의 좌변은 10이므로 우변의 알짜힘은 모두 오른쪽 방향으로 10N이다. 뉴턴 운동 제3법칙인 작용 반작용 법칙을 이용해 생각해 보자.

> ▶ **작용 반작용 법칙**
>
> 두 물체 A와 B가 서로 힘을 가할 때 A가 B에 미치는 힘(작용)과 B가 A에 미치는 힘(반작용)은 크기가 같고 방향은 반대다.

'사람이 A를 미는 힘'이 B나 C에게 전달되지 않을까 하고 생각할 수도 있지만, 여기서는 그런 효과를 추론하기보다 '옆 상자와 서로 미는 힘'만 생각하여 전체를 설명하겠다. 작용 반작용의 관계를 운동방정식에 대입해 보면 각각의 힘은 다음과 같다.

B가 C를 미는 힘 = C가 B를 미는 힘 = 10N

A가 B를 미는 힘 = B가 A를 미는 힘 = 20N

사람이 A를 미는 힘 = 30N

좌우에서 작용하는 힘의 차이는 모든 상자가 10N으로 같다. 하지만 A는 좌우에서 큰 힘으로 끼여 있기 때문에 가장 취약하다. 상자의 질량이 다르면 상자에 따라 좌우로 작용하는 힘의 차이도 달라지지만, 이때도 왼쪽 상자일수록 좌우에서 큰 힘으로 끼이기 때문에 맨 왼쪽에 있는 A가 찌그러지기 쉽다.

 한 번 더 생각하기

● **바닥에 마찰이 있을 때도 맨 왼쪽 상자가 찌그러지기 쉽다**

지금까지는 미끄러운 바닥으로 가정했지만 실제로는 일반적으로 바닥에서 상자에 마찰력이 작용한다. 이 힘은 바닥 표면과 상자 밑면의 원자끼리 전기의 힘으로 끌어당기면서 발생한다.

우선 바닥 위에서 상자를 미끄러뜨리고 있을 때를 생각해 보자. 미끄러지는 상자와 바닥 사이에서 작용하는 마찰력은 운동마찰력(미끄럼 마찰력)이라고 하며, 미끄러지는 속도와 상관없이 수직항력에 비례한 크기로 알려져 있다. 그 비례계수를 운동마찰계수라고 한다.

운동마찰력 = 운동마찰계수 × 수직항력

 수직항력: 바닥이 상자를 받쳐 주는 힘(상자에 작용하는 중력과 같은 크기의 힘)

 운동마찰계수: 운동마찰력이 수직항력보다 몇 배인가 하는 비례계수

상자가 찌그러지지 않으려면 되도록 적은 힘으로 밀어야 한다. 다시 말해 상자에 작용하는 힘이 평형을 유지하도록 밀어야 한다. 그렇게 하면 미끄러지는 상자가 가속이나 감속 없이도 계속 이동할 수 있다.

상자의 질량이 10kg이라면 수직항력의 크기는 상자에 작용하는 중력과 마찬가지로 질량의 9.8배, 즉 98N이다. 운동마찰계수가 0.5라면 운동마찰력은 0.5 × 98N = 49N이다. 이를 통해 상자에 작용하는 힘의 평형을 생각해 보자.

 ▶ **상자에 작용하는 힘의 평형을 나타내는 식**

 상자의 왼쪽에서 오른쪽으로 작용하는 힘 = 오른쪽에서 왼쪽으로 작용하는 힘

 상자 A : 사람이 A를 미는 힘 = B가 A를 미는 힘 + 운동마찰력 49N

 상자 B : A가 B를 미는 힘 = C가 B를 미는 힘 + 운동마찰력 49N

 상자 C : B가 C를 미는 힘 = 운동마찰력 49N

작용 반작용 법칙을 대입하면 각각의 힘을 알 수 있다.

C가 B를 미는 힘 = B가 C를 미는 힘 = 49N

B가 A를 미는 힘 = A가 B를 미는 힘 = 49N + 49N = 98N

사람이 A를 미는 힘 = 98N + 49N = 147N

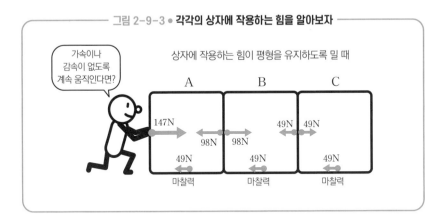

그림 2-9-3 ● **각각의 상자에 작용하는 힘을 알아보자**

역시 맨 왼쪽에 있는 상자 A가 좌우에서 큰 힘으로 끼여 있어 찌그러지기 쉽다. 또한 상자 바닥에 왼쪽 방향으로 마찰력이 작용하기 때문에 마찰이 있으면 상자가 쉽게 변형된다는 것을 알 수 있다.

다음으로 상자를 처음 움직이기 시작할 때도 알아보자. 사람이 맨 왼쪽 상자인 A를 점점 강하게 밀면 상자에 작용하는 마찰력도 강해진다. 그러나 마찰력에는 한곗값이 있으며, 이를 최대정지마찰력이라고 한다. 상자를 미는 힘이 최대정지마찰력을 넘으면 상자가 움직이기 시작한다. 최대정지마찰력도 운동마찰력과 마찬가지로 바닥과 상자 사이에서 서로 밀리는 힘(수직항력)에 비례하며, 그 비례계수를 정지마찰계수라고 한다.

최대정지마찰력 = 정지마찰계수 × 수직항력

바닥 표면과 상자 밑면이 전기의 힘으로 서로 끌어당기기 때문에 일어나는 마찰력은 상자가 멈춰 있을 때 더 강하게 작용한다. 따라서 정지마찰계수는 운동마찰계수보다 약간 더 크다.

이 그래프에서 알 수 있듯 상자를 조금씩 세게 민다고 할 때 가장 강한 힘으로 밀어야 하는 순간은 처음 움직이게 할 때다. 상자 A가 가장 찌그러지기 쉬운 것도 이때다. 무거운 짐을 옮길 때 일단 움직이기 시작하면 편해지는 이유가 바로 이러한 마찰력의 성질 때문이다.

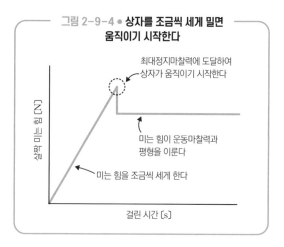

그림 2-9-4 ● 상자를 조금씩 세게 밀면 움직이기 시작한다

최대정지마찰력에 도달하여 상자가 움직이기 시작한다

미는 힘이 운동마찰력과 평형을 이룬다

미는 힘을 조금씩 세게 한다

상자를 미는 힘 [N]

걸린 시간 [s]

문자식을 사용한 관계식

물체 A, B, C가 나란히 있고 물체 A를 밀 때의 운동방정식

$$m_A \times a = F_{OA} - F_{BA}$$

$$m_B \times a = F_{AB} - F_{CB}$$

$$m_C \times a = F_{BC}$$

물체 A, B, C의 질량: m_A (kg), m_B (kg), m_C (kg)

물체의 가속도 크기: a (m/s²)

사람이 A를 미는 힘의 크기: F_{OA} (N)

X가 Y를 미는 힘의 크기: F_{XY} (N)

운동마찰력의 크기 $F' = \mu' \times N$

최대정지마찰력의 크기 $F_0 = \mu_0 \times N$

운동마찰계수: μ' 정지마찰계수: μ_0 수직항력: N (N)

제3장

열과
에너지

3-1

빠른 공이
더 잘 날아갈까?

운동량, 충격량

문제

야구 경기에서 투수가 던지는 강속구를 타자가 배트를 날려 받아치는 모습은 언제 봐도 흥미진진하다. 빠른 공을 배트로 치려면 기술이 필요한데, 타자가 공을 쳐서 날리는 것은 투수가 공을 던지는 속도와 어떤 관계가 있을까?

공이 날아가는 거리는 타자가 받아쳤을 때의 속도에 따라 결정된다. 타자가 공을 날리는 속도가 약 42m/s(150km/h)를 넘으면 홈런 수가 늘어난다고 한다. 만약 타자가 날아오는 공을 40m/s의 속도로 쳐서 날린다면, 투수가 던지는 공이 빠를 때와 느릴 때 중 어느 쪽이 더 힘들까?

① 빠른 공　　　② 느린 공　　　③ 둘 다 똑같다.

공을 되받아치려면 날아오는 공의 속도를 줄이고 반대 방향으로 가속시켜야 한다. 배트에 공이 닿은 시간을 가정하고 운동방정식을 세워 보자.

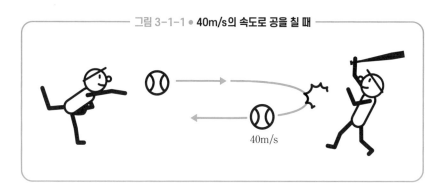

그림 3-1-1 • **40m/s의 속도로 공을 칠 때**

40m/s

정답 ①

빠른 공의 속도를 늦추려면 더 큰 힘으로 공을 쳐야 한다. 벽에 공을 던졌을 때 빠른 공이 더 잘 튀는 것도 벽이 그만큼 큰 힘으로 공을 밀어냈기 때문이다.

● 배트가 공을 치는 힘을 운동방정식으로 계산해 보자

야구공의 무게는 약 0.15kg(150g)이고 배트가 공에 닿는 시간은 약 0.0005초다. 또한 프로야구 투수가 던지는 공의 속도는 35m/s(126km/h)부터 45m/s(162km/h)까지 다양하다. 스포츠 뉴스에서는 주로 km/h 단위로 소개하지만 물리학에서는 속도 단위로 m/s를 사용하니 주의하자.

그럼, 타자가 40m/s의 속도로 공을 쳐 낼 때를 투수가 던지는 공이 45m/s로 빠를 때와 35m/s로 느릴 때로 비교해 보자. 쉽게 계산하기 위해 날아온 방향과 반대로 타자가 친 공이 날아간다고 가정하자.

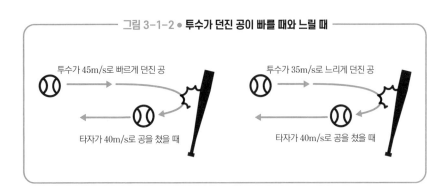

— 그림 3-1-2 ● 투수가 던진 공이 빠를 때와 느릴 때 —

투수가 45m/s로 빠르게 던진 공

투수가 35m/s로 느리게 던진 공

타자가 40m/s로 공을 쳤을 때

타자가 40m/s로 공을 쳤을 때

속도 변화량을 걸린 시간으로 나누면 가속도를 구할 수 있다. 예를 들어 '오른쪽으로 45m/s'의 속도로 날아온 빠른 공을 '왼쪽으로 40m/s'의 속도로 되받아쳤을 때의 속도 변화량은 '왼쪽으로 85m/s'이다. 이 변화가 배트와 공의 접촉 시간인 0.0005초 사이에 일어나므로 다음과 같은 가속도가 필요하다.

가속도 = 속도 변화량 ÷ 걸린 시간

= 왼쪽 방향으로 85m/s ÷ 0.0005s

= 왼쪽 방향으로 170,000m/s²

여기서 속도나 가속도의 방향을 문자 대신 기호를 사용해 오른쪽 방향을 +, 왼쪽 방향을 −로 쓰면 좀 더 물리학다운 모양새를 갖출 수 있다.

	공을 치기 전의 속도	공을 친 후의 속도	속도 변화량	가속도
빠른 공	+45m/s	−40m/s	−85m/s	−170,000m/s²
느린 공	+35m/s	−40m/s	−75m/s	−150,000m/s²

이 가속도를 사용하여 배트가 공을 쳐 내는 힘을 구할 수 있다.

> 운동방정식 : 질량 × 가속도 = 작용하는 알짜힘
>
> 빠른 공: 공을 미는 힘 $= 0.15\text{kg} \times (-170,000\text{m/s}^2) = -25,500\text{N}$
>
> 느린 공: 공을 미는 힘 $= 0.15\text{kg} \times (-150,000\text{m/s}^2) = -22,500\text{N}$

$(-)$ 부호가 붙어 있는 것은 그림의 왼쪽 방향으로 힘이 작용하고 있다는 뜻이다. 이 계산을 통해 빠른 공일 때 더 큰 힘이 필요하다는 것을 알 수 있다.

 한 번 더 생각하기

● 운동량과 충격량으로 타격을 나타내 보자

앞에서는 배트와 공의 접촉 시간을 0.0005s로 계산했는데, 이 값이 바뀌면 배트가 공을 치는 힘도 달라진다. 다시 말해 느린 공을 쳐도 접촉 시간이 짧아지면 큰 힘이 필요하다. 오른쪽 타자가 오른쪽 방향으로 홈런을 치기 힘든 것은 배트가 공과 접촉하는 시간이 짧기 때문이다.

따라서 타격의 크기를 나타낼 때는 힘과 시간을 곱한 값을 사용한다. 이것을 충격량이라고 한다. 충격량의 단위는 힘의 단위(N)와 시간의 단위(s)의 곱(N·s)이다. 앞서 예시로 든 빠른 공과 느린 공의 타격을 충격량을 이용해 비교해 보자.

> 공을 되받아치는 충격량 = 공을 밀어내는 힘 × 접촉 시간
>
> 빠른 공: 충격량 $= -25,500\text{N} \times 0.0005\text{s} = -12.75\text{N·s}$
>
> 느린 공: 충격량 $= -22,500\text{N} \times 0.0005\text{s} = -11.25\text{N·s}$

충격량을 운동방정식에 적용하면 매우 유용한 아이디어를 얻을 수 있다.

운동방정식(질량×가속도=작용하는 알짜힘)의 양변에 힘이 작용한 시간을 곱해 보자.

질량 × 가속도 × 시간 = 작용하는 알짜힘 × 시간

여기서 우변은 '타격의 충격량'을 나타내고, 좌변의 '가속도 × 시간'은 속도 변화량, 즉 '타격 후 속도－타격 전 속도'를 나타낸다.

질량 × (타격 후 속도 － 타격 전 속도) = 타격의 충격량

(질량 × 타격 후 속도) － (질량 × 타격 전 속도) = 타격의 충격량

좌변에 있는 질량과 속도의 곱을 운동량이라고 하는데, 물체가 운동하는 데 드는 힘의 양을 뜻하며 물리학에서 중요시하는 개념이기도 하다.

> **물체에 타격을 가한 전후 운동량의 변화량**
>
> 타격 후 운동량—타격 전 운동량 = 가해진 타격의 충격량

이렇듯 운동량을 이용하면 빠른 공을 받아칠 때를 매우 쉽게 계산할 수 있다.

타격 후 운동량 = 질량 × 타격 후 속도

$$= 0.15\text{kg} \times (-40\text{m/s}) = -6.0\text{kg} \cdot \text{m/s}$$

타격 전 운동량 = 질량 × 타격 전 속도

$$= 0.15\text{kg} \times (+45\text{m/s}) = +6.75\text{kg} \cdot \text{m/s}$$

가한 타격의 충격량 = 운동량의 변화량

$$= \text{타격 후 운동량} - \text{타격 전 운동량}$$

$$= (-6.0\text{kg} \cdot \text{m/s}) - (+6.75\text{kg} \cdot \text{m/s})$$

$$= -12.75\text{kg} \cdot \text{m/s}$$

운동량의 단위는 질량(kg)과 속도(m/s)의 곱(kg·m/s)이며, 사실 이는 충격량의 단위(N·s)와 같다. 운동방정식의 우변(N)은 좌변의 kg과 m/s²의 곱과 같기 때문이다.

운동량과 충격량의 계산을 이해하면 접촉 시간과 작용한 힘을 고려하지 않아도 물체가 운동하는 데 드는 힘이나 각종 충돌, 타격에 대해 쉽게 계산할 수 있다.

문자식을 사용한 관계식

물체 운동량의 변화량과 충격량의 관계 $\vec{p'} - \vec{p} = \vec{I}$

충돌 후 물체의 운동량: $\vec{p'} = m \times \vec{v'}$ (kg·m/s)

충돌 전 물체의 운동량: $\vec{p} = m \times \vec{v}$ (kg·m/s)

물체에 가한 충격량: $\vec{I} = \vec{F} \times \Delta t$ (N·s)

물체의 질량: m (kg)

충돌 후 물체의 속도: $\vec{v'}$ (m/s)

충돌 전 물체의 속도: $\vec{v}$ (m/s)

물체에 작용하는 힘: $\vec{F}$ (N)

힘이 작용하는 시간: Δt (s)

3-2

추돌 전 속도를
추측할 수 있을까?

운동량 보존 법칙,
무게중심의 위치

문 제

자동차 사고가 나면 충돌 전 속도에 따라 충돌 후 자동차의 움직임이 달라진다.
여기서는 추돌 사고의 현장 검증에 대해 생각해 보자.

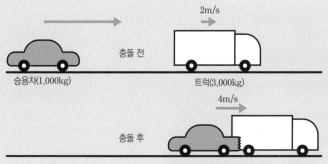

2m/s

충돌 전

승용차(1,000kg)　　　　　　　　트럭(3,000kg)

4m/s

충돌 후

한 덩어리가 된 승용차와 트럭(4,000kg)

2m/s의 속도로 달리는 트럭이 뒤에서 오던 승용차에 추돌당했다. CCTV 영
상을 통해 추돌 후에는 승용차가 트럭에 박힌 채 한 덩어리가 되어 4m/s의 속
도로 나아간 것을 알 수 있었다. 승용차의 질량은 1,000kg, 트럭의 질량은
3,000kg이다. 추돌 전 승용차의 속도는 어느 정도였다고 추측할 수 있을까?

① 4m/s　　　② 6m/s　　　③ 8m/s　　　④ 10m/s

생각을 위한 힌트

추돌된 트럭은 승용차에 밀려 가속되고, 승용차는 트럭으로부터 같은 크기의 힘으로 밀려나 감속한다. 추돌 후에 한 덩어리가 된다는 것은 같은 속도가 된다는 의미다.

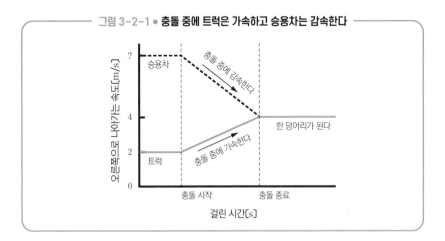

그림 3-2-1 ● 충돌 중에 트럭은 가속하고 승용차는 감속한다

승용차

오른쪽으로 나아가는 속도[m/s]

충돌 중에 감속한다

한 덩어리가 된다

트럭

충돌 중에 가속한다

충돌 시작

충돌 종료

걸린 시간[s]

정답 ④ 10m/s

충돌 중에 승용차와 트럭이 서로 밀어내는 힘의 크기는 같지만 질량은 다르다. 따라서 트럭이 밀려서 가속하는 정도와 승용차가 밀려서 감속하는 정도는 1:3이 된다.

● **충돌할 때의 속도 변화량을 계산해 보자**

트럭과 승용차가 서로 밀어내는 힘을 운동방정식(질량×가속도＝작용하는 알짜힘)으로 나타내 보자.

트럭의 (질량 × 가속도) = 승용차가 트럭을 미는 힘

승용차의 (질량 × 가속도) = 트럭이 승용차를 미는 힘

작용 반작용 법칙(뉴턴 운동 제3법칙)에 따르면 위의 두 방정식의 우변은 같은 크기이며 반대 방향인 힘이다. 그림의 오른쪽 방향이 (＋)일 때 트럭이 승용차를 미는 힘은 (−) 방향이므로 다음과 같은 관계가 성립한다.

트럭의 (질량 × 가속도) ＝ −승용차의 (질량 × 가속도) (1)

여기서 트럭의 질량은 승용차의 3배이므로 다음과 같은 식이 나온다.

3 × 트럭의 가속도 ＝ −승용차의 가속도 (2)

가속도에 접촉 시간을 곱한 값이 속도 변화량(충돌 후 속도−충돌 전 속도)이다.

트럭의 속도 변화량 ＝ 트럭의 가속도 × 접촉 시간 (3)
승용차의 속도 변화량 ＝ 승용차의 가속도 × 접촉 시간 (4)

충돌로 인해 트럭이 2m/s 가속하고 있으므로 트럭의 속도 변화량은 ＋2m/s이다. 식(2)(3)(4)를 합쳐서 생각하면 서로의 접촉 시간은 공통이므로 승용차의 속도 변화량이 −6m/s임을 알 수 있다. 따라서 추돌 전 승용차의 예상 속도는 10m/s이다.

 한 번 더 생각하기

● **충돌할 때 운동량의 합은 보존된다**

위의 설명을 좀 더 쉽게 나타낼 수 있다. 식(3)(4) 양변에 질량을 곱하면 좌변은 '운동량의 변화량', 우변은 '가해진 충격량'과 같다. 즉 앞 문제에서 등장한 운동량과 충격량의 관계식이 된다.

> 좌변: 질량 × 속도 변화량 = 충돌 후 운동량 − 충돌 전 운동량
>
> = 운동량의 변화량
>
> 우변: 질량 × 가속도 × 접촉 시간 = 작용하는 힘 × 접촉 시간
>
> = 가해진 충격량

여기서는 트럭과 승용차가 서로 밀고 있을 뿐이므로 각각 작용하는 힘 사이에 작용 반작용 법칙이 성립한다. 또한 서로의 접촉 시간이 공통이므로 트럭과 승용차에 가해지는 충격량은 다음과 같다.

트럭에 가해진 충격량 = − 승용차에 가해진 충격량

가해진 충격량은 운동량의 변화량이므로 운동량의 변화량에 대해서도 같은 관계가 성립된다.

충돌 후 트럭의 운동량 − 충돌 전 트럭의 운동량

= − (충돌 후 승용차의 운동량 − 충돌 전 승용차의 운동량)

위의 식을 충돌 후와 충돌 전으로 나눠서 정리하면 다음과 같은 간단한 관계식이 된다.

> ▶ **충돌할 때의 운동량 보존 법칙**
>
> 충돌 후 트럭의 운동량 + 충돌 후 승용차의 운동량
>
> = 충돌 전 트럭의 운동량 + 충돌 전 승용차의 운동량   (5)

식(5)를 이용하여 여러 물체가 충돌할 때 '충돌 후 운동량의 합은 충돌 전 운동량의 합과 같다'고 깔끔한 법칙으로 정리할 수 있다. 어떤 이벤트 전후로

제3장

열과 에너지

변화하지 않는 양이 있을 때 물리학에서는 보존이라는 용어를 사용한다. 따라서 위 공식의 관계를 운동량 보존 법칙이라고 한다.

● 운동량 보존 법칙으로 충돌 후 속도를 계산해 보자

식(5)에 승용차와 트럭의 질량 및 충돌 후 속도를 대입하면 다음과 같은 식이 된다.

$$(1,000kg \times 4m/s) + (3,000kg \times 4m/s)$$
$$= (1,000kg \times 충돌\ 전\ 승용차의\ 속도\ [m/s]) + (3,000kg \times 2m/s)$$

이 식을 풀어 보면 충돌 전 승용차의 속도가 10m/s라는 것을 금방 알 수 있다.

● 충돌해도 무게중심의 위치는 바뀌지 않는다

이러한 충돌 현상은 다른 방식으로 분석할 수도 있다. 여기서는 두 자동차의 무게중심의 움직임을 고려한다. 무게중심의 위치는 다음 그림과 같이 두 자동차 사이의 거리를 자동차 질량의 역비, 즉 3:1로 나눈 위치다.

또한 1초 후 승용차와 트럭의 위치는 각 속도의 화살표 끝이므로 1초 후 무

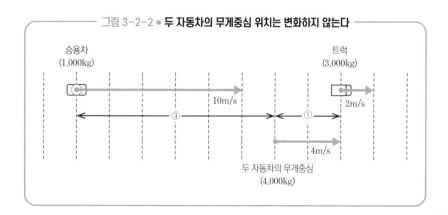

그림 3-2-2 ● 두 자동차의 무게중심 위치는 변화하지 않는다

게중심 위치는 4m 진행된다. 이를 통해 두 자동차의 무게중심이 4m/s로 움직인다는 것을 알 수 있다.

충돌하여 한 덩어리가 된 두 자동차의 속도는 4m/s이므로 충돌 전 무게중심의 움직임과 동일하다는 것을 확인할 수 있다. 충돌 전후로 무게중심의 위치가 변화하지 않는 것은 운동량 보존 법칙의 본질이기도 하다.

문자식을 사용한 관계식

운동량 보존 법칙 $\vec{p_1'} + \vec{p_2'} = \vec{p_1} + \vec{p_2}$

충돌 후 물체 1의 운동량: $\vec{p_1'}$ (kg·m/s)

충돌 후 물체 2의 운동량: $\vec{p_2'}$ (kg·m/s)

충돌 전 물체 1의 운동량: $\vec{p_1}$ (kg·m/s)

충돌 전 물체 2의 운동량: $\vec{p_2}$ (kg·m/s)

3-3

차체가 딴딴하면 충돌 후 움직임도 달라질까?

일과 에너지, 운동에너지, 비탄성충돌과 탄성충돌, 에너지 손실, 반발계수

문 제

계속해서 자동차 사고에 대해 생각해 보자. 충돌 전 속도 조건이 같아도 충돌 후 자동차가 어떻게 움직일지는 차체의 변형 정도에 따라 달라진다.

10m/s

2m/s

충돌 전

승용차(1,000kg)

트럭(3,000kg)

10m/s의 속도로 달리는 승용차가 전방에서 2m/s의 속도로 달리는 트럭을 들이받고 말았다. 승용차의 질량은 1,000kg, 트럭의 질량은 3,000kg이라고 하자. 충돌 후 승용차는 어떻게 움직일까?

① 변형되어 트럭과 한 덩어리가 되어 나아간다.

② 충돌 후 감속하지만 계속 앞으로 나아간다.

③ 충돌로 인해 멈춘다.

④ 충돌로 튕겨 나와 뒤로 이동한다.

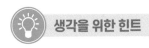
생각을 위한 힌트

앞에서 배운 운동량 보존 법칙을 이용하면, 충돌 후의 두 자동차 중 어느 한 쪽의 속도를 알면 다른 쪽의 속도도 알 수 있다.

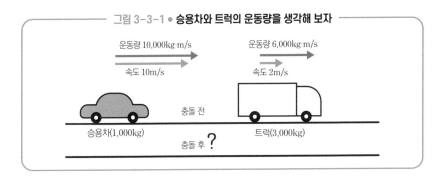

— 그림 3-3-1 • **승용차와 트럭의 운동량을 생각해 보자** —

운동량 10,000kg·m/s

속도 10m/s

운동량 6,000kg·m/s

속도 2m/s

승용차(1,000kg)

충돌 전

트럭(3,000kg)

충돌 후 **?**

정답 ①·②·③·④

사실 4개의 선택지가 모두 답이 될 수 있다. 충돌로 인해 차체가 크게 변형되기 쉬운 구조라면 ①처럼 한 덩어리가 되겠지만, 변형되지 않는 단단한 차체나 뒤틀려도 원래 형태로 돌아가는 탄성력을 가진 범퍼가 있다면 ④처럼 다시 튕겨 나와 뒤쪽으로 돌아갈 것이다.

● **충돌 후 다른 상황일 때도 생각해 보자**

충돌 전 승용차의 속도가 10m/s, 트럭의 속도가 2m/s라고 해도 충돌 후 항상 한 덩어리가 되는 것은 아니다. 먼저 운동량 보존 법칙을 적용하여 생각해 보자. 이때 운동량 = 물체의 질량 × 물체의 속도다.

▶ **승용차와 트럭의 충돌 전후 운동량 보존**

충돌 후 승용차와 트럭의 운동량의 합 = 충돌 전 승용차와 트럭의 운동량의 합

승용차와 트럭의 질량은 각각 1,000kg과 3,000kg이며, 충돌 전 속도는 각각 같은 방향으로 10m/s와 2m/s이다. 따라서 다음과 같은 관계가 성립된다.

1,000kg × 충돌 후 승용차의 속도 [m/s] + 3,000kg × 충돌 후 트럭의 속도 [m/s]

= 1,000kg × 10m/s + 3,000kg × 2m/s

양변을 1,000으로 나누면 다음과 같은 식이 된다.

충돌 후 승용차의 속도 + 충돌 후 트럭의 속도 × 3 = 16

이 식을 만족하는 속도의 조합은 다양하다. 대표적인 예와 그때의 충돌 후 승용차의 모습은 다음과 같다.

──────── 표 3-3-1 ● **충돌 후 트럭과 승용차의 속도** ────────

	승용차의 속도 [m/s]	트럭의 속도 [m/s]	충돌 후 승용차의 모습
A	4	4	트럭과 한 덩어리가 되어 나아간다: 정답 ①
B	1	5	트럭보다 느린 속도로 나아간다: 정답 ②
C	0	약 5.3	정지한다: 정답 ③
D	-2	6	튕겨 나와 후진한다: 정답 ④
E	-5	7	튕겨 나와 후진한다: 정답 ④

● **에너지로 다른 현상을 연결하여 생각해 보자**

표 3-3-1과 같이 충돌 후 속도의 다양한 변화는 충돌에 의한 차체 변형과 관련된다. 차가 충돌하면 차체가 변형되어 뒤틀린다. 물리학자들은 '자동차의 속도'와 '차체의 변형' 등 관련 있어 보이지만 그 연관성을 이해하기 어려운 현상을 연결할 때 에너지라는 개념을 사용한다.

에너지는 과학 세계의 화폐와 같다. 물리학의 다른 분야뿐만 아니라 생물학, 화학과도 연결되어 있으며, J(줄)이라는 단위를 사용하여 나타낸다. 식품의 에너지 단위인 cal(칼로리)도 같은 개념으로 1cal = 4.2J의 관계다.

● 운동에너지의 합을 늘리거나 줄여서 차체의 변형을 파악한다

속도를 가지고 운동 하는 물체가 가진 에너지를 운동에너지^{kinetic energy}라고 한다. 운동에너지는 다음과 같이 계산한다.

$$운동에너지 = \frac{1}{2} \times 질량 \times (속도)^2$$

충돌 전 승용차와 트럭의 운동에너지를 계산하면 각각 50,000J, 6,000J이 다. 즉 두 자동차의 운동에너지를 더하면 56,000J이다. 다음 그림을 참고하여 이 값이 충돌 전후로 어떻게 변하는지 살펴보자.

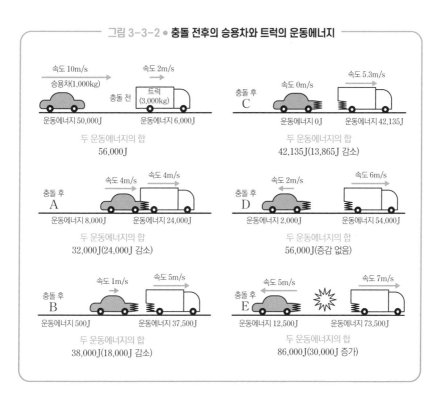

그림 3-3-2 ● 충돌 전후의 승용차와 트럭의 운동에너지

충돌로 인해 트럭의 속도가 증가하면서 승용차에서 트럭으로 에너지가 전달된다. 그러나 A~C와 같이 두 자동차의 운동에너지 합은 충돌로 인해 감소할 수 있다. 차체 변형으로 금속이 휘거나 플라스틱이 부서지는 데 에너지가 사용되었기 때문이다. 특히 운동에너지가 가장 많이 감소하는 A에서 알 수 있듯 충돌 후 한 덩어리가 되어 나아갈 때 차체 변형이 가장 심하다.

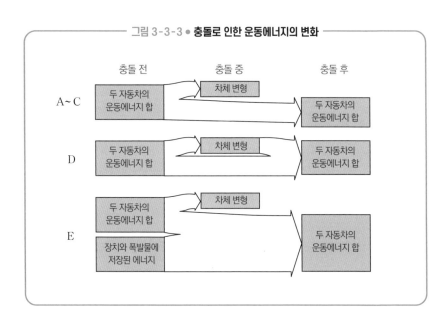

그림 3-3-3 ● 충돌로 인한 운동에너지의 변화

D에서는 운동에너지가 변하지 않았다. 충돌로 변형된 부분에 탄성력이 있어 스프링처럼 원래대로 돌아갔을 수도 있고, 매우 튼튼해서 변형되지 않았을 수도 있다.

E는 운동에너지가 증가해서 이상하게 보일 수도 있지만, 미리 압축되어 변형된 스프링 같은 장치가 충돌할 때 원래대로 돌아가거나 무언가가 폭발할 때 발생한다. 장치와 폭발물에 저장된 에너지가 방출되어 변형이 일어난 후에도 여전히 운동에너지가 증가한 것이다.

이같이 운동에너지의 증가 또는 감소를 계산하여 어떤 일이 일어났는지 유추할 수 있다. 자동차는 차체가 크게 변형되어 운동에너지를 감소시킴으로써 탑승자의 안전을 지키도록 설계되었다.

 한 번 더 생각하기

● 운동에너지는 속도의 제곱에 비례한다

운동에너지를 어떻게 $\frac{1}{2} \times$ 질량 $\times$ (속도)^{2}이라는 식으로 나타낼 수 있는지 생각해 보자. 다양한 현상에서 나타나는 에너지의 양은 물리학자들의 수많은 시행착오를 거쳐 다음과 같이 결정되었다.

> 에너지 = 물체가 역학적 일을 하는 능력
>
> 역학적 일 = 물체에 가한 힘 × 힘의 방향으로 물체가 이동한 거리

역학적 일은 물체에 힘을 가해 움직이게 하는 것을 뜻하며, 위의 식과 같이 물체에 작용하는 힘과 그 힘의 방향으로 물체가 이동한 거리를 곱하여 구한다. 반대로 역학적 일에 의해 움직인 물체는 그 일만큼 운동에너지를 얻는다.

골프 샷을 예로 들어 운동에너지를 나타내는 식을 확인해 보자. 골프공의 질량은 약 $50g$(0.05kg)이며, 실력 있는 선수라면 드라이버샷의 초속은 $60m/s$ 정도다. 여기서 골프채가 공에 한 일을 앞에 나온 운동방정식과 등가속도 운동의 관계식을 사용해 계산하면 공의 운동에너지를 구할 수 있다.

> 운동방정식 : 질량 × 가속도 = 작용하는 알짜힘
>
> 등가속도 운동 하는 물체의 속도 = 가속도 × 가속 시간
>
> 등가속도 운동 하는 물체의 이동 거리 = $\frac{1}{2} \times$ 가속도 × 가속 시간^2

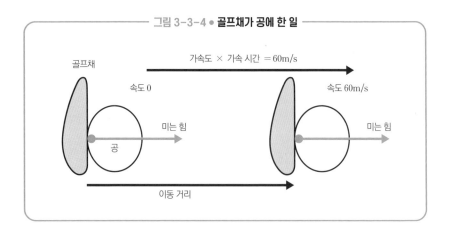

그림 3-3-4 ● 골프채가 공에 한 일

골프채가 공에 한 역학적 일

　= 공을 미는 힘 × 이동 거리

　= (공의 질량 × 가속도) × ($\frac{1}{2}$ × 가속도 × 가속 시간^2)

　= $\frac{1}{2}$ × 공의 질량 × 가속도^2 × 가속 시간^2

　= $\frac{1}{2}$ × 공의 질량 × (속도)^2

이렇게 물체에 한 일을 통해 얻은 운동에너지를 식으로 나타낼 수 있다. 이 식에 값을 대입하면 골프채로 공을 쳤을 때의 운동에너지를 다음과 같이 구할 수 있다.

운동에너지 = $\frac{1}{2}$ × 질량 × (속도)^2

　　　　　= $\frac{1}{2}$ × 0.05kg × (60m/s)^2 = 135J

즉 골프채가 공에 한 역학적 일은 135J이다. 골프채를 휘두르는 것은 선수이므로 선수가 아침 식사로 얻은 에너지 중 135J이 공의 운동에너지가 되었다고 볼 수도 있다.

식사로 몸에 축적되는 에너지는 그전까지 써 온 단위인 칼로리를 사용하며, 1cal=4.2J이다. 하루에 필요한 섭취 에너지 1,500kcal는 6,300kJ, 즉 630만 J 이다. 이에 비하면 공의 운동에너지는 매우 작다는 것을 알 수 있다.

에너지를 계산하면 예로 든 아침 식사와 골프공처럼 다른 현상 사이의 관계를 쉽게 이해할 수 있지만, 골프채가 공을 미는 힘과 이동 거리 등의 자세한 내용은 알 수 없다. 이에 대해서는 가속도 등을 고려하여 계산해야 한다.

● 반발계수에 따라 충돌을 분류한다

에너지를 알면 매우 편리하지만 조금 이해하기 힘든 부분도 없지 않다. 그래서 A~D의 충돌을 알기 쉽게 분류하는 방법을 여기서 살펴보겠다.

충돌하는 두 물체는 충돌 전에는 반드시 가까워지고 충돌 후에는 멀어지거나 한 덩어리가 된다. 접근하는 속도 또는 멀어지는 속도는 관찰을 통해 쉽게 알 수 있으므로, 이에 대한 비율인 반발계수라는 값을 사용해 충돌을 분류할 수 있다.

$$\text{반발계수} = \frac{\text{멀어지는 속도}}{\text{접근하는 속도}}$$

───── 표 3-3-2 ● 자동차 사고의 반발계수와 충돌 유형 ─────

〈접근하는 속도가 8m/s일 때 멀어지는 속도에 따른 반발계수〉

	멀어지는 속도	반발계수	충돌 유형
A	0m/s	0	비탄성충돌 (완전 비탄성충돌)
B	4m/s	0.5	비탄성충돌
C	약 5.3m/s	약 0.66	비탄성충돌
D	8m/s	1	탄성충돌
E	12m/s	(1.5)	(폭발)

예를 들어 B에서는 멀어지는 속도(5m/s-1m/s)를 접근하는 속도(10m/s-2m/s)로 나누므로 반발계수는 0.5가 된다. 반발계수는 배트와 공처럼 충돌하는 조합을 어느 정도 알고 있을 때 탄성력을 나타내는 지표로 사용된다. 문제에 나온 자동차 사고에서 반발계수와 충돌 유형은 표 3-3-2와 같이 분류할 수 있다.

표 3-3-2에 나온 대로 충돌 유형은 반발계수에 따라 이름이 붙는다. 충돌 후에도 운동에너지의 합이 변하지 않는 D를 탄성충돌, 감소하는 A~C를 비탄성충돌(가장 크게 줄어드는 A는 완전 비탄성충돌)이라고 한다. E의 폭발은 일반적인 충돌 유형에는 들지 않지만, 충돌할 때의 운동에너지 변화를 고려하는 데 중요한 현상이기 때문에 표에 포함했다.

문자식을 사용한 관계식

역학적 일 $W = F \times s$

물체에 가한 힘의 크기: F (N)

힘의 방향으로 이동한 거리: s (m)

운동에너지 $K = \dfrac{1}{2}mv^2$

질량: m (kg) 속도: v (m/s)

3-4

롤러코스터는 얼마나 가속할까?

퍼텐셜 에너지, 역학적 에너지 보존, 일과 일률

문제

높은 곳까지 올라간 롤러코스터는 중력에 따라 레일을 타고 앞으로 나아간다.

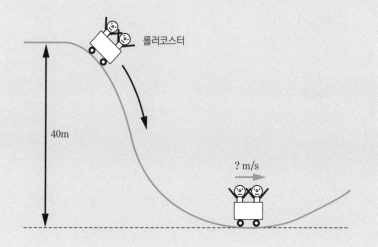

롤러코스터

40m

? m/s

질량 100kg의 롤러코스터가 높이 40m에서 지면 부근까지 미끄러져 내려갈 때, 롤러코스터의 속도는 어느 정도일까?

① 40m/s ② 28m/s ③ 10m/s ④ 6.3m/s

 높은 위치에 있다가 떨어지는 물체는 중력에 의해 가속된다. 그림 3-4-1 의 A와 같이 똑바로 낙하하거나 B와 같이 경사면을 미끄러져 내려갈 때는 떨어지는 동안의 가속도에 낙하 시간을 곱한 값이 낙하 후 속도의 크기(속력)다.

 그러나 C처럼 구부러진 레일을 타고 미끄러져 내려가면 도중에 가속도가 바뀌므로 낙하 후 속도를 계산하기 어렵다. 이때는 '낙하 경로와 상관없이 낙하 전 높이가 낙하 후 속도를 결정한다'라는 원리를 통해 낙하 후 속도를 구한다.

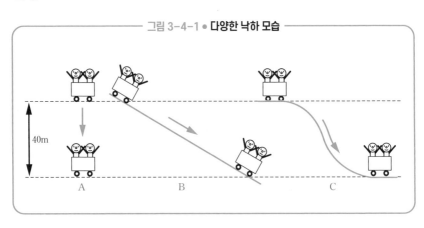

그림 3-4-1 • **다양한 낙하 모습**

정답 ② 28m/s

 C처럼 구부러진 레일을 타고 미끄러져 내려간 후의 속도는 A처럼 같은 높이에서 똑바로 떨어질 때나 B처럼 경사면을 미끄러져 내려갈 때의 속도와 같다. 그러면 실제로 계산해 보자.

 A와 B는 일정한 가속도로 떨어지므로 다음과 같은 관계식이 성립한다.

낙하 후 속도 = 가속도 × 낙하 시간   (1)

$$\text{이동 거리} = \frac{1}{2} \times \text{가속도} \times \text{낙하 시간}^2 \qquad (2)$$

식(1)을 바꾸면 곧 '낙하 시간＝낙하 후 속도÷가속도'가 된다. 이것을 식 (2)의 낙하 시간에 대입하면 낙하 시간이 몇 초인지 몰라도 낙하 후 속도를 가속도와 이동 거리를 이용해 구할 수 있다.

$$\text{이동 거리} = \frac{1}{2} \times \text{가속도} \times (\text{낙하 후 속도} \div \text{가속도})^2$$
$$= \frac{1}{2} \times \text{낙하 후 속도}^2 \div \text{가속도}$$
$$\text{낙하 후 속도}^2 = 2 \times \text{가속도} \times \text{이동 거리} \qquad (3)$$

A와 같이 똑바로 떨어질 때는 가속도가 중력가속도의 9.8m/s^2이고 이동 거리는 낙하 전 높이인 40m가 된다. 식(3)을 적용하면 낙하 후 속도의 제곱은 $2 \times 9.8 \times 40 = 784$이므로 낙하 후 속도가 28m/s가 된다($784 = 28 \times 28$).

이번엔 B가 $30°$의 경사면을 미끄러져 내려가는 경우라고 생각해 보자. 980N의 중력 외에도 경사면에서 수직항력이 작용하므로 알짜힘은 경사 방향으로 490N 크기로 작용한다(삼각형의 비로 중력의 절반이 된다는 것을 알 수 있다). 즉 롤러코스터는 경사면을 따라 중력가속도의 절반인 4.9m/s^2으로 가속한다.

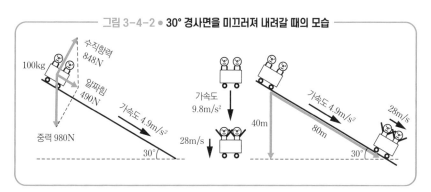

그림 3-4-2 ● **30° 경사면을 미끄러져 내려갈 때의 모습**

그림 3-4-2와 같이 이동 거리는 낙하 전 높이의 2배인 80m이므로 낙하 후 속도의 제곱은 $2 \times 4.9 \times 80 = 784$가 되고, 낙하 후 속도는 A와 같은 28m/s다. $30°$인 경사면뿐 아니라 어떤 기울기의 경사면이라도 완만할 때는 가속도가 줄어들지만, 그만큼 미끄러져 내려가는 거리가 길어진다. 결국 낙하 후 속도는 경사면의 기울기와 상관없이 28m/s가 된다.

C와 같이 구부러진 레일을 타고 내려갈 때도 살펴보자. 이때는 낙하 후 속도를 가속도를 이용해 계산할 수 없다. 그러나 B의 설명에서 알 수 있듯 경사면의 기울기와 상관없이 낙하 전 높이가 같다면 낙하 후 속도도 같다. 곡면을 짧은 경사가 연속된 것으로 생각하면 낙하 후 속도를 알 수 있다. 즉 곡선 레일이라도 낙하 전 높이가 40m라면 낙하 후 속도는 28m/s이므로 정답은 ②다.

한 번 더 생각하기

● 에너지를 사용하여 낙하 후 속도를 알아보자

낙하 전 높이와 낙하 후 속도의 관계는 상상할 수 있지만 직접적인 관계는 명확하지 않다. 여기서도 에너지를 이용해 롤러코스터의 운동을 쉽게 설명할 수 있다.

먼저 낙하 후 운동에너지부터 생각해 보자. 낙하 전에는 운동에너지가 없었으며, 낙하 전 높이가 높으면 낙하 후에는 운동에너지가 클 것으로 추정된다. 이를 명확히 하기 위해 운동에너지를 나타내는 식에 식(3)을 대입해 보면 다음과 같은 내용을 알 수 있다.

$$\text{낙하 후 운동에너지} = \frac{1}{2} \times \text{질량} \times \text{낙하 후 속도}^2$$

$$= \frac{1}{2} \times \text{질량} \times (2 \times \text{가속도} \times \text{이동 거리})$$

$$= \text{질량} \times \text{가속도} \times \text{이동 거리}$$

위의 식의 마지막에 있는 '가속도'와 '이동 거리'는 각각 경사의 기울기에 따라 달라진다. 하지만 앞서 설명한 대로 가속도가 절반이 되면 떨어지는 거리는 2배가 되기 때문에 이들을 곱한 '가속도 × 이동 거리'는 항상 같다.

즉 공중에서 똑바로 낙하할 때의 '가속도 = 중력가속도 9.8m/s^2'과 '이동 거리 = 낙하 전 높이'를 대입한 질량 × 중력가속도 × 낙하 전 높이는 경사면이나 레일의 기울기와 상관없이 낙하 후 얻을 수 있는 운동에너지를 나타낸다.

떨어지기 전부터 '낙하 후 얻을 수 있는 운동에너지'를 알고 있으므로 이를 퍼텐셜 에너지라고 한다. 높은 위치에 있는 물체에는 퍼텐셜 에너지가 있고, 그 물체가 낙하하면 퍼텐셜 에너지가 감소하는 대신 운동에너지를 얻는다는 원리다.

퍼텐셜 에너지 = 질량 × 중력가속도 × 낙하 전 높이

이 식의 '질량 × 중력가속도'는 '물체에 작용하는 중력'을 의미하므로 퍼텐셜 에너지를 다음과 같이 이해할 수도 있다.

퍼텐셜 에너지 = 물체에 작용하는 중력 × 지면까지의 거리

= 지면까지 떨어지는 동안 중력이 물체에 작용하는 일

40m 높이에 있는 100kg의 롤러코스터가 낙하하면 39,200J의 퍼텐셜 에너지가 39,200J의 운동에너지로 변한다.

낙하 전 퍼텐셜 에너지 = 질량 × 중력가속도 × 낙하 전 높이

$$= 100\text{kg} \times 9.8\text{m/s}^2 \times 40\text{m} = 39{,}200\text{J}$$

낙하 후 운동에너지 $= \dfrac{1}{2} \times$ 질량 × 낙하 후 속도^2

$$= \frac{1}{2} \times 100\text{kg} \times \text{낙하 후 속도}^2 = 39{,}200\text{J}$$

이를 통해 롤러코스터가 어떻게 낙하하든 낙하 후 속도가 28m/s라는 것을 설명할 수 있다.

● 역학적 에너지 보존 법칙을 적용해 보자

퍼텐셜 에너지가 감소하면 운동에너지를 얻는 관계는 '퍼텐셜 에너지와 운동에너지의 합(역학적 에너지라고 한다)은 변하지 않는다'라고 바꿔 말할 수 있다. 이를 역학적 에너지 보존 법칙이라고 한다.

> ▶ **역학적 에너지 보존 법칙**
>
> 중력이 작용하여 낙하하는 물체의 역학적 에너지(퍼텐셜 에너지와 운동에너지의 합)는 변하지 않는다.

퍼텐셜 에너지를 계산할 수 있게 되면 물건을 떨어뜨렸을 때 바닥에 부딪히는 속도와 스키를 타고 일직선으로 내려올 때의 속도 등을 쉽게 계산할 수 있다.

마찬가지로 스프링 또는 고무의 탄성력이나 자석의 자력에 의해 운동하는 물체에 대해서도 탄성력이나 자력에 의한 퍼텐셜 에너지를 고려하면 역학적 에너지 보존 법칙이 성립된다.

● 1초당 하는 일의 양을 일률이라고 한다

앞서 그림 3-4-1의 A·B·C는 '지면으로 떨어질 때까지 중력이 물체에 하는 일'이 같다고 설명했다. 그러나 A와 같이 똑바로 떨어지면 B와 같이 경사면을 미끄러져 내려갈 때보다 짧은 시간(계산하면 절반의 시간임을 알 수 있다)에 가속한다.

이렇게 같은 운동에너지를 얻는 데 걸리는 시간이 다르면, 1초당 작용하는 일을 비교한다. 이것을 일률이라고 하며 W(와트)라는 단위를 사용한다.

$$일률(W) = \frac{일의\ 양\ (J)}{걸린\ 시간\ (s)}$$

A는 B보다 절반의 시간에 같은 운동에너지를 물체에 주기 때문에 중력이 하는 일률은 2배임을 알 수 있다.

한편 전구의 밝기도 W로 나타내며, 이는 1초당 방출되는 빛의 에너지 양을 수치로 나타낸 것이다. 자동차의 마력도 마찬가지인데, 1초당 엔진이 자동차에 줄 수 있는 운동에너지 양을 말한다. 성능이 높은 엔진이라면 단시간에 큰일을 할 수 있기 때문에 금방 가속할 수 있다.

문자식을 사용한 관계식

중력에 의한 퍼텐셜 에너지 $U = mgh$ (J)

운동에너지 $K = \frac{1}{2}mv^2$ (J)

질량: m (kg) 중력가속도 크기: g (m/s^2)

낙하 전 높이: h (m) 낙하 후 속도: v (m/s)

역학적 에너지 보존 법칙 $U_1 + K_1 = U_2 + K_2$

낙하 전 역학적 에너지: $U_1 + K_1$ (J)

낙하 후 역학적 에너지: $U_2 + K_2$ (J)

3-5

지상 39km에서 다이빙하면 어떤 일이 일어날까?

만유인력, 역학적 에너지 보존 법칙,
제2우주속도

문제

롤러코스터보다 훨씬 위쪽에서 떨어지면 어떻게 될까? 우주 공간에서 지구로 낙하하는 것에 대해 생각해 보자.

실제로 지상 39,000m(39km) 높이에서 맨몸으로 (무사히) 낙하한 오스트리아 출신의 스카이다이버 펠릭스 바움가르트너는 고공에서 낙하선을 이용해 내려오는 '프리폴'에서 최고 속도 및 최고 고도로 기네스북에 올랐다. 이때 도중에 도달한 최고 속도는 대략 시속 몇 킬로미터일까?

① 130km/h   ② 650km/h

③ 1,300km/h   ④ 3,000km/h

 **생각을 위한 힌트**

바움가르트너는 낙하 도중 최고 속도에 도달한 후 고도 3,000m 부근에서 낙하산을 펴고 감속하며 무사히 착륙했다. 낙하산을 펼치기 전까지 36,000m 낙하하는 동안 낙하 속도가 얼마나 될지는 앞에서 등장한 역학적 에너지를 사용하여 계산할 수 있다.

이때 주의할 점이 2가지 있다. 첫 번째는 상공은 지구에서 멀리 떨어져 있으므로 지면보다 중력이 약하다는 점이다. 그보다 중요한 점은 고속으로 낙하할 때는 공기 저항이 매우 커서 가속하기 어렵다는 것이다.

제 3 장

열과 에너지

정답 ③

정답은 ③인 약 1,300km/h이다. 정확하게는 도중에 시속 1,342km라는 최고 속도를 기록했다. 이 속도는 표준 음속의 1.1배(마하 1.1)이며 초음속기가 비행할 때와 마찬가지로 충격파가 발생했다.

공기가 희박한 상공에서 고속으로 낙하하는 인간에게 작용하는 공기 저항은 매우 크지만, 낙하 속도와 사람의 자세에 따라 복잡하게 변하기 때문에 이론으로 정하기는 쉽지 않다. 이럴 때 물리학에서는 공기 저항이 없다면 얼마나 빨리 떨어질까를 먼저 생각하고 거기에 공기 저항을 더해서 판단한다.

여기서는 중력으로 인해 가속되면 지상에 도달할 때 속도가 어느 정도일지를 생각해 보겠다. 지표면 부근에서 물체에 작용하는 중력은 '질량×9.8'만큼 크지만, 중력은 올라갈수록 약해진다. 고도 3,000m에서는 여전히 '질량×9.8'이지만 고도 39,000m에서는 '질량×9.7' 정도다.

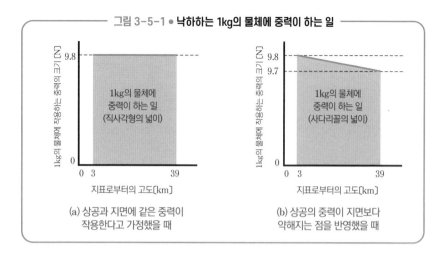

그림 3-5-1 ● 낙하하는 1kg의 물체에 중력이 하는 일

(a) 상공과 지면에 같은 중력이
작용한다고 가정했을 때

(b) 상공의 중력이 지면보다
약해지는 점을 반영했을 때

고도 39,000m에서 낙하한 사람이 낙하산을 펼치는 고도 3,000m에 도달할 때의 속도를 구해 보자. 낙하하는 동안 중력이 강해지기 때문에 '가속도 × 낙하 시간 = 도달할 때의 속도'라고 생각할 수는 없다. 앞서 소개한 역학적 에너지 보존 법칙을 사용해서 생각해 보자.

얻을 수 있는 운동에너지 = 퍼텐셜 에너지의 감소량

= 중력이 낙하 물체에 하는 일

위와 같이 상공과 지면의 중력이 같으면 '중력이 낙하 물체에 하는 일 = 질량 × 9.8 × 낙하 거리'로 계산할 수 있다. 이는 그림 3-5-1의 그래프 (a)의 넓이를 구하는 것과 같다. 낙하하는 동안 중력이 강해질 때도 그래프 (b)의 넓이가 일의 양을 나타낸다. 이렇게 넓이를 구하는 작업을 '적분'이라고 하며, 곱셈의 한 값이 다른 값에 따라 변하는 경우를 계산할 때 자주 사용한다.

중력이 낙하 물체에 하는 일 = 질량 × 그래프의 넓이

$$= 질량 \times \frac{9.7 + 9.8}{2} \times 36,000$$

이는 곧 운동에너지, 즉 $\frac{1}{2}$ × 질량 × 낙하 후 속도^{2}이 되므로 다음과 같이 낙하 후 속도를 구할 수 있다.

$$질량 \times \frac{9.7 + 9.8}{2} \times 36,000 = \frac{1}{2} \times 질량 \times 낙하\ 후\ 속도^2$$

낙하 후 속도 = 약 838m/s

이것을 시속으로 바꾸면 약 3,016km/h가 된다. 정답이 ④로 보이겠지만 실제로는 공기 저항을 받아서 약 절반의 속도로 종단 속도에 도달하기 때문에, 정답은 ③이다. 공기 저항을 고려하여 종단 속도를 계산하기는 어렵지만, 낙하할 때 공기와 마찰하면서 발생하는 열과 굉음의 에너지만큼 얻을 수 있는 운동에너지가 줄어들었다고 보면 된다.

 한 번 더 생각하기

● **중력에 따른 퍼텐셜 에너지를 이용해 낙하 후 속도를 구한다**

그림 3-5-1에서 설명했듯 중력은 지구에서 멀어질수록 약해지지만, 무한히 멀리 이동하지 않으면 0이 되지 않는다.

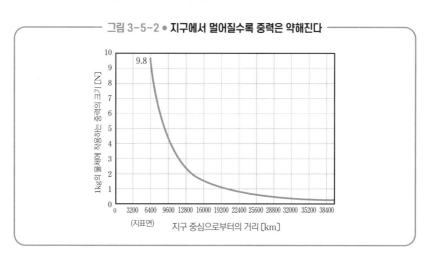

그림 3-5-2 ● **지구에서 멀어질수록 중력은 약해진다**

그림 3-5-2와 같이 무한원(무한히 먼 거리)까지 멀어지지 않으면 0이 되지 않는 양을 나타내는 그래프에서 '무한원에서 ○○까지의 그래프 넓이'는 적분을 사용하면 쉽게 구할 수 있다(여기서는 방법만 설명하고 실제로 계산하진 않겠다). 이를 이용하여 '높은 고도'에서 '낮은 고도'로 낙하하는 동안 중력이 하는 일을 구해 보자. 하는 일의 양은 다음 그래프 속 ①의 넓이다. 적분을 이용하면 ② (무한원에서 높은 고도까지의 그래프)의 넓이와 ③(무한원에서 낮은 고도까지의 그래프)의 넓이를 구할 수 있다. 이를 통해 '③의 넓이-②의 넓이'로 ①의 넓이를 알 수 있다.

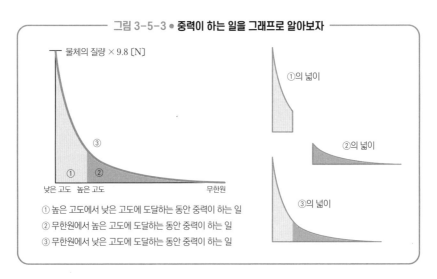

그림 3-5-3 ● 중력이 하는 일을 그래프로 알아보자

물체의 질량 × 9.8 [N]

①의 넓이

②의 넓이

③

① ②

낮은 고도 높은 고도   무한원

③의 넓이

① 높은 고도에서 낮은 고도에 도달하는 동안 중력이 하는 일
② 무한원에서 높은 고도에 도달하는 동안 중력이 하는 일
③ 무한원에서 낮은 고도에 도달하는 동안 중력이 하는 일

역학적 에너지 보존 법칙을 생각하면, ①의 넓이는 운동에너지의 증가량과 같으므로 그 관계를 통해 낙하 후 속도를 알 수 있다.

$$①의 넓이 = \frac{1}{2} × 질량 × 낙하 후 속도^2$$

● **만유인력이 중력의 근원이다**

그림 3-5-2는 지구의 중력을 나타내는 다음의 식을 따른다.

$$\text{물체에 작용하는 중력} = \frac{\text{만유인력상수} \times \text{지구의 질량} \times \text{물체의 질량}}{\text{지구 중심으로부터의 거리}^2} \qquad (1)$$

(만유인력상수 $= 6.67 \times 10^{-11}$, 지구의 질량 $= 5.97 \times 10^{24}$kg)

이 힘은 질량이 있는 물체끼리는 반드시 작용하기 때문에 만유인력이라고도 하는데, 워낙 작은 힘이라 행성이나 항성에 잡아당겨질 때만 의식한다. 이 식의 '지구 중심으로부터의 거리'는 '지구 반지름 + 고도'로 바꿔 말할 수 있다. 지구 반지름이 6,370km이고 고도가 0m라면 지표면에서의 중력(물체의 질량×9.8)을 가리키는 셈이다.

이 식에서는 달 표면에서의 중력도 구할 수 있다. 달의 질량이 지구의 81분의 1이고 달의 반지름이 지구의 3.7분의 1이므로 달의 중력이 지구의 약 6분의 1 크기임을 알 수 있다.

그림 3-5-3의 ②나 ③의 일의 양을 나타내는 그래프의 넓이는 식(1)을 바탕으로 적분 계산하면 다음과 같다(계산 방법이 궁금하다면 적분을 공부해 보자).

$$\text{② 또는 ③의 넓이} = \frac{\text{만유인력상수} \times \text{지구의 질량} \times \text{물체의 질량}}{\text{지구 중심으로부터의 거리}}$$

이제 이 식을 사용하여 고도 39,000m에서 고도 3,000m까지 낙하했을 때의 속도를 계산해 보자. 물론 공기 저항을 고려하지 않은 값이다. 고도 39,000m에서 지구 중심까지의 거리는 '지구 반지름(6,370,000m) + 39,000m'이다.

$$\frac{1}{2} \times \text{질량} \times \text{낙하 후 속도}^2$$

$$= \text{③의 넓이} - \text{②의 넓이}$$

$$= \text{만유인력상수} \times \text{지구의 질량} \times \text{물체의 질량}$$

$$\times \left(\frac{1}{\text{지구 반지름} + 3,000\text{m}} \right) - \left(\frac{1}{\text{지구 반지름} + 39,000\text{m}} \right)$$

이로써 고도 39,000m에서 낙하하기 시작한 사람이 고도 3,000m까지 낙하
했을 때의 속도는 다음과 같으며, 처음에 구한 값과 거의 동일하다.

낙하 후 속도〔m/s〕 =

$$\sqrt{2 \times 6.67 \times 10^{-11} \times 5.97 \times 10^{24} \times \left(\frac{1}{6,373,000} - \frac{1}{6,409,000} \right)}$$

= 약 838m/s

● **지구 중력권에서 벗어나는 로켓 발사**

낙하와는 반대로 지표면에 있는 로켓을 지구 중력권 밖으로 쏘아 올릴 때
도 생각해 보자. 역학적 에너지 보존 법칙에 따르면 발사된 로켓의 퍼텐셜 에
너지가 점점 증가하는 대신 운동에너지가 감소한다. 그럼 지구에서 멀리 날
아가려면 운동에너지를 얼마나 많이 갖게 해서 발사해야 할까?

여기서 그림 3-5-3의 '낮은 고도'를 지표면(고도 0m)으로 생각하면, ③의
넓이는 '무한원에서 지표면으로 낙하하는 동안 중력이 하는 일'이며 '낙하에
의해 감소하는 퍼텐셜 에너지'를 나타낸다. 이것은 '지표면에서 무한원으로
로켓을 날릴 때 증가하는 퍼텐셜 에너지'이기도 하다.

다시 말해 그 양 이상의 운동에너지를 갖고 지표면에서 발사된 로켓은 무
한원으로 가도 계속 날 수 있기 때문에 지구 중력을 벗어나 이동할 수 있다.

발사할 때의 운동에너지 ≥ 낮은 고도를 지표면으로 한 ③의 넓이

$$\frac{1}{2} \times \text{물체의 질량} \times \text{속도}^2 \geq \text{만유인력상수} \times \frac{\text{지구의 질량} \times \text{물체의 질량}}{\text{지구 반지름}}$$

이를 통해 지구 중력권을 벗어나 우주로 이동할 수 있는 발사 속도는 다음
과 같다.

$$\text{발사 속도} \geqq \sqrt{2 \times \text{만유인력상수} \times \frac{\text{지구의 질량}}{\text{지구 반지름}}}$$

$$= \sqrt{2 \times 6.67 \times 10^{-11} \times \frac{5.97 \times 10^{24}}{6,370,000}}$$

$$= \text{약 } 11,181\text{m/s} = \text{약 } 11.2\text{km/s}$$

이 속도를 제2우주속도라고 한다. 지구뿐 아니라 태양의 중력에서도 벗어나 우주로 떠나기 위한 발사 속도는 제3우주속도다. 참고로 제1우주속도는 인공위성이 고도 0m에서 궤도를 도는 속도이며 4-1에서 설명하겠다.

문자식을 사용한 관계식

물체에 작용하는 중력 $F = \dfrac{GMm}{r^2}$ (N)

낙하 물체의 운동에너지 증가량 $\Delta K = GMm \left(\dfrac{1}{R+r_2} - \dfrac{1}{R+r_1} \right)$ (J)

제2우주속도 $v_2 = \sqrt{\dfrac{2GM}{R}}$ (m/s)

만유인력상수: G 지구의 질량: M (Kg)   물체의 질량: m (Kg)

지구 중심으로부터의 거리: r (m)   지구 반지름: R (m)

처음 고도: r_1 (m)   낙하 후 고도: r_2 (m)

3-6

커피를 식지 않게 하려면 어떻게 해야 할까?

열과 온도, 열에너지, 비열과 열용량,
열전도와 단열, 대류와 복사

문제

커피를 식지 않게 하려면 어떻게 해야 할까?뜨거운 커피는 시간이 지나면서 점점 식는다. 되도록 식지 않게 하려면 어떻게
해야 할까?

바닥이 평평한 유리컵에 커피가 들어 있다. 얇은 스티로폼 판을 이용해 커피가
빨리 식지 않게 하려면 다음 중 무엇이 가장 효과적일까?

① 아래에 놓는다.　　② 옆면을 둘러싼다.　　③ 위에 얹어놓는다.

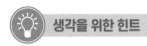

에너지를 이용하면 물체의 온도 변화에 대해서도 잘 설명할 수 있다. 뜨거운 커피는 에너지를 저장하고 있으며, 그것이 밖으로 나가면 식는다는 원리다. 이때 다른 물체로 이동하는 에너지를 열이라고 한다.

열은 서로 같은 온도가 될 때까지 뜨거운 물체에서 차가운 물체로 계속 이동한다. 커피에서 주변 공기나 책상으로 열이 전달되면 커피 온도가 낮아지고, 주변 온도가 올라가서 둘 다 같은 온도가 되면 안정된다(이것을 열평형 상태라고 한다).

윗면은 커피에서 직접 공기로, 옆면은 컵을 경유해 공기로, 아랫면은 컵을 경유해 책상으로 열이 전달된다. 스티로폼 판은 열전달이 어려운 성질(단열성)을 갖고 있어서 열전달이 가장 빠른 경로를 스티로폼 판으로 차단하면 쉽게 식지 않는다.

제
3
장

열
과
에
너
지

정답 ①

③처럼 뚜껑을 덮어 수면에서 수증기가 빠져나가지 않도록 하는 것도 효과가 있지만, 컵 바닥이 평평하다면 컵 밑에 단열재인 스티로폼을 까는 ①이 가장 효과적이다. 책상이 공기보다 열이 전달되기 쉽고 단열재가 이를 차단하기 때문이다. 이것은 손으로 컵을 덮는 것보다 손에 컵을 얹는 것이 더 뜨겁게 느껴진다는 사실에서도 알 수 있다.

여기서 요점은 공기가 열을 전달하기 어렵게 만드는 성질(단열성)을 갖고 있다는 것이다. 컵 주변의 공기로 열이 전달되면 컵을 둘러싼 공기는 따뜻해지지만 그 주변에 있는 공기에는 열이 전달되기 어렵다. 책상은 재질에 따라 정도는 다르지만 책상 전체로 열이 전달되기 때문에 단열 효과가 크지 않다. 나무 책상보다도 금속 책상이 열을 더 잘 전달하는 성질(열전도성)이 있다.

공기에 단열성이 있다고 해도 데워진 공기는 밀도가 낮기 때문에 위쪽으로 빠져나가거나(대류라고 한다) 바람을 타고 멀리 빠져나가기 쉽다. 뜨거운 음료를 후후 불어 열을 식힐 때는 데워진 공기를 멀리 몰아내고 차가운 공기로 교체하고 있는 것이다(수분 증발을 촉진하는 효과도 있다).

사실 스티로폼도 공기 단열성을 적용한 소재다. 내부에 기포가 많이 갇혀 있어 공기가 교체되지 않는다. 이렇게 공기를 가둬 이동시키지 않는 단열 구조는 방한복이나 이중창에도 적용된다.

 한 번 더 생각하기

● **물체의 열용량과 물질의 비열**

어떤 물체의 온도를 1도 높이는 데 필요한 열의 양을 열용량이라고 한다(단위는 J/K, 줄당 켈빈). K(켈빈)이라는 온도 단위는 세계에서 가장 낮은 온도인 −273.15℃(절대영도)를 0으로 한 온도(절대온도)를 나타낸다. 1도의 폭은 일반적인 온도(섭씨온도)와 절대온도가 같으므로 온도가 1K 상승하면 기온도 1℃ 상승한다.

표 3-6-1 ● 절대온도와 섭씨온도

	절대온도	물의 녹는점	물의 끓는점
섭씨온도	−273.15℃	0℃	100℃
절대영도	0K	273.15K	373.15K

물리학자로서 온도에 대해 글을 쓸 때는 항상 절대온도로 표기하고 싶지만 기온을 절대온도로 나타내면 머리에 와 닿지 않을 수 있으므로 적어도 온도 변화량의 단위에는 K을 사용하고, 'OO도 상승'이라고 할 때는 'OOK 상승'이라고 쓴다.

물 100g의 열용량은 420J/K이다. 다음과 같이 계산하면 100g의 커피가 갓 내린 90℃에서 마실 수 있는 70℃까지 식을 때 나오는 열의 양을 구할 수 있다.

빠져나가는 열량〔J〕 = 열용량〔J/K〕 × 내려가는 온도〔K〕
$$= 420J/K × 20K = 8,400J$$

덧붙여서 컵 속의 물이나 유리창과 같이 소재가 균일한 물체일 때, 그 물질의 1g당 열용량을 비열이라고 한다.

$$\text{물질의 비열〔J/(g·K)〕} = \frac{\text{열용량〔J/K〕}}{\text{질량〔g〕}}$$

주택과 같이 복잡한 물체의 열용량에 대해서는 포함된 소재의 비열을 더해 어림잡을 수 있다. 외부 단열재가 있는 주택은 대부분의 건축 자재가 단열재 내부에 있기 때문에 주택의 열용량이 증가한다. 따라서 온도가 쉽게 변하지 않지만 한번 식으면 따뜻해지는 데 시간이 오래 걸린다.

● 인간이 섭취하는 에너지

인체의 열용량은 체중 1kg당 약 3,500J/K이므로 체중이 60kg인 사람의 열용량은 약 21만 J/K이다. 사람이 하루에 음식으로 섭취하는 에너지는 2,000kcal 정도인데, 이를 물리학에서는 8,400kJ(840만 J)이라고 표시한다(1cal는 물의 비열 4.2J로 환산할 수 있다). 사람은 체온을 40도 올릴 만큼의 에너지를 매일 섭취한다고 할 수 있다.

$$\text{열용량〔J/K〕} = \frac{\text{드나드는 열량〔J〕}}{\text{온도 변화량〔K〕}}$$

$$\text{상승하는 온도〔K〕} = \frac{\text{유입하는 열량〔J〕}}{\text{열용량〔J/K〕}} = \frac{840만 J}{21만 J/K} = 40K$$

인간은 항온동물이기 때문에 실제로 체온이 40도나 상승하지 않는다. 체온이 상승하는 대신 바깥 공기로 열이 빠져나가 체온이 떨어지는 것을 막거나 각종 장기나 뇌의 활동, 근육을 운동시키는 데 에너지가 사용된다.

● 태양에너지는 복사로 전해진다

공기의 단열성에 관해 이야기했지만, 진공 상태에서는 당연히 열이 전달되지 않는다. 진공 속에 떠 있는 지구가 태양에 의해 따뜻해지는 것은 태양에서 복사되어 지구에 도달하는 빛(어떤 것은 보이고 어떤 것은 보이지 않음)이 에너지를 전달하기 때문이다.

우리 몸도 항상 적외선(눈에 보이지 않는 빛)을 복사한다. 체온에 따라 복사되는 에너지가 다르기 때문에 검역을 할 때 적외선 카메라로 체온을 측정한다. 재난용품인 알루미늄 담요도 몸에서 복사하는 적외선을 반사하여 몸으로 되돌리고 몸 주위의 따뜻한 공기를 놓치지 않는 방풍 효과로 체온 저하를 막는 원리다.

● 부엌에서는 전도, 복사, 대류를 이용하여 요리한다

조림이나 찜은 뜨거운 물이나 증기로 인한 열전도를 통해 재료에 에너지를 주지만, 숯불구이 음식은 고온의 숯에서 복사되는 적외선으로 에너지를 준다.

프라이팬에 고기를 구울 때는 뜨거운 프라이팬에 맞닿은 표면만 따뜻해지기 때문에 고기를 뒤집어가며 구워야 한다. 냄비에 끓일 때 고온의 냄비 바닥에서 가까운 물로 열이 전달되어 따뜻해지면, 데워진 물이 윗부분의 차가운 물을 대체하고 점점 전체적으로 따뜻해진다. 이 현상은 따뜻한 물의 비중이 차가운 물보다 작아서 발생하며, 이를 대류라고 한다.

열용량 $C(\mathrm{J/K}) = \dfrac{Q(\mathrm{J})}{\varDelta T(\mathrm{K})}$

물질의 비열 $c(\mathrm{J/(g\cdot K)}) = \dfrac{C(\mathrm{J/K})}{m(\mathrm{g})}$

물체를 드나드는 열량: $Q(\mathrm{J})$ 물체의 온도 변화량: $\varDelta T(\mathrm{K})$

물체의 질량: $m(\mathrm{g})$

제3장

열과 에너지

3-7

슈크림은 왜 부풀어 오를까?

이상기체 상태방정식, 절대온도, 물질량, 표준상태

문제

슈크림은 슈크림 반죽을 구워서 생긴 구멍에 크림을 부어 만든 간식이다. 빵은 효모 발효로 생긴 이산화탄소로 부풀어 오르고 팬케이크는 베이킹파우더가 가열되어 분해될 때 나오는 이산화탄소로 부풀어 오른다. 그런데 슈크림 반죽은 효모나 베이킹파우더가 들어가지 않는데도 잘 부풀어 오른다.

슈크림 반죽 재료는 버터, 우유, 물, 소금, 설탕, 밀가루, 계란이고, 수분으로 반죽을 부풀린다. 구운 슈크림 반죽의 구멍이 지름 6cm 정도의 반구이고 그 부피가 $56.5cm^3$ 정도라고 하자. 부피가 이 정도 크기가 되려면 몇 g의 수분이 팽창해야 할까?

① 0.03g　　② 0.3g　　③ 3g　　④ 30g

구운 슈크림 빵의 구멍이 약 6cm 지름(즉 반지름 3cm)의 반구라면 공의 부피를 구하는 공식(공의 부피 = $\frac{4}{3}\pi \times$ 반지름^3)을 이용해 다음과 같이 부피를 계산할 수 있다.

반구의 부피 = 공의 부피의 절반 = $\left(\frac{4}{3} \times 3.14 \times 3^3 \right) \times \frac{1}{2} = 56.52\text{cm}^3$

슈크림 내부에 생기는 구멍은 재료에 포함되어 있던 수분이 수증기가 되어 더욱 가열되면서 부풀어 오른 것이다. 슈크림 반죽을 구울 때 오븐의 온도는 180℃다. 180℃ 오븐에서 25분간 구우면 반죽에 포함된 수분이 수증기 거품으로 증발하고 180℃로 따뜻해지는 동안 부풀어 오른다. 반죽이 풍선처럼 부풀어 오르기 때문에 통통하고 폭신폭신한 슈크림 빵이 완성된다.

정답 ① 0.03g

기체의 부피는 절대온도에 비례하여 변화한다. 180℃(절대온도 약 453K)에서 부피 56.52cm³인 기체가 100℃(절대온도 약 373K)일 때 어느 정도였는지 계산해 보자.

100℃에서의 부피 = 180℃에서의 부피 $\times \dfrac{373\text{K}}{453\text{K}} = 56.52\text{cm}^3 \times \dfrac{373\text{K}}{453\text{K}}$
$$= 46.53\cdots\text{cm}^3$$

여기서 100℃인 수증기는 1L(1,000cm³)에서 0.598g이므로 원래 물의 질량을 구할 수 있다.

원래 물의 질량 = $0.598\text{g} \times \dfrac{46.53\text{cm}^3}{1,000\text{cm}^3} =$ **약 0.028g**

제3장

열과에너지

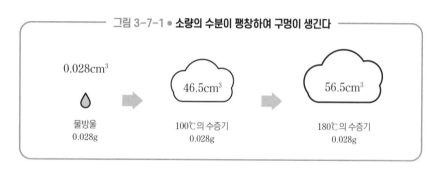

그림 3-7-1 ● 소량의 수분이 팽창하여 구멍이 생긴다

0.028cm³

물방울
0.028g

46.5cm³

100℃의 수증기
0.028g

56.5cm³

180℃의 수증기
0.028g

이렇게 약간의 수분이 부풀어 올라 맛있는 슈크림 빵이 된다. 반죽에 수분이 훨씬 더 많이 들어가지만, 촉촉한 반죽에 포함되거나 빈틈을 만드는 것 외에는 대부분의 수분이 반죽 밖으로 빠져나간다.

 한 번 더 생각하기

● 상태방정식으로 기체 변화를 알아보자

기체의 부피가 절대온도에 비례한다는 법칙을 좀 더 자세히 살펴보자. 기체인 수증기의 부피가 온도에 따라 어떻게 변화하는지 알아볼 때는 이상기체 상태방정식이라는 관계식을 사용한다(이상기체라는 용어는 뒤에서 설명하겠다).

이상기체 상태방정식(간단한 표기)

기압 × 부피 = 분자 개수 × 비례상수 × 온도

여기서 온도는 절대온도[K]를 사용한다. 극한까지 온도를 낮춘 한계인 −273.15℃(절대영도)는 곧 0K(제로 켈빈이라고 읽는다)이다. 1K의 크기는 평소 사용하는 섭씨 1℃와 같으므로 0℃ = 약 273K, 100℃ = 약 373K이다.

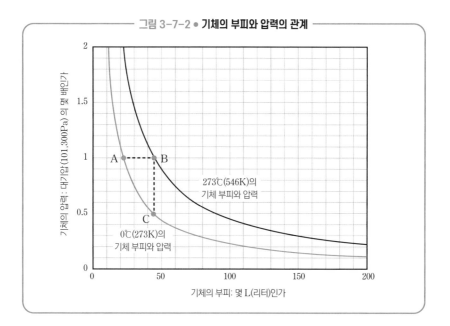

그림 3-7-2 • 기체의 부피와 압력의 관계

그림 3-7-2는 어떤 개수의 분자가 모인 기체의 온도가 0℃(273K)일 때와 273℃(546K)일 때 압력에 의한 부피 변화를 나타낸 그래프다. 온도를 일정하게 유지한 기체의 부피와 압력의 관계가 반비례한다는 것을 알 수 있다(그래프의 A→C의 변화: 등온변화).

자유롭게 팽창할 수 있는 기체를 가열하여 온도를 2배로 늘리면 대기압과 같은 압력을 유지하고 팽창하여 부피가 2배가 된다(그래프의 A→B의 변화: 정압변화). 또한 밀폐된 용기에 넣은 기체를 냉각하여 온도를 반으로 줄이면 부피가 변하지 않으므로 기압이 반이 된다(그래프의 B→C의 변화: 정적 변화). 이러한 압력, 부피, 온도의 관계를 보일-샤를의 법칙이라고 한다.

> ▶ **보일-샤를의 법칙**
>
> 기체의 부피는 압력에 반비례하고 절대온도에 비례한다.

● 상태방정식에 값을 넣어 파악해 보자

상태방정식을 자세히 살펴보기 위해 단위를 정리해 보자. 기압의 단위는 Pa, 부피는 m^3다(그래프나 설명하는 문장에서는 이해하기 쉽게 L(리터)를 사용했지만 계산할 때는 m^3를 사용한다. $1m^3 = 1,000L$).

이상기체 상태방정식(간단한 표기)에는 '분자 개수'라고 쓰여 있는데, 실제로는 엄청난 수의 분자가 모여 있다. 그런 이유로 일반적으로는 약 6.02×10^{23}배(이것을 아보가드로수라고 한다)를 하나로 묶어 mol(몰)이라는 단위를 사용하는 물질량으로 표기한다.

12g의 탄소 원자(^{12}C)에 포함된 원자 수가 아보가드로수다. 따라서 개수 = 아보가드로수 × 물질량이라는 관계가 성립한다. '분자 개수' 대신 '분자의 물질량'으로 계산할 때의 비례상수를 기체상수라고 하며, 이는 $8.31J/(mol \cdot K)$이다.

이상기체 상태방정식(자세한 표기)

기압〔Pa〕 × 부피〔m^3〕

= 분자의 물질량〔mol〕 × 기체상수($8.31J/(mol \cdot K)$) × 온도〔K〕

그림 3-7-2는 물질량(분자가 아보가드로수의 몇 배인가)이 1mol인 기체 분자의 압력과 부피의 관계를 나타낸다. 1mol의 기체 온도가 0℃이고 압력이 대기압과 같을 때(그림 3-7-2의 A 조건을 표준상태라고 한다)의 부피를 계산해 보자.

대기압은 일기예보에서 1,013hPa(헥토파스칼)이라고 부르는데 헥토는 100이라는 뜻이므로 101,300Pa이다. 물질량은 1mol, 기체상수는 $8.31J/(mol \cdot K)$, 온도는 273K이므로 부피는 $0.0224m^3$, 즉 22.4L이다. 어떤 기체라도 기체 분자의 개수가 아보가드로수라면 표준상태에서의 부피는 22.4L인 셈이다.

● 이상기체의 표준상태에서 실제 기체의 상태를 생각해 보자

사실 수증기를 표준상태로 두면 액체가 되기 때문에(응결) 표준상태에서의 수증기 부피를 생각하는 것은 의미가 없다. 또한 그림 3-7-2의 그래프에서는 기압을 올리면 얼마든지 부피가 감소할 것처럼 보이지만 실제 기체 압축에는 한계가 있다. 이러한 한계가 없다고 가정한 기체를 이상기체라고 한다. 존재할 수 있는 범위에서 실체 기체가 이상기체와 동일하게 변화한다고 생각하고, 이를 통해 부피와 밀도 계산을 계산하는 데 도움을 얻는 것이다.

예를 들어 이상기체를 이용해 100℃ 수증기의 밀도를 추정해 보자. 기체 분자 1개의 질량은 기체의 종류에 따라 다르다. '기체의 분자량'이라고 불리는 값은 아보가드로수로 묶은 분자의 질량과 같다. 슈크림 반죽을 부풀린 수증기를 떠올려 보면 물의 분자량은 18이므로 표준상태에서 22.4L 부피의 수증기는 18g이다. 상태방정식을 사용하여 18g 수증기의 100℃ 부피는 대기압에서 약 30.6L임을 계산할 수 있다.

$$100℃에서의\ 부피 = 0℃에서의\ 부피 \times \frac{373\text{K}}{273\text{K}} = 22.4\text{L} \times \frac{373\text{K}}{273\text{K}} = 약\ 30.6\text{L}$$

이에 따르면 1L당 질량은 18g ÷ 30.6L = 약 0.59g/L이며, 이는 실제 값 (0.598g/L)에 가까운 값이다.

문자식을 사용한 관계식

보일 − 샤를의 법칙 $\dfrac{pV}{T} = 일정$

이상기체 상태방정식 $pV = nRT$

기압 (Pa): p 부피(m³): V 분자의 물질량 (mol): n

기체상수 (8.31J/(mol·K)): R 온도 (K): T

3-8

공기를 주입하면 타이어의 온도가 변할까?

열역학 제1법칙, 기체상수, 볼츠만상수, 단열압축, 내부에너지

문 제

공기를 압축하여 자전거 타이어에 주입하거나 압축 탄산가스를 이용해 생맥주를 만드는 등, 우리 주변에서는 기체의 압축과 팽창을 이용한 장비를 볼 수 있다. 여기서는 기체를 압축할 때 기체의 온도가 어떻게 되는지 생각해 보자.

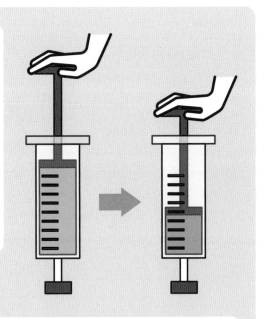

그림과 같이 피스톤을 눌러 실린더 속의 기체를 압축했을 때 기체의 온도는 어떻게 될까?

① 변하지 않는다.　　② 반드시 올라간다.　　③ 반드시 내려간다.

④ 빠르게 압축하면 올라간다.　　⑤ 빠르게 압축하면 내려간다.

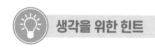

생각을 위한 힌트

먼저 앞에서 배운 상태방정식을 사용해서 생각해 보자. 실린더는 밀폐되어 있으므로 분자 개수는 변하지 않는다.

> **상태방정식 : 기압 × 부피 = 분자 개수 × 비례상수 × 온도**

좌변의 '부피'가 절반이 될 때까지 기체를 압축할 경우, '기압'이 그대로면 우변의 '온도'도 절반으로 줄어든다. 반면 기압이 압축에 의해 2배가 되면 온도는 그대로 유지되고, 기압이 2배 이상이 되면 온도가 올라간다. 또한 시간이 지나면 실린더에서 주변 공기로 열이 전달된다는 사실도 고려해야 한다.

정답 **④**

사실 상태방정식만으로는 기체의 온도가 어떻게 되는지 알 수 없다. 기체가 가진 '에너지'도 고려해야만 기체의 온도 변화량을 파악할 수 있다.

기체 에너지는 기체의 온도에 따라 알 수 있다. 에너지가 주어지면 온도가 올라가고 에너지를 잃으면 온도가 내려간다. 기체에 에너지를 주는 방법을 나타낸 법칙을 열역학 제1법칙이라고 한다.

> **▶ 열역학 제1법칙**
>
> (1) 기체 에너지를 증가시킨다(온도를 올린다)
>   = ①기체를 압축한다 + ②기체를 따뜻하게 한다
>
> (2) 기체 에너지를 감소시킨다(온도를 낮춘다)
>   = ①기체를 팽창시킨다 + ②기체를 식힌다

열과에너지

이 법칙을 사용해 이 문제를 생각해 보자. 처음에는 주위 기온과 온도가 같았던 실린더 속의 공기는 압축에 의해 역학적 일을 함으로써 온도가 올라간다. 하지만 그와 동시에 열이 주변 공기로 방출되어 결국 원래 온도에 도달한다. 즉 (1) ①의 압축에 의한 온도 상승과 (2) ②의 방출에 의한 온도 하강이 동시에 발생한다. 방출은 압축에 의한 온도 상승으로 기체의 온도가 주변 공기보다 높아지기 때문에 일어난다.

그러나 열의 유입이나 방출에는 시간이 걸린다. 즉 빠르게 압축하거나 단열재로 덮으면 방출이 일어나지 않고 온도가 올라간다. 이러한 압축을 특히 단열압축이라고 한다. 반대로 천천히 압축하면 온도 상승과 열 방출이 동시에 일어난다. 압축 전 온도가 주변 온도(실온)일 때는 열이 가장 많이 방출되더라도 압축 전 온도보다 내려가지 않는다. 이때 상태방정식 우변의 온도는 변하지 않기 때문에 부피는 반으로 줄고 기압은 2배가 된다.

이렇게 생각하면 기체를 빠르게 압축해서 단열압축을 하면 온도가 올라가지만, 천천히 압축하면 온도가 올라가지 않는다는 것을 알 수 있으므로 정답은 ④다. 상태방정식 좌변의 부피는 절반이 되고 우변의 온도는 상승하므로 실린더 속의 기압은 2배 이상 높아졌을 것이다. 이것이 자전거 타이어에 공기를 급하게 넣으면 타이어가 살짝 따뜻해지는 이유다.

 한 번 더 생각하기

● 기체 에너지는 기체 분자의 운동에너지의 합이다

그렇다면 기체 에너지는 왜 온도와 관련이 있을까? 눈에 보이지 않는 기체 분자의 운동을 상상하면서 생각해 보자.

기체의 압력, 부피, 온도 등은 기체를 하나의 덩어리로 보았을 때의 양이며 '거시적' 시점이라고 한다. 반면 기체를 구성하는 분자가 날아다니는 속도나 운동에너지, 기체 분자가 벽에 충돌해 미는 힘 등은 '미시적' 시점이다.

기체 에너지를 '모든 기체 분자의 운동에너지'의 합이라고 하면 거시적 시점과 미시적 시점을 함께 고려하는 경우다. 지금까지 등장한 압력, 충격량, 운동에너지를 종합해서 생각해 보자.

● 기체의 압력은 기체 분자의 운동에너지에 비례한다

기체의 압력(기압)에 벽의 면적을 곱하면 기체가 벽을 미는 힘이 된다. 그 힘은 기체 분자가 실린더 벽에 계속 부딪히는 충격으로 만들어진다. 이러한 충격을 설명할 때는 운동량을 사용한다. 3-1에서 예로 든 야구와 같이 분자 알갱이가 벽에 가하는 충격(충격량)은 분자의 운동량(질량×속도)에 비례한다.

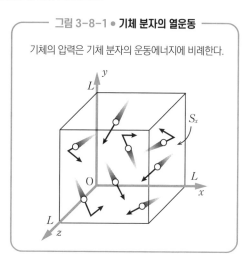

—— 그림 3-8-1 ● 기체 분자의 열운동 ——

기체의 압력은 기체 분자의 운동에너지에 비례한다.

또한 분자는 여러 번 튕겨 나와 벽에 계속 부딪치기 때문에 부딪히는 횟수가 많을수록 충격이 커진다. 이 횟수는 분자가 날아다니는 속도의 크기(속력)에 비례한다.

게다가 실린더 속에 있는 분자의 밀도(개수/부피)와도 비례하기 때문에 분자가 구형일 때 기압은 다음과 같은 식으로 나타낸다.

$$기압 = \frac{분자\ 개수 \times 질량 \times 속도^2}{부피} \times \frac{1}{3}$$

여기서는 구형 기체 분자(단원자분자)를 가정하고 3차원 운동을 x, y, z 방향으로 각각 생각하기 위해 3으로 나누었다. 구형이 아닌 분자(다원자분자)에 대해서는 더 복잡한 운동을 위해 그것들을 5 또는 7로 나눈다.

이 경우 기체 분자의 운동에너지는 '$\frac{1}{2} \times$ 질량 $\times$ 속도^2'이므로, 기압이 기체 분자의 운동에너지에 비례한다는 것이 미시적 시점에서 명확해진다.

$$\text{기압} = \frac{\text{분자 개수} \times 2 \times \text{기체 분자의 운동에너지}}{\text{부피}} \times \frac{1}{3}$$

● 기체 에너지는 온도에 비례한다

기체 분자의 운동에너지에 분자 개수를 곱한 값을 '기체 에너지'라고 한다.

$$\text{기압} = \frac{2 \times \text{기체 분자의 운동에너지}}{\text{부피}} \times \frac{1}{3}$$

이것을 상태방정식에 대입하면 온도와의 관계를 알 수 있다.

상태방정식: 기압 $\times$ 부피 $=$ 분자의 물질량 $\times$ 기체상수 $\times$ 온도

$\dfrac{2 \times \text{기체 분자의 운동에너지}}{\text{부피}} \times \dfrac{1}{3} \times \text{부피} = \text{분자의 물질량} \times \text{기체상수} \times \text{온도}$

기체 에너지 $= \dfrac{3}{2} \times$ 분자의 물질량 $\times$ 기체상수 $\times$ 온도

덧붙여서 분자의 물질량＝분자 개수÷아보가드로수다. 기체상수를 아보가드로수로 나눈 것을 볼츠만상수라고 하며, 다음과 같은 식으로 기체 에너지를 나타낼 수도 있다(다원자분자인 기체라면 식 중의 $\frac{3}{2}$이 $\frac{5}{2}$나 $\frac{7}{2}$이 된다).

기체 에너지 $= \dfrac{3}{2} \times$ 분자 개수 $\times$ 볼츠만상수 $\times$ 온도

● 상태방정식을 미시적 시점으로 파악해 보자

마지막으로 상태방정식을 미시적 시점에서 다시 파악해 보자.

상태방정식 : 기압 × 부피 = 분자의 물질량 × 기체상수 × 온도

A) 온도를 유지하고 실린더를 팽창시킨다 → 기압 하강

   미시적 시점 : 분자가 날아다니는 속도는 같지만, 벽 간격이 멀어지면서 벽에 충돌하는 빈도가 감소한다.

B) 부피를 유지하고 기체를 따뜻하게 한다 → 기압 상승

   미시적 시점 : 분자가 날아다니는 속도가 증가하며 벽에 충돌하는 빈도도 늘어난다.

이처럼 기체 에너지는 내부 기체 분자의 운동으로 설명할 수 있기 때문에 내부에너지라고도 한다.

문자식을 사용한 관계식

열역학 제1법칙 $\Delta U = W + Q$

단원자분자 기체의 내부에너지 $U = \dfrac{3}{2} nRT = \dfrac{3}{2} NkT$

기체의 내부에너지와 변화량 : U〔J〕, ΔU〔J〕

기체로 만드는 역학적 일 : W〔J〕   기체로 유입되는 열 : Q〔J〕

분자의 물질량 : n〔mol〕   기체상수 : R〔J/(mol·K)〕

온도 : T〔K〕   분자 개수 : N 볼츠만상수 : k〔J/K〕

3-9

에어컨은 어떻게
방을 시원하게 할까?

**열펌프, 등온변화, 단열변화,
단열압축, 열기관의 열효율**

문제

에어컨은 더운 여름날 실내 공기를 식혀서 시원하게 해 준다. 하지만 열은 항상
고온 물체에서 저온 물체로 이동한다. 그렇다면 에어컨은 어떻게 온도가 낮은
실내 공기에서 온도가 높은 실외 공기로 열을 방출할 수 있을까?

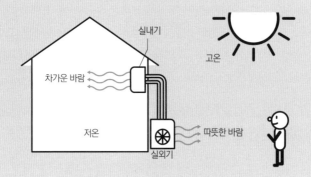

에어컨이 실내 공기를 식힐 수 있는 이유는 무엇일까?

① 실내 공기를 실외로 방출하기 때문에

② 바깥 공기를 실내로 들여보내기 때문에

③ 실내에서 실외로 에너지를 방출하기 때문에

④ 실외에서 실내로 에너지를 들여보내기 때문에

생각을 위한 힌트

실내 온도를 낮추려면 실내 공기에 어떤 작용을 해야 할까? 앞에서 등장한 상태방정식과 열역학 제1법칙을 함께 생각하면 답을 알 수 있다.

상태방정식 : 기압 × 부피 = 물질량 × 기체상수 × 온도

열역학 제1법칙 :

　(1) 기체 에너지를 증가시킨다(온도를 올린다)

　　　= 기체를 압축한다 + 기체에 열을 준다

　(2) 기체 에너지를 감소시킨다(온도를 낮춘다)

　　　= 기체를 팽창시킨다 + 기체에서 열을 빼앗는다

정답 ③

실내 공기의 온도를 낮춘다는 것은 실내 공기의 에너지를 감소시킨다는 뜻이다. 이를 위해서는 열역학 제1법칙의 (2)와 같이 기체를 팽창시키거나 기체에서 열을 (온도가 낮은 물체와 접촉시켜) 빼앗아야 한다.

에어컨에는 실내기와 실외기가 있으며 둘 사이로 냉매 가스가 순환한다. 차가운 냉매는 실내 공기에서 열을 빼앗아 바깥 공기로 방출한다. 즉 실내 공기의 에너지를 냉매를 통해 바깥 공기로 방출한다. 그러므로 답은 ③이다.

● **저온 물체에서 고온 물체로 열을 전달하는 열펌프**

에어컨이 작동하는 핵심은 순환하는 냉매가 실내에서는 실온보다 차갑고 실외에서는 바깥 공기보다 뜨겁다는 점이다. 그 비밀은 기체의 압축과 팽창에 의한 온도 변화에 있다. 실제 냉매는 냉각 능력을 높이기 위해 액화되거나 기체로 돌아가지만, 여기서는 이상기체(아무리 냉각해도 액체가 되지 않는다)로 생각하고 작동 방식을 알아보자. 다음 그래프는 어려워 보이지만 상태방정식과 열역학 제1법칙만 사용해서 생각하면 이해할 수 있다.

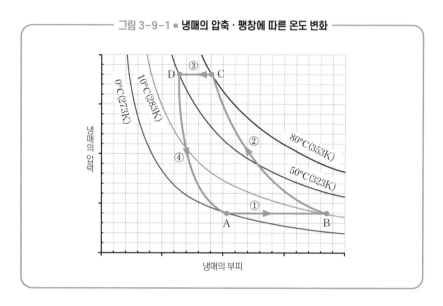

그림 3-9-1 ● **냉매의 압축·팽창에 따른 온도 변화**

온도를 일정하게 유지한 상태에서 압력이나 부피를 바꾸면(등온변화) 압력과 부피의 곱은 변하지 않기 때문에 각 온도(0℃, 10℃, 50℃, 80℃)의 그래프는 반비례 곡선이 된다. 그렇다면 바깥 기온이 35℃, 실내 온도가 30℃인 날에 실내를 더 차갑게 하는 경우를 생각해 보자.

> ① 저온(0℃) 냉매가 실내 공기(30℃)로부터 열을 받는다.
>
> ② 전력을 사용하여 냉매를 압축한다(냉매 온도 상승).
>
> ③ 고온(80℃)의 냉매가 바깥 공기(35℃)에 열을 방출한다.
>
> ④ 냉매를 팽창시킨다(냉매 온도 하강).

①과 ③에서는 열이 고온 물체에서 저온 물체로 전달된다. ②에서는 전력을 이용해 냉매를 압축함으로써 냉매에 에너지를 공급하고, ④에서는 냉매를 팽

창시켜 냉매로부터 에너지를 빼앗는다.

이렇게 저온 물체에서 열을 빼앗아 고온 물체에 주는 방식을 우물물을 퍼 올리는 펌프에 비유하여 열펌프라고 한다.

 한 번 더 생각하기

● 압력-부피 그래프의 넓이가 일을 나타낸다

그런데 왜 기체를 압축하면 기체에 에너지를 줄 수 있을까? 3-3에서 배운 내용을 되새겨 보자.

> • 역학적 일을 한다 → 에너지가 증가한다
> • 역학적 일 = 가한 힘 × 힘의 방향으로 이동한 거리

이것을 기체에 적용해 보자. 3-8에 나온 피스톤을 눌러 실린더 속의 기체 를 압축한다고 가정하자.

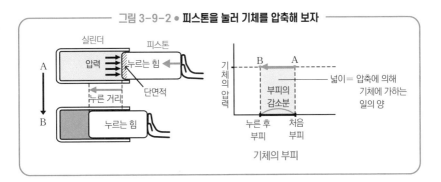

그림 3-9-2 ● 피스톤을 눌러 기체를 압축해 보자

피스톤을 누르는 힘은 실린더 속 기체의 압력과 균형을 이루면 충분하므로, '힘 = 압력 × 단면적'이 성립한다. 만약 압력이 변하지 않는다면 압축할 때 기 체로 하는 일은 다음과 같다.

기체로 하는 일 = 힘 × 누른 거리

　　　　　= 압력 × 단면적 × 누른 거리

　　　　　= 압력 × 부피의 감소분

이렇게 표현할 수 있으며 그림 3-9-2 그래프의 넓이와 같다. 반대로 실린더 속의 기체가 팽창하여 피스톤을 밀어내면 공기가 바깥으로 작용하여 에너지를 잃게 된다. 열 흐름이 없을 때(단열변화) 다음과 같은 관계가 성립한다.

압축으로 기체가 얻는 에너지 = 압력 × 부피의 감소분

팽창으로 기체가 잃는 에너지 = 압력 × 부피의 증가분

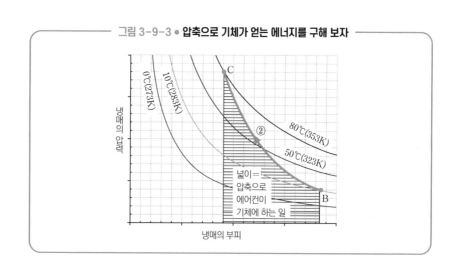

그림 3-9-3 ● **압축으로 기체가 얻는 에너지를 구해 보자**

실제로 압축이나 팽창을 하면 기체의 압력은 급격히 변화하기 때문에 기체가 얻거나 잃는 에너지의 양을 식으로 나타내기 어렵다. 따라서 압력-부피 그래프의 아래 넓이에서 구한다.

그림 3-9-3의 그래프는 그림 3-9-1의 ②와 같으며, 압축 도중 냉매로부터 열이 빠져나가지 않도록 완벽하게 단열된 경우(단열압축)를 가정한다. 기체가

얻는 에너지는 이 곡선 아래의 넓이와 같다. 이것은 실외기에 있는 압축기가 냉매를 압축하는 일의 양으로 에어컨이 사용하는 전력의 대부분을 차지한다.

그렇다면 그래프 속 ②의 넓이는 어떻게 구할 수 있을까? ②로 표시한 압축 과정에서 냉매가 얻는 에너지는 온도 변화로부터 계산할 수 있다. 3-7에 나온 식을 떠올려 보자.

기체 에너지 $= \dfrac{3}{2} \times$ **분자의 물질량** $\times$ **기체상수** $\times$ **온도**

온도가 상승함에 따라 기체가 얻은 에너지는 다음과 같다.

기체가 얻은 에너지 $= \dfrac{3}{2} \times$ **분자의 물질량** $\times$ **기체상수** $\times$ **상승한 온도**

분자의 물질량이 1mol이면 기체상수는 8.31이므로, ②에서 온도가 10℃에서 80℃까지 70℃ 상승할 때 얻는 에너지는 $\dfrac{3}{2} \times 1 \times 8.31 \times 70 = 872.55$J이다. 이것은 그림 3-9-1 그래프의 ④ 아래 넓이와 같다.

● **열펌프의 성능**

열펌프의 원리로 작동하는 에어컨은 냉방 운전일 때 실내 공기의 열을 빼앗는다. 에어컨의 냉방 성능은 빼앗는 열의 양을 소비하는 전기 에너지로 나누어 계산한다.

냉방 성능 $= \dfrac{\text{실내 공기에서 빼앗는 열의 양}}{\text{소비하는 전기 에너지}}$

이때 열의 양과 전기 에너지는 각각 '1초당 빼앗는 열의 양'과 '1초당 소비하는 전기 에너지(소비 전력이라고 한다)'이며, 앞서 소개한 일률과 같이 W(와트)라는 단위를 사용한다. W에 에어컨을 작동한 시간(초)을 곱하면 빼앗은 열의 양과 사용한 전기 에너지 총량(J)이 얼마인지 알 수 있다. 에어컨 설명서에 냉방 능력이 4kW(4,000W)이고 소비 전력이 800W라고 적혀 있다면 에어컨의 성능은 5이다.

참고로 넓은 방은 공기가 많아서 온도를 낮추려면 많은 양의 열을 빼앗아야 한다. 따라서 전력을 더 많이 소비하는 에어컨을 설치해야 한다.

실외기와 실내기의 역할을 거꾸로 하면 에어컨을 난방 운전으로 전환할 수 있다. 이때 에어컨의 성능은 실내 공기에 공급되는 열을 소비 전력으로 나눈 값이다. 여기서 에어컨과 전기히터를 비교해 보면 전기히터는 히터가 사용하는 전력만큼 실내 공기에 열을 주지만, 에어컨 난방에서는 전력에 더해 바깥 공기에서 받은 열도 합쳐서 실내 공기에 줄 수 있으므로 꽤 유용한 구조라고 할 수 있다.

● 열기관의 열효율

자동차 엔진과 화력발전소의 가스터빈은 연료를 태워서 얻은 열로 피스톤과 터빈을 움직여서 여분의 열을 방출하는 열기관이다. 따라서 얻은 열 중 엔진이나 터빈을 작동시키는 데 사용된 에너지 비율을 열기관의 열효율이라고 한다.

$$열기관의 \ 열효율 = \frac{엔진 \ 또는 \ 터빈을 \ 움직이는 \ 역학적 \ 일의 \ 양}{연료 \ 연소로 \ 얻은 \ 열의 \ 양}$$

예를 들어 자동차 엔진을 작동시킬 때 실린더 속의 압력과 부피 변화는 그림 3-9-4와 같다. 그래프를 보면 ③ 곡선 아래 넓이가 피스톤이 팽창될 때 하는 일이고, ② 곡선 아래 넓이는 피스톤이 압축될 때 하는 일이다. 즉 엔진이 하는 일의 크기는 ③과 ②로 둘러싸인 부분의 넓이다.

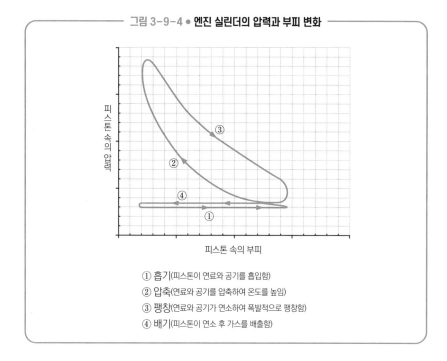

그림 3-9-4 ● 엔진 실린더의 압력과 부피 변화

① 흡기(피스톤이 연료와 공기를 흡입함)
② 압축(연료와 공기를 압축하여 온도를 높임)
③ 팽창(연료와 공기가 연소하여 폭발적으로 팽창함)
④ 배기(피스톤이 연소 후 가스를 배출함)

이 그래프를 사용하면 넓이를 넓혔을 때 어떻게 할지 연구하여 열효율이 뛰어난 엔진을 설계할 수 있을 것이다.

문자식을 사용한 관계식

열기관의 열효율 $\quad e = \dfrac{W}{Q}$

엔진과 터빈을 움직이는 역학적 일의 양: $W(J)$

연료 연소로 얻은 열의 양: $Q(J)$

따뜻한 집의 비밀

새해 첫날 핀란드의 요엔수 대학을 방문했을 때의 일이다. 어둑어둑 짧은 낮이 지나고 캄캄한 저녁이 되자 강연을 들으러 모인 고등학교 선생님들은 집으로 돌아갔고, 나는 바깥 기온이 영하 30도인 혹한 속에서 친구를 따라 집을 방문했다.

현관에 들어가 안심한 것도 잠시, 신발을 벗고 맨발로 있으라는 말을 듣고 추위를 많이 타는 나는 몹시 주저했다. 하지만 신발을 벗은 나를 맞아 준 것은 입구의 흙바닥에서부터 복도, 세면장, 욕실로 이어지는 쾌적한 바닥 난방이었다. 추위를 느끼는 가장 큰 요인 중 하나는 발을 바닥에 직접 댈 때 발바닥에서 방바닥으로 에너지가 흘러가기 때문이다. 바닥 난방은 꽤 효과적이었다. 발바닥에서 방바닥으로 이어지는 에너지의 흐름을 멈추게 했을 뿐 아니라, 반대로 방바닥에서 발바닥으로 에너지를 공급했다.

아침에 친구가 난로를 끄고 나갔는데도 그 집의 실내가 저녁까지 따뜻했던 것도 놀라웠다. 난로의 배기가 얇은 관을 통해 집안 곳곳을 순환하고 있어 집 자체가 따뜻하기 때문에 저녁까지 온도가 쉽게 내려가지 않는다고 한다. 아마도 집 외부는 단열되어 있고 집 자체의 열용량은 커졌기 때문일 것이다. 열용량이 크면 따뜻하게 데우기가 힘들지만, 밤에는 난로로 온 집 안을 따뜻하게 해서 하루 종일 온도 변화를 적게 유지하는 것으로 보인다. 그래서 추위를 많이 타는 나도 한겨울 밤에 티셔츠와 반바지 차림으로 지낼 수 있었다.

덧붙여서 핀란드만의 독특한 구조로 욕실에 욕조 대신 사우나가 있었다. 무민 가족처럼 핀란드의 겨울에는 따뜻한 집 안에서 빈둥거리는 것이 가장 좋은 것 같다.

제**4**장

반복되는 현상

4-1

지구를 한 바퀴 도는 직구를 던질 수 있을까?

등속 원운동의 속도·각속도·구심가속도·
구심력·주기, 제1우주속도

문제

야구 투수가 던진 공은 중력 때문에 항상 낙하한다. 만약 매우 세게 공을 던질 수 있다면 공이 영원히 땅에 떨어지지 않을 수도 있지 않을까?

공기 저항이 작용하면 급격히 느려지므로, 여기서는 공기 저항이 없다고 가정하자. 지구가 완전한 구형이고 산이나 건물이 없다고 가정할 때, 어느 정도의 속도로 공을 던져야 공이 떨어지지 않고 지구를 돌 수 있을까?

① 80m/s(288km/h)   ② 800m/s(2,880km/h)

③ 8,000m/s(28,800km/h)   ④ 무한대의 속도

만약 지면이 평평하다면 손을 떠난 물체는 중력에 의해 $\frac{1}{2} \times 9.8 \times$ 낙하 시간^{2}이라는 거리만큼 낙하한다. 즉 어떤 직구든 1초에 4.9m씩 낙하하는 셈이다. 인간의 키를 고려하면 수평으로 던진 공은 반드시 1초 이내에 지면으로 낙하하게 된다.

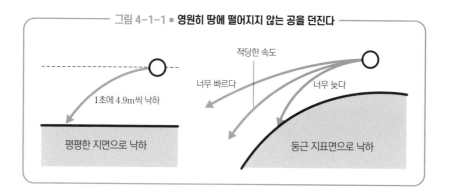
그림 4-1-1 ● 영원히 땅에 떨어지지 않는 공을 던진다

하지만 지구 표면은 둥글기 때문에 중력에 의한 낙하와 지면의 둥글기가 일치하면 영원히 땅에 닿지 않는다! 반대로 공이 너무 빠르면 우주 저편으로 날아가 버릴 수도 있다. 중력은 지구 중심을 향해 작용하므로, 공이 회전하면서 중력 방향이 바뀌는 점도 고려하여 공의 속도를 생각해 보자.

정답 ③

정답은 정확히 7,894m/s이다. 이렇게 빠른 공을 던질 수 있다면 공은 수평으로 계속 날아가기 때문에 연직 방향으로 작용하는 '중력 방향'에 대해 '속도 방향'을 수직으로 유지하면서 지구 궤도를 돈다. 이러한 움직임을 등속 원운동이라고 한다.

그림 4-1-2와 같이 속도를 일정하게 유지하면서 주위를 돌리면 속도와 중력의 균형이 중요하다. 따라서 속도 변화량에서 가속도를 계산하면 가속도와 힘에는 운동방정식이 성립되기 때문에 그 균형을 알 수 있다.

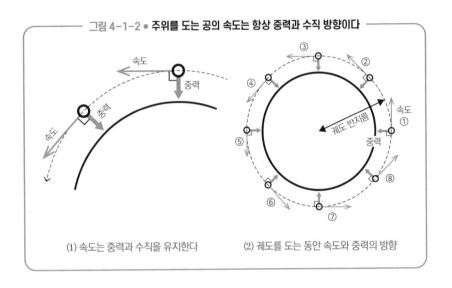

그림 4-1-2 ● 주위를 도는 공의 속도는 항상 중력과 수직 방향이다

(1) 속도는 중력과 수직을 유지한다 (2) 궤도를 도는 동안 속도와 중력의 방향

공의 속도는 그림과 같이 화살표로 표시된다. 여기서는 속도의 크기(즉 속력)와 운동 방향으로 나누어 생각해야 한다. 원주의 길이(2 × 3.14 × 궤도 반지름)를 공이 한 바퀴 도는 데 걸리는 시간(물리학에서는 주기라고 한다)으로 나눈 것이 공의 속도다. 이 속도를 일정하게 유지하면서 운동 방향만 회전하는 것이 등속 원운동이다.

$$공의\ 속도\,(m/s) = \frac{원주의\ 길이\,(m)}{한\ 바퀴\ 도는\ 데\ 걸리는\ 시간\,(s)}$$

$$= \frac{2 \times 3.14 \times 궤도\ 반지름\,(m)}{주기\,(s)}$$

공의 운동 방향: 공이 한 바퀴 도는 동안 운동 방향도 한 바퀴 돈다.

이제 공이 지구를 한 바퀴 도는 동안 속도를 나타내는 화살표(벡터)의 변화를 생각해 보자. 다음 그림과 같이 화살표의 시작점을 모으면 화살표 끝이 원을 그리듯 변한다는 것을 알 수 있다.

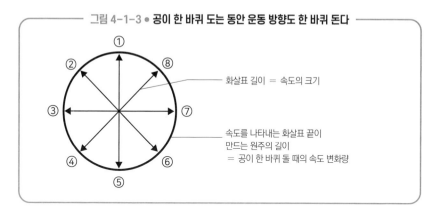

그림 4-1-3 ● 공이 한 바퀴 도는 동안 운동 방향도 한 바퀴 돈다

화살표 길이 = 속도의 크기

속도를 나타내는 화살표 끝이
만드는 원주의 길이
= 공이 한 바퀴 돌 때의 속도 변화량

그림 4-1-3의 속도 화살표가 그리는 원주의 길이가 '공이 한 바퀴 돌 때의 속도 변화량'이다. 이것을 주기로 나눈 값이 공의 가속도다.

$$\text{공의 가속도 크기}\,(\text{m/s}^2) = \frac{\text{공이 한 바퀴 돌 때의 속도 변화량}\,(\text{m/s})}{\text{주기}\,(\text{s})}$$

$$= \frac{2 \times 3.14 \times \text{속도}\,(\text{m/s})}{\text{주기}\,(\text{s})}$$

여기서 주기는 그림 4-1-2(2)의 원주 길이(2 × 3.14 × 궤도 반지름)를 속도로 나눈 값이므로 공의 가속도 크기는 다음과 같이 계산할 수 있다.

$$\text{공의 가속도 크기}\,(\text{m/s}^2) = \frac{2 \times 3.14 \times \text{속도}\,(\text{m/s})}{\left(\dfrac{2 \times 3.14 \times \text{궤도 반지름}\,(\text{m})}{\text{속도}\,(\text{m/s})} \right)}$$

$$= \frac{\text{속도}\,(\text{m/s})^2}{\text{궤도 반지름}\,(\text{m})}$$

여기서 궤도 반지름은 637만 m이고, 공의 중력에 의한 가속도는 9.8m/s²이다. 따라서 회전 속도는 약 7,901m/s, 즉 약 7.9km/s(약 28,400km/h)가 된다.

이것이 중력을 받아 낙하하면서 지구를 잘 도는 공의 속도다. 이 속력은 인공위성이 지구 표면에 가까이 비행할 때의 속도 크기로 제1우주속도라고 한다.

지구를 한 바퀴 도는 거리는 2π × 반지름이므로, 그 거리를 속도로 나누면 한 바퀴 도는 데 걸리는 시간(주기)을 계산할 수 있다.

$$\text{주기} = \frac{2 \times 3.14 \times 6{,}370{,}000\text{m}}{7{,}901\text{m/s}} = \text{약} 5{,}063\text{초(약 84분)}$$

물론 인공위성은 공기 저항으로 속도를 잃지 않도록 상공의 얇은 공기층에서 비행한다. 따라서 한 바퀴 도는 거리가 길어질 뿐만 아니라 중력이 약하기 때문에 한 바퀴 도는 데 필요한 속력도 약간 느려야 좋다. 그러므로 한 바퀴 도는 데 걸리는 시간은 90분이 넘는다.

한 번 더 생각하기

● 각도의 단위를 바꾸면 회전 운동을 쉽게 나타낼 수 있다

인공위성처럼 일정한 속력으로 회전하는 운동을 등속 원운동이라고 한다. 등속 원운동 하는 물체는 운동 방향이 바뀌어도 속력(속도의 크기)은 변하지 않는다. 원운동을 생각할 때 물리학에서는 회전각의 단위로 'rad'을 사용한다. 지금까지 원주의 길이를 '2 × 3.14 × 반지름'이라고 써 왔지만, 3.14는 원주율 π의 크기를 단순히 표현한 것이다. 실제로는 훨씬 길게 이어지기 때문에 π라고 쓰는 것이 더 정확하다.

rad이라는 각도의 단위는 원주의 길이(반지름 × 2π)와 원 반지름의 비율인 2π로 표현하면 $360° = 2π$(rad)를 의미하며, '라디안'이라고 읽는다. 이 단위를 사용하면 반지름에 각도를 곱해서 부채꼴 호의 길이를 계산할 수 있다.

그림 4-1-4와 같이 rad은 호의 길이와 반지름의 비율을 나타내므로 반지름(m)에 rad을 곱해도 호의 길이(m)가 된다.

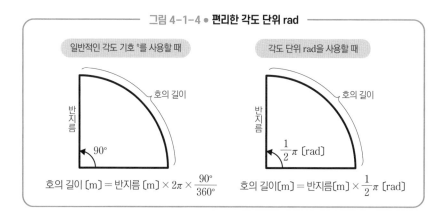

그림 4-1-4 ● 편리한 각도 단위 rad

일반적인 각도 기호 °를 사용할 때

각도 단위 rad을 사용할 때

반지름

호의 길이

90°

호의 길이 [m] = 반지름 [m] × $2\pi \times \dfrac{90°}{360°}$

반지름

호의 길이

$\dfrac{1}{2}\pi$ [rad]

호의 길이[m] = 반지름[m] × $\dfrac{1}{2}\pi$ [rad]

● 각속도를 사용하여 등속 원운동 하는 물체의 속도를 나타낸다

rad이라는 단위를 사용하면 등속 원운동 하는 물체의 속도(원주의 길이÷주기)를 다음과 같이 각속도를 사용해 표현할 수 있다.

각속도는 한 바퀴의 각도인 2π[rad]를 주기[s]로 나눈 것으로, 1초당 회전하는 각도를 나타낸다.

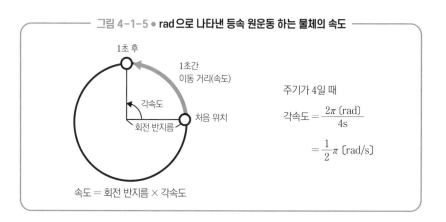

그림 4-1-5 ● rad으로 나타낸 등속 원운동 하는 물체의 속도

1초 후

1초간
이동 거리(속도)

각속도

처음 위치

회전 반지름

주기가 4일 때

각속도 $= \dfrac{2\pi \text{ [rad]}}{4s}$

$= \dfrac{1}{2}\pi$ [rad/s]

속도 = 회전 반지름 × 각속도

등속 원운동 하는 물체의 속력(회전 속도) [m/s]

$$= \dfrac{\text{회전 반지름 [m]} \times 2\pi \text{ [rad]}}{\text{주기 [s]}} = \text{회전 반지름 [m]} \times \text{각속도 [rad/s]}$$

제4장

반복되는 현상

다음으로 가속도를 생각해 보자. 등속 원운동 하는 물체의 가속도에 대해서도 각속도를 이용하여 다음과 같이 나타낼 수 있다.

등속 원운동 하는 물체의 가속도 크기 〔m/s²〕

$$= \frac{(회전\ 속도\ 〔m/s〕)^2}{회전\ 반지름\ 〔m〕} = \frac{(회전\ 반지름\ 〔m〕 \times 각속도\ 〔rad/s〕)^2}{회전\ 반지름\ 〔m〕}$$

$$= 회전\ 반지름\ 〔m〕 \times (각속도\ 〔rad/s〕)^2$$

가속도가 있다는 것은 힘이 작용하고 있다는 뜻이다. 뉴턴의 운동방정식을 사용하여 가속도에 물체의 질량을 곱하면 작용하는 힘을 다음과 같이 나타낼 수 있다.

등속 원운동 하는 물체에 작용하는 힘〔N〕

$$= 질량\ 〔kg〕 \times \frac{(회전\ 속도\ 〔m/s〕)^2}{회전\ 반지름\ 〔m〕} \qquad (1)$$

그림 4-1-6과 같이 등속 원운동 하는 물체에 작용하는 힘은 항상 속도에 수직이며 원운동의 중심을 향한다. 물체의 가속도도 힘의 방향으로 생기기 때문에 회전 운동 하는 물체의 가속도를 구심가속도, 작용하는 힘을 구심력이라고 한다. 등속 원운동 하는 물체는 그림

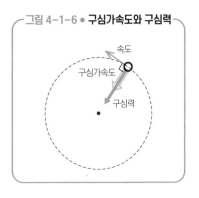

그림 4-1-6 ● **구심가속도와 구심력**

속도
구심가속도
구심력

4-1-6과 같이 속도, 구심가속도, 구심력의 관계를 유지하며 계속 회전한다.

● 운동방정식으로 회전 속도를 구해 보자

지구의 반지름은 약 6,370km(637만 m)이므로, 이 반지름에서 등속 원운동

하는 물체에 '작용하는 구심력'은 식(1)에 의해 다음과 같다.

$$구심력\,(N) = 질량\,(kg) \times \frac{(회전\,속도\,(m/s))^2}{637만\,m}$$

여기서 물체에 작용하고 있는 것은 중력(질량×9.8)뿐이므로 이는 구심력과 같다.

$$질량\,(kg) \times 9.8 = 질량\,(kg) \times \frac{(회전\,속도\,(m/s))^2}{637만\,m}$$

$$회전\,속도\,(m/s) = \sqrt{9.8 \times 637만\,m} = 약\,7{,}901(m/s) = 약\,7.9\,(km/s)$$

이렇듯 각속도를 이용한 운동방정식을 통해서도 회전 속도를 알 수 있다.

문자식을 사용한 관계식

호의 길이 $l\,(m) = r \times \theta$ **각속도** $\omega\,(rad/s) = \dfrac{\varDelta\theta}{\varDelta t}$

한 바퀴 도는 속력(회전 속도) $v\,(m/s) = r\omega$

구심가속도의 크기 $a\,(m/s^2) = r\omega^2 = \dfrac{v^2}{r}$

구심력의 크기 $F\,(N) = ma = mr\omega^2 = \dfrac{mv^2}{r}$

원의 반지름: $r\,(m)$ 부채꼴의 각도: $\theta\,(rad)$

각도 변화량: $\varDelta\theta\,(rad)$ 시간 변화량: $\varDelta t\,(s)$

각속도: $\omega\,(rad/s)$ 질량: $m\,(kg)$

제1우주속도 $v_1\,(m/s) = \sqrt{\dfrac{GM}{R}} = \sqrt{gR}$

만유인력상수: $G\,(m^3/(kg \cdot s^2))$ 지구의 질량: $M\,(kg)$

지구 반지름: $R\,(m)$ 중력가속도: $g\,(m/s^2)$

4-2

인공위성에 중력이 있을까?

관성력, 원심력

문제

국제우주정거장의 우주비행사들이 공을 놓아도 떨어지지 않는 모습을 영상으로 본 적이 있는가? 국제우주정거장 내부는 고정되지 않은 것들이 둥둥 뜨는 무중량 상태다.

우주정거장 내부를 떠다니는 공에는 지상에 비해 어느 정도의 중력이 작용할까?

① 작용하지 않는다.　② 지상의 10배　③ 지상과 같다.

④ 지상의 0.9배　⑤ 지상의 0.1배　⑥ 지상의 0.01배

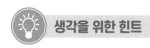

생각을 위한 힌트

국제우주정거장은 지상에서 약 400km 위에 있다. 지구 반지름을 고려하면 국제우주정거장은 지구 중심에서 약 6,770km 떨어져 있는 셈이다. 1kg의 물체에 작용하는 중력은 지표로부터의 고도에 따라 다음과 같이 변화한다. 이 점에 대해 생각해 보자.

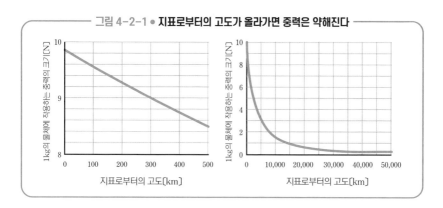

── 그림 4-2-1 ● **지표로부터의 고도가 올라가면 중력은 약해진다** ──

정답 　 ④ 지상의 0.9배

그림 4-2-1을 보면 지구 중심으로부터의 거리가 멀어질수록 중력이 감소한다. 이를 통해 고도 400km(지구 중심에서 6,770km)에서 작용하는 중력이 지상(지구 중심에서 6,370km)보다 작다는 것을 알 수 있다. 이것은 만유인력 법칙을 나타내는 식으로 계산한다.

상공의 물체에 작용하는 중력의 크기〔N〕

$$= \frac{\text{만유인력상수} \times \text{지구의 질량〔kg〕} \times \text{물체의 질량〔kg〕}}{(\text{지구 중심으로부터의 거리〔m〕})^2} \quad (1)$$

여기서 만유인력상수는 $6.67 \times 10^{-11} \text{m}^3/(\text{kg} \cdot \text{s}^2)$, 지구의 질량은 $5.97 \times 10^{24} \text{kg}$으로 하고 국제우주정거장 내부에 있는 1kg의 물체에 작용하는 중력을 계산

해 보자.

국제우주정거장 내부에 있는 1kg의 물체에 작용하는 중력의 크기 〔N〕

$$= \frac{6.67 \times 10^{-11} \times (5.97 \times 10^{24})\text{kg} \times 1\text{kg}}{(6,770,000\text{m})^2} = 약\ 8.7\text{N} \qquad (2)$$

지상에서는 1kg의 물체에 9.8N의 중력이 작용하지만, 400km 상공에서는 지상의 약 90% 강도의 중력이 작용한다는 것을 알 수 있다. 따라서 정답은 ④다. 의외로 지상과 크게 다르지 않다는 점이 놀랍다.

 한 번 더 생각하기

● 원운동 하는 물체에 작용하는 원심력

이렇게 중력이 작용하는데도 국제우주정거장 내부는 왜 무중량 상태일까? 그리고 국제우주정거장은 왜 지구로 떨어지지 않을까?

이것은 국제우주정거장(그리고 국제우주정거장 내부에 있는 모든 것)이 지구 주위를 돌고 있기 때문이다. 4-1에 등장한 직구처럼 지구 중력 아래로 계속 낙하하는 방식으로 앞으로 비행하면서 지구 주위를 돌고 있다.

즉 국제우주정거장도, 그 안의 물체와 우주비행사들도 지구의 중력을 받아 가속도를 내며 지구를 향해 계속 떨어지고 있는 것이다. 하지만 국제우주정거장 안에 있으면 자신과 주변의 벽도 같은 운동을 하고 있고 항상 발밑에 지구가 보이기 때문에 정지해 있다는 느낌을 받는다. 이 상태가 무중량 상태다. 포물선 운동을 하는 항공기에서 우주비행과 유사한 무중량 상태를 체험할 수 있다.

여기서 앞에 나온 관성력을 이용하면 다른 관점에서 설명할 수 있다. 우주비행사는 중력에 의해 가속도가 붙기 때문에(움직이는 속력은 일정하지만 방향이 시시각각 변하고 있다) 가속 좌표계 관점에서 국제우주정거장 내부를 바라본다. 그들의 눈에는 국제우주정거장 안에 있는 모든 물체가 정지해 있는 것처럼 보인다. 즉 물체에 실제로 작용하고 있는 중력과 균형을 이루는 힘(관성력)이 있는 것처럼 느낀다. 관성력은 다음과 같은 식으로 나타낼 수 있다.

관성력 = 물체의 질량 × 관찰자의 가속도와 같은 크기이며 역방향인 가속도

= 실제로 작용하는 중력과 같은 크기이며 역방향인 힘

이 문제에서 관성력은 지구에 의해 작용하는 중력과 같은 크기이며 역방향인 힘이다. 특히 원운동 하는 물체에 작용하는 것처럼 느껴지는 관성력을 원심력이라고 한다.

이처럼 지구에서 보면 국제우주정거장과 그 안의 물체는 중력을 받아 계속

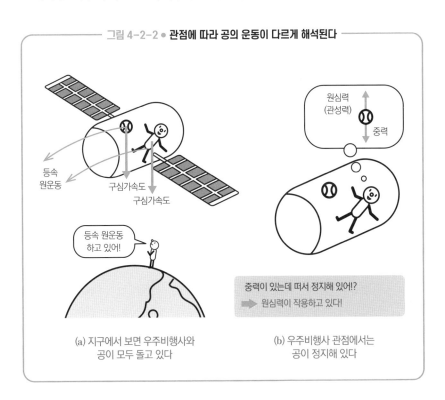

그림 4-2-2 ● 관점에 따라 공의 운동이 다르게 해석된다

등속
원운동

구심가속도

구심가속도

원심력
(관성력)

중력

등속 원운동
하고 있어!

중력이 있는데 떠서 정지해 있어!?
➡ 원심력이 작용하고 있다!

(a) 지구에서 보면 우주비행사와
공이 모두 돌고 있다

(b) 우주비행사 관점에서는
공이 정지해 있다

낙하하면서 지구 주위를 돌고 있다.

● 국제우주정거장의 회전 속도를 구해 보자

인공위성은 공기 저항을 덜 받는 상공에서 높이 날고 있다. 2-2에서 설명했듯 국제우주정거장의 속도는 약 7.7km/s이고 주기는 약 92분이다. 이 값을 4-1에서 소개한 직구의 회전 속도를 구한 식을 적용해 계산해 보겠다.

직구는 지표면 근처에서 한 바퀴 돈다고 가정했지만 국제우주정거장은 고도 400km에서 지구 주위를 돈다. 따라서 국제우주정거장의 궤도 반지름은 지구의 반지름과 고도를 더해 6,770km다.

$$\text{위성에 작용하는 구심력 (N)} = \frac{\text{위성의 질량 (kg)} \times (\text{회전 속도 (m/s)})^2}{\text{궤도 반지름 (m)}} \qquad (3)$$

이 식은 회전 속도와 궤도 반지름에 따라 우변에 적힌 것과 같은 크기의 구심력이 작용하고 있을 것이라는 의미다. 여기서 인공위성에 작용하는 구심력은 지구의 중력이므로 식(1)로 계산할 수 있다. 따라서 다음과 같은 식이 성립한다.

$$\frac{\text{만유인력상수} \times \text{지구의 질량 (kg)} \times \text{위성의 질량 (kg)}}{(\text{지구 중심으로부터의 거리 (m)})^2}$$

$$= \frac{\text{위성의 질량 (kg)} \times (\text{회전 속도 (m/s)})^2}{\text{궤도 반지름 (m)}}$$

지구 중심으로부터의 거리와 궤도 반지름은 동일하므로 인공위성이 궤도를 도는 속력(회전 속도)과 주기는 다음과 같이 구할 수 있다.

$$회전\ 속도\,(m/s) = \sqrt{\frac{만유인력상수 \times 지구의\ 질량\,(kg)}{지구\ 중심으로부터의\ 거리\,(m)}}$$

$$= \sqrt{\frac{6.67 \times 10^{-11} \times (5.97 \times 10^{24})kg}{6,770,000m}}$$

$$= 약\ 7,669m/s = 약\ 7.7km/s$$

$$주기\,(s) = \frac{2 \times 3.14 \times 지구\ 중심으로부터의\ 거리\,(m)}{회전\ 속도\,(m/s)}$$

$$= \frac{2 \times 3.14 \times 6,770,000m}{7,669m/s} = 약\ 5,544초 = 약\ 92분$$

이를 통해 국제우주정거장의 회전 속도는 약 7.7km/s로 4-1에서 소개한 제1우주속도보다 약간 느리다는 것을 알 수 있다. 제1우주속도는 인공위성이 지구 궤도를 도는 속도이므로 지상보다 중력이 약한 국제우주정거장의 궤도에서는 제1우주속도보다 조금 느린 정도가 적당하다.

덧붙여서 인공위성은 지구 주위를 돌고 있지만 정확하게는 지구의 '중심' 주위를 돈다. 그러나 일본은 지구자전축이 북극 쪽으로 어긋난 지점을 중심으로 회전하기 때문에 일본 상공에 계속 떠 있는 인공위성을 띄울 수 없다. 위성방송의 전파를 날리는 인공위성은 일본에서 가까운 적도에서 궤도를 날고 있다. 따라서 일본 위성방송의 파라볼라 안테나는 남쪽을 향하고 있다.

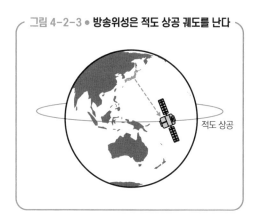

그림 4-2-3 ● **방송위성은 적도 상공 궤도를 난다**

적도 상공

4-3

관람차의 높이는 어떻게 변화할까?

단진동의 변위·속도·가속도·
위상·각진동수

문제

관람차를 타면 천천히 높은 곳으로 올라갔다가 내려온다. 물리학에서는 관람차처럼 등속으로 원을 그리며 움직이는 물체의 상하 또는 좌우 움직임을 '단순한 반복 운동'으로 생각한다. 그렇다면 이것은 어떤 종류의 움직임일까?

다음 그래프는 시간에 따라 높이가 변화하는 모습을 나타낸다. 관람차가 최고점에 올라 다시 최하점에 도착할 때까지 상하 움직임을 나타내는 것은 다음 중 무엇일까?

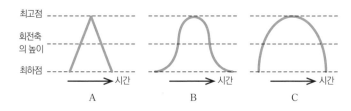

관람차를 타 보면 최고점이나 최하점 근처에서는 위아래로 별로 움직이지 않는다는 것을 알게 된다. 하지만 실제로는 계속 회전하고 있다. 따라서 문제의 그래프가 여러 번 반복되었을 때 어떻게 되는지 생각해 보면 단순한 반복 운동이 이루어지는지 알 수 있다.

정답　B

문제의 그래프를 반복해서 그려 보면 B만 매끄럽게 이어진다. 이제 4-1에서 소개한 등속 원운동의 속도와 가속도의 크기를 사용하여 회전 반지름을 10m, 주기(한 바퀴 도는 데 걸리는 시간)를 314s로 가정하고 관람차의 상하 방향 운동을 살펴보도록 하자.

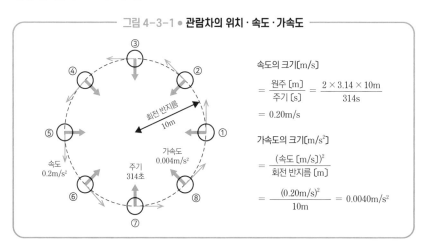

그림 4-3-1 ● **관람차의 위치 · 속도 · 가속도**

위 그림을 통해 관람차는 속도나 가속도의 크기가 변하지 않은 채 회전하고 있음을 알 수 있다. 관람차는 최하점에서 타지만 상하 운동을 고려할 때는 회전 중심의 높이를 기준으로 위를 ＋, 아래를 －로 나타낸다. 이러한 왕복 운동의 중심을 기준으로 한 위치를 변위라고 한다.

②④⑥⑧과 같이 $45°$ 회전하는 곳에서의 변위는 $45°$와 $90°$로 이루어진 직각삼각형 변의 비가 $2 : \sqrt{2} : \sqrt{2}$ ($\sqrt{2}$는 약 1.4)임을 이용하여 계산한다.

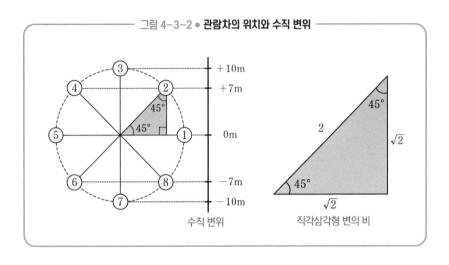

그림 4-3-2 ● **관람차의 위치와 수직 변위**

속도와 가속도에 대해서도 마찬가지로 대각선을 향할 때는 직각삼각형 변 길이의 비를 이용해 수직 방향의 크기를 구할 수 있다.

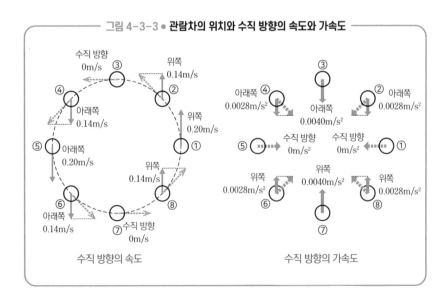

그림 4-3-3 ● **관람차의 위치와 수직 방향의 속도와 가속도**

그림 4-3-2와 4-3-3을 바탕으로 관람차의 수직 변위와 속도, 가속도의 변화를 그래프로 나타내 보자.

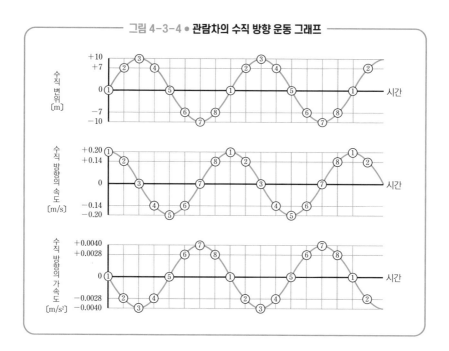

그림 4-3-4 ● 관람차의 수직 방향 운동 그래프

세 그래프는 모양은 같지만 좌우로 조금씩 어긋나 있다. 상하 눈금의 크기와 단위가 다르다는 점도 주의하자. 변위-시간 그래프와 가속도-시간 그래프를 비교해 보면, 변위가 (＋)에서 최대가 되면 가속도는 (－)에서 최대가 되고, 변위가 (－)에서 최대가 되면 가속도는 (＋)에서 최대가 된다. 이것은 단순한 반복 운동의 주요 특징이기도 하다.

또한 2-1에서 소개한 대로, 속도는 위치-시간 그래프의 기울기를 나타내고 가속도는 속도-시간 그래프의 기울기를 나타낸다.

이처럼 '등속 원운동 하고 있는 물체의 움직임을 회전면 옆에서 보았을 때' 왕복 운동(여기서는 수직 방향 운동)에는 변위와 가속도가 항상 반대로 변화한다. 이러한 왕복 운동을 '단순한 반복 운동', 즉 단진동이라고 한다.

한 번 더 생각하기

● 삼각함수를 이용해 단진동을 표현한다

지금까지 45° 회전할 때의 변위, 속도, 가속도를 살펴봤지만, 어떤 각도에서도 표현하려면 sin(사인) 기호로 표시되는 삼각비를 활용하면 된다. sin은 직각 삼각형의 직각 외의 각도(다음 그림의 θ('세타'라고 읽는 그리스 문자로 각도를 가리킬 때 자주 사용된다))가 정해지면 세 변의 비를 알 수 있다는 점을 이용한 수학 기호다.

삼각비에는 sin 외에도 cos(코사인)과 tan(탄젠트)가 있다. 계산기에 각도 θ의 수치를 입력하고 sin을 누르면 $\sin\theta$ 값을 알 수 있다.

― 그림 4-3-5 ● 삼각비 ―

$\theta°$	0	30	45	60	90
θ [rad]	0	$\dfrac{\pi}{6}$	$\dfrac{\pi}{4}$	$\dfrac{\pi}{3}$	$\dfrac{\pi}{2}$
$\sin\theta$	0	$\dfrac{1}{2}$	$\dfrac{1}{\sqrt{2}}$	$\dfrac{\sqrt{3}}{2}$	1
$\cos\theta$	1	$\dfrac{\sqrt{3}}{2}$	$\dfrac{1}{\sqrt{2}}$	$\dfrac{1}{2}$	0
$\tan\theta$	0	$\dfrac{1}{\sqrt{3}}$	1	$\sqrt{3}$	없음

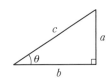

$$\sin\theta = \frac{a}{c}$$
$$\cos\theta = \frac{b}{c}$$
$$\tan\theta = \frac{a}{b}$$

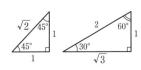

관람차의 수직 변위는 그림 4-3-2의 ② 위치에 있을 때는 '회전 반지름 × sin(45°)'이다. ① 위치에서 시작한 이후의 시간과 각속도를 사용하여 회전 각을 '각속도 × 시간'으로 바꾸면 회전한 시간에 따라 위치를 알 수 있다. 이러한 식을 삼각함수라고 한다.

4
–
3

관람차의 높이는 어떻게 변화할까?

> **관람차의 수직 변위**
>
> $\quad$ = 회전 반지름 × sin(회전각)
>
> $\quad$ = 회전 반지름 × sin(각속도 × 시간)

속도와 가속도에 대해서도 그림 4-3-3의 속도와 가속도를 나타내는 화살표의 길이와 각도로 수직 성분을 구할 수 있다. 여기서 처음 속도는 90° 방향, 가속도는 180° 방향을 향하므로 4-1에 나온 식을 대입하면 수직 방향의 속도와 가속도는 다음과 같다.

> **관람차의 수직 방향 속도**
>
> $\quad$ = 속도의 크기 × sin(회전각 + 90°)
>
> $\quad$ = (회전 반지름 × 각속도) × sin(각속도 × 시간 + 90°)
>
> **관람차의 수직 방향 가속도**
>
> $\quad$ = 가속도의 크기 × sin(회전각 + 180°)
>
> $\quad$ = (회전 반지름 × 각속도²) × (− sin(회전각))
>
> $\quad$ = − 각속도² × 수직 변위

가속도 식에서 sin(회전각 + 180°)은 변위에서 180° 떨어져 있음을 의미하지만, 이는 거꾸로 움직인다는 뜻이기 때문에 − sin(회전각)으로 바꿔 말할 수 있다.

● 위상과 각진동수를 이용하여 단진동을 알아보자

등속 원운동 하는 물체는 회전 각도가 360°, 즉 2π(rad)를 나아갈 때마다 처음 위치인 ①로 돌아온다. 물체의 단진동을 생각할 때도 왕복 진동 1회를 2π(rad)로 설정하며, 이를 통해 진동 타이밍을 나타낼 수 있다. 회전 각도에 대응하는 이 양을 위상이라고 한다. 그림 4-3-2의 ①~⑧의 위상은 0(rad)에서 1.75π(rad)이다. 여러 물체가 타이밍이 어긋난 진동을 하고 있을 때 '위상이 어긋난다'고 한다.

그밖에도 단진동을 표현할 때 이름이 바뀌는 것들이 있다. 각속도에 대응하여 1초당 위상이 얼마나 변화하는지를 나타낸 수를 각진동수(이 용어는 다소 이해하기 어렵지만, 위상의 변화율과 같은 의미다)라고 한다. 위상의 변화 = 각진동수 × 시간이다. 또한 원운동 반지름에 대응하여 가장 크게 흔들렸을 때의 변위의 크기를 진폭이라고 한다.

단진동을 특징으로 하는 또 다른 양에는 진동수가 있다. 진동수는 '1초당 몇 번 진동하는가'를 나타내는 양으로, Hz(헤르츠)라는 단위를 쓴다. 주기(1회 진동에 걸리는 시간)가 0.1초라면 진동수는 10Hz이다. 진동수와 각진동수는 이름이 비슷해도 뜻이 전혀 다르다는 것을 알아 두자.

단진동 하는 물체의 변위, 속도, 가속도는 다음과 같이 표시한다.

단진동 하는 물체의 변위

= 진폭 × sin(각진동수 × 시간)

단진동 하는 물체의 속도

= (각진동수 × 진폭) × sin(각진동수 × 시간 + $\frac{\pi}{2}$)

단진동 하는 물체의 가속도

= (각진동수^2 × 진폭) × (−sin(각진동수 × 시간))

= −각진동수^2 × 변위

여기서는 가속도가 변위와는 반대 방향으로 변화하고 그 크기가 변위의 크기에 비례한다는 것이 중요하다. 이것이 단순한 진동을 만들어 낸다.

문자식을 사용한 관계식

단진동 하는 물체의

변위 $\quad x\,(\text{m}) = A \times \sin(\omega t)$

속도 $\quad v\,(\text{m/s}) = \omega A \times \sin(\omega t + \dfrac{\pi}{2})$

가속도 $\quad a\,(\text{m/s}^2) = \omega^2 A \times \sin(\omega t + \pi) = -\omega^2 x$

단진동의 진폭: $A\,(\text{m})$ 각진동수: $\omega\,(\text{rad/s})$ 시간: $t\,(\text{s})$

반복되는 현상

4-4

어떤 운동이 단순한 반복 운동일까?

진자의 주기,
복원력

문제

등속 원운동 하는 물체의 상하 또는 좌우 움직임은 단순한 반복 운동이며, 이를 단진동이라고 한다. 우리 주변에서 일어나는 주기적인 왕복 운동 중 일부는 단진동으로 되어 있다.

다음 현상 중 하나는 물리학에서 아름답다고 보는 '단순한 반복 운동'이 아니다. 과연 어떤 것일까?

① 스프링에 매달린 장난감의 상하 움직임

② 괘종시계 속 진자의 움직임

③ 트램펄린에서 연속 점프를 하는 사람의 움직임

생각을 위한 힌트

단순한 반복 운동, 즉 단진동은 변위와 가속도가 반대 방향으로 변해서 발생한다. 여기서 운동방정식(질량×가속도＝작용하는 알짜힘)을 떠올려 보자. 가속도와 마찬가지로 작용하는 알짜힘도 변위와는 반대로 변화하고 있을 것이다.

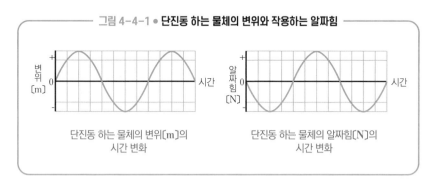

그림 4-4-1 ● 단진동 하는 물체의 변위와 작용하는 알짜힘

단진동 하는 물체의 변위[m]의
시간 변화

단진동 하는 물체의 알짜힘[N]의
시간 변화

정답 ③

①은 스프링의 탄성이 유지되면 단진동을 하고, ②도 각도가 작으면 단진동에 가까운 움직임을 보인다. 그러나 ③은 원리로만 따지면 단진동이 되지 않는다.

● 스프링에 매달린 장난감은 단진동을 한다

스프링을 당기거나 누르면 원래 길이(자연 길이)로부터 늘어나거나 줄어드는 것(변형량)에 비례한 크기가 되며, 원래대로 돌아가는 방향의 힘이 생긴다. 이 힘을 탄성력이라고 한다.

탄성력 ＝ －탄성계수×스프링의 변형량

스프링에 매달린 장난감에는 아래쪽 중력과 위쪽 탄성력이 작용한다(여기서는 스프링이 원래 길이보다 항상 늘어나 있는 상태로 한정해서 생각하자). 양쪽이 서로 균형

을 이루는 위치를 평형 위치라고 한다.

평형 위치보다 아래에서는 탄성력이 스프링의 늘어난 길이에 비례하여 중력보다 강해지고, 평형 위치보다 위에서는 스프링의 줄어든 길이에 비례하여 탄성력이 중력보다 약해진다. 이때 장난감에 작용하는 알짜힘(중력과 탄성력의 알짜힘)은 다음과 같다.

작용하는 알짜힘 = − 탄성계수 × 평형 위치로부터의 변위

즉 평형 위치로부터의 변위에 비례하여 변위와는 반대 방향의 알짜힘이 작용한다. 이를 통해 변위와 알짜힘이 반대로 변화하기 때문에 장난감의 움직임이 단진동임을 알 수 있다.

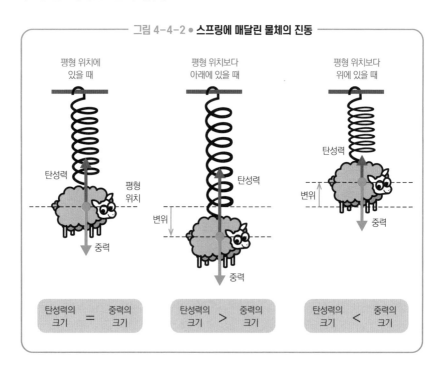

── 그림 4-4-2 ● **스프링에 매달린 물체의 진동** ──

● 괘종시계의 진자는 단진동에 가까운 운동을 한다

괘종시계의 진자는 단진동을 하는 것처럼 보이지만, 정확하게 말하면 하나의 진동이 아니다. 그럼 진자의 변위와 작용하는 힘의 관계를 살펴보도록 하자.

진자에 작용하는 중력을 원지름 방향과 원주 방향으로 분해하면 원주 방향으로 진자가 진동한다.

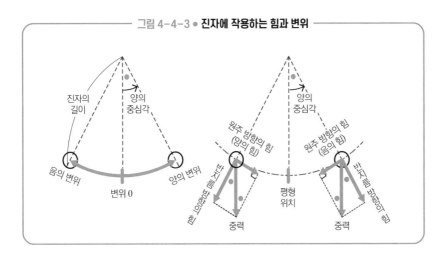

그림 4-4-3 ● 진자에 작용하는 힘과 변위

진자는 호를 따라 진동하기 때문에, 변위는 진동 중심에서 호를 따라 떨어져 있는 거리가 된다. 변위는 중심각에 비례한다(변위 = 진자의 길이 × 중심각).

그림 4-4-3에서 원주 방향의 힘은 변위와 반대 방향으로 작용하는 것을 알 수 있다. 중심각이 커지면 힘도 커지는데, 중심각이 5°일 때를 기준으로 변위와 힘을 비교하면 다음 표와 같이 큰 각에서는 힘의 크기가 변위에 비례하지 않는다.

표 4-4-1 ● 중심각이 클 때는 힘이 변위에 비례하지 않는다

중심각	5°	10°	15°	20°	25°	30°
변위	1(기준)	2	3	4	5	6
원주 방향의 힘	-1(기준)	-2.00	-2.98	-3.93	-4.86	-5.75

따라서 진자 운동은 중심각이 작은 범위에 있을 때라면 단진동이라고 근사하여 생각할 수 있다.

● 트램펄린에서 연속 점프하는 사람의 운동

트램펄린에서 뛰어서 착지할 때까지는 중력만 작용하기 때문에 단진동이 아니라 포물선 운동을 한다. 트램펄린에 착지하고 다시 뛰기 전까지는 트램펄린의 탄성력은 위쪽으로, 중력은 아래쪽으로 작용한다. 스프링에 매달린 장난감처럼 단진동의 움직임을 절반만 하는 것이다. 따라서 트램펄린에서 점프하는 사람의 움직임은 전체적으로는 단진동이 아니다.

그림 4-4-4 ● 트램펄린에서 연속 점프하는 사람의 운동

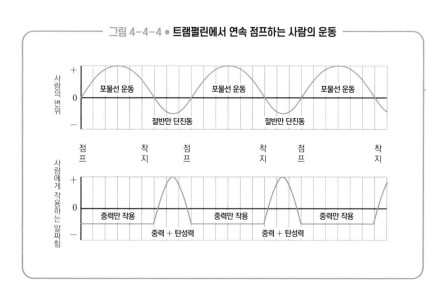

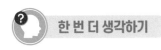
● 단진동 하는 물체에는 복원력이 작용한다

4-3에서 설명한 대로, 단진동 하는 물체의 변위와 가속도는 다음과 같은 관계다.

단진동의 가속도 = (진폭 × 각진동수^2) × (− sin(위상))

= − 각진동수^2 × 변위

이 관계식을 운동방정식에 대입하면 단진동 하는 물체에 작용하는 힘은 변위에 비례한 크기이고 변위와는 반대 방향임을 알 수 있다.

작용하는 알짜힘 = 질량 × 가속도

= − 질량 × 각진동수^2 × 변위　　　(1)

이 힘은 변위된 물체를 원래 위치로 되돌리려고 하기 때문에 복원력이라고 한다. 물체가 진동 중심에서 멀어질수록 복원력이 더 강하게 작용하면서 중심으로 되돌리려고 한다.

● 각진동수로 단진동 주기를 구할 수 있다

스프링에 매달린 장난감의 진동 주기를 구해 보자. 장난감에 작용하는 알짜힘은 다음과 같은 식으로 표현한다.

장난감에 작용하는 알짜힘 = − 탄성계수 × 변위　　　(2)

식(1)과 식(2)를 비교하면 다음과 같은 관계가 성립되는 것을 알 수 있다.

탄성계수 = 질량 × 각진동수^2

제4장

반복되는 현상

각진동수는 진동의 위상(진동 1회를 2π[rad]라고 했을 때 진동의 진행 정도)이 1초당 어느 정도 변화하는지에 관한 양이다. 따라서 주기[s] = 2π[rad] ÷ 각진동수 [rad/s]이다. 이 관계를 통해 스프링에 매달린 장난감의 단진동 주기를 구할 수 있다.

$$주기 = \frac{2\pi}{각진동수} = \frac{2\pi}{\sqrt{\dfrac{탄성계수}{질량}}} = 2\pi \times \sqrt{\frac{질량}{탄성계수}}$$

이 식에 따르면 스프링의 탄성계수가 크면(단단한 스프링) 진동 주기가 감소하고 물체의 질량이 크면 진동 주기가 증가한다.

● 삼각비를 이용하여 진자 운동을 살펴보자

진자의 변위는 호의 길이에 해당하므로 다음과 같다.

변위 [m] = 진자의 길이 [m] × 중심각 [rad]

또한 진자를 진동시키는 힘은 직각삼각형 변의 비인 sin을 이용해 다음과

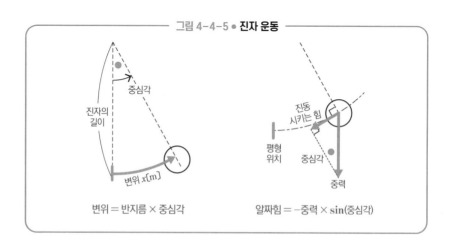

── 그림 4-4-5 ● **진자 운동** ──

변위 = 반지름 × 중심각

알짜힘 = −중력 × sin(중심각)

x

같이 쓸 수 있다. 이때 변위와는 반대 방향으로 작용하기 때문에 (−) 부호가
붙어야 한다.

진자를 진동시키는 힘〔N〕 = − 중력〔N〕× sin(중심각〔rad〕)

변위 공식과 힘의 공식을 비교했을 때 중심각〔rad〕과 sin(중심각〔rad〕)이
거의 같아 보인다면, 다음 식과 같이 작용하는 힘이 변위와 반대로 변화하는
'복원력' 형태가 된다고 근사할 수 있다.

$$\text{진자를 진동시키는 힘〔N〕} \cong - \frac{\text{중력〔N〕}}{\text{진자의 길이〔m〕}} \times \text{변위〔m〕} \qquad (3)$$

──── 표 4-4-2 ● **중심각이 크면 sin(중심각)은 중심각에 비례하지 않는다** ────

중심각°	5°	10°	15°	20°	25°	30°
중심각〔rad〕	0.087	0.175	0.262	0.349	0.436	0.524
sin(중심각)	0.087	0.174	0.259	0.342	0.423	0.500

표를 보면 중심각이 $0 \sim 15°$일 때는 중심각〔rad〕과 sin(중심각〔rad〕)이 거의
같다. 이것은 다음 그림 4-4-6의 호와 파선의 길이를 비교한 것과 같으며, 각
도가 작을수록 둘의 길이가 비슷해지는 것을 알 수 있다.

이처럼 중심각이 작을수록 진자의 운동을 단진동으로 근사하여 나타낼 수

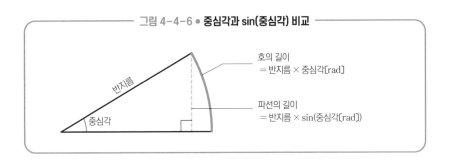

──── 그림 4-4-6 ● **중심각과 sin(중심각) 비교** ────

호의 길이
= 반지름 × 중심각〔rad〕

파선의 길이
= 반지름 × sin(중심각〔rad〕)

반지름

중심각

있다. 식(3)과 식(1)을 비교하면 진자의 각진동수를 알 수 있으므로 진자의 주기는 다음과 같이 진자 길이의 제곱근에 비례한다.

$$질량\,〔kg〕 \times (각진동수\,〔rad/s〕)^2 \cong \frac{중력\,〔N〕}{전자의 길이\,〔m〕}$$

$$따라서,\ 진자의\ 주기\,〔s〕 = \frac{2\pi\,〔rad〕}{각진동수〔rad/s〕}$$

$$= 2\pi \times \sqrt{\frac{진자의\ 길이\,〔m〕}{9.8m/s^2}}$$

문자식을 사용한 관계식

단진동 하는 물체에 작용하는 알짜힘 $F〔N〕 = ma = -m\omega^2 x$

탄성력에 의해 단진동 하는 물체의 주기 $T〔s〕 = 2\pi \times \sqrt{\dfrac{m}{k}}$

진자의 주기 $T〔s〕 = 2\pi \times \sqrt{\dfrac{L}{g}}$

중심각 θ 가 작을 때 성립하는 근사값 $\dfrac{\sin\theta}{\theta} \simeq 1$

물체의 질량: m 〔kg〕 물체의 가속도: a 〔m/s²〕

단진동의 각진동수: ω 〔rad/s〕 물체의 변위: x 〔m〕

탄성계수: k 〔N/m〕

진자의 길이: L 〔m〕 중력가속도의 크기: g 〔m/s²〕

4-5

소리는 어떻게
구별할까?

가청음, 맥놀이 현상,
파동의 중첩과 간섭

문 제

성당이나 교회에서 고요함을 느끼며 앉아 있으면 평소 우리가 다양한 소리 속에서 살고 있음을 깨닫는다. 우리는 귀에 들어오는 소리 중 필요한 소리를 구분해서 듣는다. 그렇다면 인간은 어떤 종류의 소리를 들을 수 있을까?

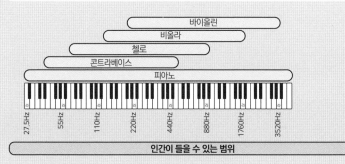

피아노 중앙에서 약간 오른쪽에 있는 '라' 음은 음계의 기준으로 쓰이고 있다. 이 소리를 들으면 고막에 1초 동안 진동이 440회 일어나기 때문에 440Hz(헤르츠)의 음이라고도 한다. 이 음과 동시에 또 하나 다른 높이의 음을 낼 때, 두 소리를 각각 들을 수 있으려면 다음 중 어떤 음이어야 할까?

① 6옥타브 높은 라   ② 880Hz의 음

③ 660Hz의 음   ④ 441Hz의 음

 생각을 위한 힌트

사람의 귀로 들을 수 있는 소리는 한정되어 있는데, 그 범위에 속하는 소리를 가청음이라고 한다. 또한 1초당 진동 횟수가 너무 비슷한 소리를 동시에 들으면 두 소리가 일체화되어 웡웡 울리는 '맥놀이' 현상이 발생한다.

정답 ②와 ③

음은 한 옥타브 높을수록 1초당 진동수가 2배 크다(한 옥타브 아래의 음은 절반이다). ①은 원래 음의 64배 진동수인 28,160Hz의 소리다. 인간의 가청음 범위는 대략 20~20,000Hz이므로 ①의 소리는 들리지 않는다. 또 ④의 음은 440Hz의 소리에 매우 가까워서 두 소리가 서로 울리는 맥놀이 현상이 일어나 두 소리를 구별할 수 없다.

②와 ③은 각각 원래 음보다 한 옥타브 높은 '라' 음과 원래 음보다 높은 '미' 음이므로 둘 다 원래 음과 동시에 알아들을 수 있다.

● 음의 높이는 음원의 진동수로 결정된다

진동하여 소리를 내는 곳을 음원이라고 한다. 음원이 진동하고 나서 조금 시간이 지나면 우리 귀에 소리가 도달하고 고막이 음원과 비슷하게 진동한다. 인간은 소리를 들을 때 소리의 높이, 크기, 음색을 인식하는데, 이것들은 파동의 진동수, 진폭, 파형과 관련이 있다.

진동수 (Hz): 1초 동안 진동하는 횟수(음이 높을수록 진동수가 크다)

진폭 (m): 최대 진동 변위(소리가 클수록 진폭이 크다)

파형 : 파동 그래프에서 반복되는 파동의 형태(음색이 다르면 파형도 다르다)

● 모든 소리가 귀에 들리는 것은 아니다

귀에 들어간 소리로 고막이 진동해도 모든 소리를 들을 수는 없다. 파동의 진폭이나 진동수가 10배, 100배가 되어도 들리는 소리의 크기와 높이는 2배, 3배밖에 증가하지 않는다.

또한 가청음(인간이 들을 수 있는 소리)의 진동수에는 한계가 있으며 대략 20~20,000Hz이다. 하지만 가청음 범위에 속하더라도 3,000Hz 부근의 소리는 잘 들리지만, 그보다 크거나 작으면 잘 들리지 않는다. 특히 진동수가 큰 소리는 나이가 들수록 듣기 어렵다. 악기 연주에서는 가청음의 진동수 범위에서 다양한 진동수의 음을 낸다. 가청음 범위보다 진동수가 큰 음파는 초음파, 진동수가 작은 음파는 초저주파라고 한다.

들리는 소리의 진동수와 진폭에 대한 정보가 뇌로 전달될 때, 그 정보는 완전히 세밀하지 못하다. 따라서 디지털 음향 기술에서는 인간이 인식하지 못할 정도로 정보를 솎아 내는 기법을 사용한다.

● 진동수가 가까운 소리가 겹쳐지면 맥놀이 현상이 일어난다

진동수가 비슷한 파동이 중첩되면 맥놀이라는 현상이 일어나 윙윙거리는 소리가 주기적으로 들린다. 1초에 윙윙거리는 소리가 들리는 횟수를 '맥놀이 진동수'라고 한다.

진동수가 1Hz만 다른 두 소리를 동시에 들을 때 각각의 소리가 고막을 1회 진동시키는 데 걸리는 시각이 조금씩 다르다. 처음에 위상(파동 타이밍)이 맞춰져 있어도 두 파동의 타이밍이 조금씩 어긋난다. 정확히 1번 어긋나는 데 1초가 걸리기 때문에 맥놀이 진동수는 1Hz가 된다. 진동수가 2Hz 다른 두 소리를 동시에 들으면 1초에 2번씩 윙윙거리는 소리가 들리며 맥놀이 진동수는 2Hz다.

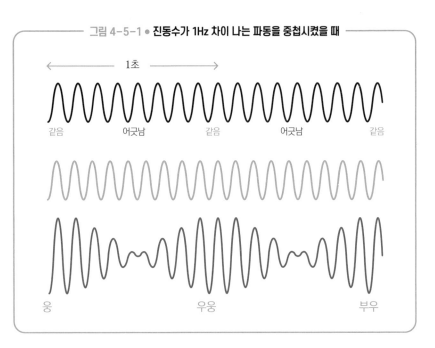

그림 4-5-1 • 진동수가 1Hz 차이 나는 파동을 중첩시켰을 때

1초

같음   어긋남   같음   어긋남   같음

웅   우웅   부우

진동수가 약간만 다른 두 소리를 각각 구별하기는 어렵지만 동시에 소리가 나서 맥놀이 현상이 일어나면 음정이 어긋났다는 것을 알 수 있다. 악기를 조율할 때 이 현상을 이용한다.

 한 번 더 생각하기

● 악기 소리는 배음이 겹쳐진 파동으로 구성된다

악기를 연주할 때는 그 음계의 기본 진동수 소리(기본음) 외에 기본음의 정수배가 되는 큰 진동수를 가진 소리(배음)가 포함되어 있으며 이 소리들이 결합된 파동이 귀에 전달된다. 그림 4-5-2의 ①과 ②는 고막에 각각 다른 진동을 일으키지만 100분의 1초마다 각각 같은 진동이 반복되기 때문에 모두 100Hz의 소리로 들린다.

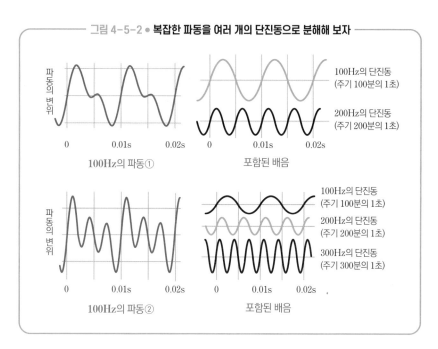

그림 4-5-2 ● 복잡한 파동을 여러 개의 단진동으로 분해해 보자

100Hz의 파동①
파동의 변위 / 0   0.01s   0.02s

포함된 배음
100Hz의 단진동 (주기 100분의 1초)
200Hz의 단진동 (주기 200분의 1초)
0   0.01s   0.02s

100Hz의 파동②
파동의 변위 / 0   0.01s   0.02s

포함된 배음
100Hz의 단진동 (주기 100분의 1초)
200Hz의 단진동 (주기 200분의 1초)
300Hz의 단진동 (주기 300분의 1초)
0   0.01s   0.02s

또한 ①이나 ②와 같이 복잡한 파동은 오른쪽에 있는 그래프처럼 각각 여러 개의 단진동으로 분해할 수도 있다. 기본음의 진동수와 진폭은 물론, 파동 안에 포함된 단진동과 고막이 받은 진동에 대한 정보가 청신경을 통해 시시각각 뇌로 전달된다.

음계가 같더라도 악기나 연주자의 개성이 음색이 되기 때문에 포함되는 배음 구성에도 차이가 난다. 두 소리에 공통된 배음이 많이 있으면 그 소리들이 화음을 이룰 수 있다고 한다.

예를 들어 '도'와 '솔'과 같은 화음 조합은 진동수의 비가 2:3이다. 진동수의 비가 2:3이 되는 예로 기본음이 100Hz와 150Hz인 음을 악기로 연주한 경우를 생각해 보면 각각의 음에 포함된 배음은 다음과 같다.

기본음이 100Hz인 음에 포함된 배음: 200Hz, 300Hz, 400Hz…

기본음이 150Hz인 음에 포함된 배음: 300Hz, 450Hz, 600Hz…

이렇게 각각의 음에 공통된 배음이 있으면 어우러져 화음이 된다. 이를 통해 앞서 문제에 나온 440Hz 음도 880Hz 음이나 660Hz 음과 화음을 이룬다는 것을 알 수 있다.

● 같은 진동수의 소리가 겹쳐지면 간섭이 발생한다

같은 진동수·진폭·파형을 가진 두 파동이 전달될 때, 처음에 위상이 갖춰져 있다면 원래 진폭의 2배인 파동이 추가된다. 반면 위상이 정확히 $\pi(rad)$, 즉 $180°$ 어긋났을 때는 상쇄되어 진동이 사라진다.

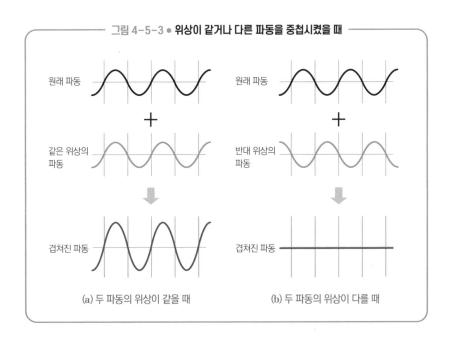

그림 4-5-3 ● 위상이 같거나 다른 파동을 중첩시켰을 때

원래 파동

+

같은 위상의 파동

겹쳐진 파동

(a) 두 파동의 위상이 같을 때

원래 파동

+

반대 위상의 파동

겹쳐진 파동

(b) 두 파동의 위상이 다를 때

두 음을 합쳤을 뿐인데 위상 조건에 따라 더 커지거나 사라지는 것은 음파가 '진동'을 가진 파동이기 때문이다. 이러한 특별한 현상을 간섭이라고 한다. 이어폰의 노이즈 캔슬링 기능은 주변 소리를 받아들이고 그것의 위상을 π (rad)로 바꾼 다음 겹쳐서 간섭 현상을 유발한다. 앞서 소개한 맥놀이도 간섭

현상 중 하나다.

갈릴레오의 손가락

피렌체 중심부를 흐르는 아르노강 강둑에는 우피치 미술관이 있고, 바로 옆에 갈릴레오 박물관^{museo galileo}이 있다. 갈릴레오 박물관의 꼭대기 층에는 갈릴레오 갈릴레이의 손가락이 오래된 유리 용기에 담겨 전시되어 있다.

갈릴레이는 물리학 역사에서 빛나는 최초의 유명인이자 '근대 과학의 아버지'로 불린다. 고전 물리학의 힘과 운동에 대한 기본 개념들은 대부분 갈릴레이가 발견했다. 지금은 몇 가지 공식으로 간단히 나타내지만, 갈릴레이가 수백 번 실험을 반복하여 발견한 결과임을 생각하면 고개가 절로 숙여진다. 그가 죽은 후 잘라서 보관한 손가락을 보면 섬뜩하지만, 수많은 시행착오를 겪으며 실험한 손가락이라고 생각하니 또 다른 느낌이 든다.

갈릴레이의 저서인 《신과학 대학》에는 공기 저항이 없다면 털실 한 가닥과 납 한 조각이 같은 속도로 떨어질 것이라는 그의 생각이 담겨 있다. 1971년 아폴로 15호의 선장으로 달 표면에 착륙한 데이비드 스콧은 달에서 갈릴레이가 생각한 대로 실험해 보았다. 오른손에는 망치를 왼손에는 깃털을 들고 그것들이 동시에 낙하하는 모습을 보여 준 것이다. 이렇게 갈릴레이의 생각은 300년의 세월을 지나 증명되었다.

갈릴레이는 세상이 어떻게 돌아가는지에 대해 책을 쓸 때 라틴어가 아닌 평소 사용하는 이탈리아어를 사용하여 공적도 세웠다. 자칫 싫어지기 쉬운 물리학을 쉽게 살펴볼 수 있는 책은 지금도 필요하다.

제 **5** 장

파동의
특성

5-1

보이기 전에
들을 수 있을까?

파동의 전달 속도, 종파와 횡파, 파면과 파장,
파원과 매질, 자연광과 편광

문 제

천둥 번개가 칠 때는 먼저 번개가 번쩍한 다음 천둥소리가 들린다. 소리와 빛이
전달되는 속도에 차이가 있기 때문이다. 그렇다면 소리와 빛이 전달되는 속도에
는 어떤 성질이 있을까?

번쩍
번쩍

다음 중 소리와 빛이 전달되는 속도에 대한 설명으로 올바른 것은?

① 같은 1광년 거리(빛이 1년 동안 이동하는 거리)에 있는 별이라도
  푸른색 별과 붉은색 별은 지구로부터의 실제 거리가 다르다.

② 온도가 높으면 소리의 전달 속도가 빨라진다.

③ 빛이 전달되는 속도는 공기 중보다 유리에서 더 느리다.

④ 물속에서는 빛보다 소리가 더 빨리 전달된다.

생각을 위한 힌트

음속(소리가 전달되는 속도)은 매질의 종류와 상태(온도·습도·압력 등)에 따라 달라진다.

표 5-1-1 ● **다양한 매질을 통해 전달되는 소리의 속도**

매질의 종류	공기(0℃)	공기(20℃)	물(상온)	철(상온)
음속[m/s]	331	343	1,500	5,950

광속(빛 또는 전파가 전달되는 속도)은 진공 상태에서 약 30만 km/s이지만, 물질을 통과할 때는 진동수(눈에 들어가면 다른 색으로 인식됨)에 따라 속도가 달라질수 있다. 유리 프리즘에 태양광을 입사하면 무지개 색으로 나뉘는 분광도 빛의 진동수에 따라 유리 속으로 전달되는 속도가 달라서 생기는 현상이다.

표 5-1-2 ● **다양한 물질을 이동하는 빛의 속도**

물질의 종류	진공	공기	물	다이아몬드
적색광의 광속[m/s]	3.00×10^8	3.00×10^8	2.25×10^8	1.24×10^8
청색광의 광속[m/s]	3.00×10^8	3.00×10^8	2.23×10^8	1.22×10^8

[정답] ②와 ③

별에서 지구에 도달하는 모든 빛은 진공 상태에서 이동하기 때문에 빛의 진동수와 상관없이 속도가 같다. 붉은색 별과 푸른색 별 둘 다 1광년 거리에 있으면 빛이 1년 동안 나아가는 거리만큼 지구와 떨어져 있으므로 ①은 정답이 아니다.

유리와 물에서는 광속이 느려지지만 음속은 빨라진다. 그래도 광속이 음속보다 훨씬 빨라서 ③은 정답이지만 ④는 틀렸다. 또한 음속은 온도가 올라가면 빨라지므로 ②도 정답이다.

● 파동은 진동의 에너지를 전달한다

특정 장소에서 발생한 진동이 먼 곳에 전달되는 현상을 파동이라고 한다. 파동은 물질이 아니라 진동의 에너지가 전달된다는 특징이 있다. 빛과 소리도 광원과 음원이 진동하는 에너지가 주위에 전달되는 현상으로, 이를 각각 광파와 음파라고 한다.

손으로 책상을 두드렸을 때를 생각해 보자. 책상을 두드리면 책상 표면이 약간 패이면서 주변 공기가 팽창한다. 책상의 탄성에 의해 책상 표면이 잠시 진동하고, 책상 주변의 공기도 팽창하고 압축되는 현상이 반복된다. 책상 주변 공기가 진동하여 책상에서 멀어지며 귀까지 전달되면 고막이 진동해 소리가 들린다. 이때 파동이 발생하는 근원인 책상을 파원이라고 한다.

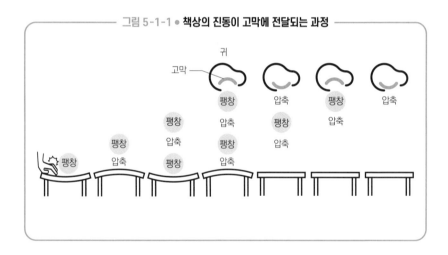

그림 5-1-1 ● **책상의 진동이 고막에 전달되는 과정**

음파는 공기 중뿐만 아니라 액체와 고체에서도 전달된다. 이렇게 진동을 전달하는 물질을 매질이라고 한다. 물결파는 바람 등으로 일어난 진동이 물을 매질로 전달되는 파동이고, 지진파는 암석 파괴로 인한 진동이 암석을 매질로 전달되는 파동이다.

빛은 진공에서도 이동하기 때문에 매질이 필요하지 않다. 이렇듯 공간을 전기적·자기적으로 진동시키면서 전달되는 파동은 전자기파로 알려져 있다.

● 진동이 다음 매질에 전달되는 속도가 파동의 속도를 결정한다

　음원이 공기를 팽창하고 압축하는 과정을 반복하면 이웃한 매질로 그 과정
이 전해진다(그림 5-1-2). 이웃한 매질은 같은 진동수로 진동하지만 시점이 다
르다. 이것을 위상이라고 한다. 위상은 진동이 어느 단계에 있는지를 나타내는
것으로 '이웃한 매질에 진동이 전달될 때 진동의 위상이 어긋난다'라고 한다.

　파동이 3차원에서 같은 속도로 퍼져 나가면 파원에서 같은 거리에 있는 매
질은 같은 위상에서 진동하게 된다. 즉 같은 위상의 진동을 하는 매질이 가지
런히 배열되어 있다. 진동과 위상이 같은 매질이 배열된 위치를 연결한 선 또
는 면을 파면이라고 한다. 매질은 3차원으로 분포하지만 2차원인 파면의 단
면도에서는 선만 그려져 있다. 즉 원래는 3차원 안의 '면'이기 때문에 파면이
라는 이름이 붙었다.

　음원은 반복해서 진동하기 때문에 위상의 파면을 나타내는 선도 여러 개

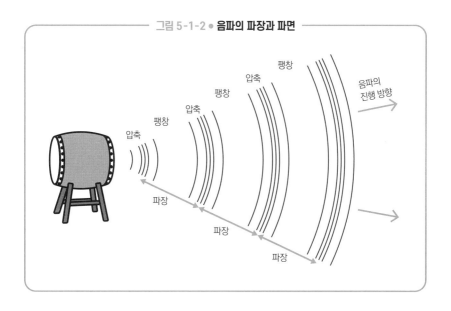

그림 5-1-2 ● 음파의 파장과 파면

존재한다. 이러한 선의 위치에 있는 매질은 모두 같은 위상에서 팽창하고 압축된다. 이런 식으로 같은 위상에 있는 진동 사이의 거리를 파장이라고 한다.

음파의 파면은 공기가 팽창하고 압축하는 위상이 같은 곳을 연결한 선이다. 물결파는 수면의 불룩 올라온 부분(마루)과 아래로 꺼진 부분(골)의 상태가 같은 지점이 파면이다. 예를 들어 수면에 돌을 던졌을 때 마루를 연결한 파면을 그리면 다음과 같다.

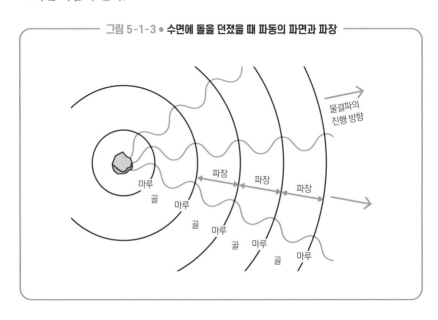
그림 5-1-3 ● 수면에 돌을 던졌을 때 파동의 파면과 파장

 한 번 더 생각하기

● **파동 전달 방식에는 종파와 횡파가 있다**

음파와 같이 매질의 팽창과 압축을 전달하는 파(소밀파)는 파동의 진행 방향과 매질의 진동 방향이 서로 나란하기 때문에 종파라고 한다. 반면 채찍을 휘둘렀을 때 전달되는 진동처럼 파동의 진행 방향과 매질의 진동 방향이 서로 수직이 되는 파동을 횡파라고 한다.

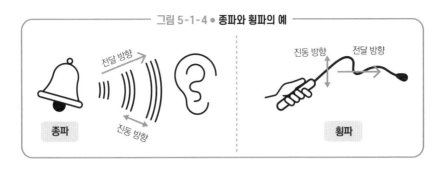

그림 5-1-4 ● 종파와 횡파의 예

종파

전달 방향

진동 방향

횡파

진동 방향   전달 방향

음파와 같은 종파는 공기 밀도에 높낮이가 생기면서 진동이 전해진다. 그렇게 전달되는 공기 분자의 진동은 다음과 같은 그래프로 나타낼 수 있다.

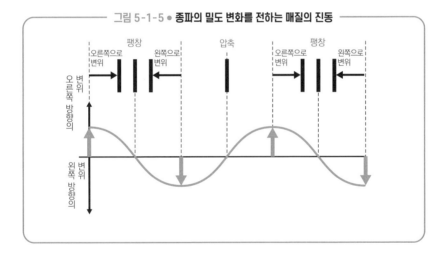

그림 5-1-5 ● 종파의 밀도 변화를 전하는 매질의 진동

오른쪽으로 변위   팽창   왼쪽으로 변위   압축   오른쪽으로 변위   팽창   왼쪽으로 변위

변위 오른쪽 방향의

변위 왼쪽 방향의

● 빛은 변형된 공간에 진동하며 전해지는 횡파다

빛은 광원에서의 전자기 진동으로 주변 공간이 전기적·자기적으로 변형되며 전해지는 전자기파의 일종이다. 인간의 눈이 포착할 수 있는 전자기 진동수 범위의 전자기파를 가시광선(또는 단순히 '빛')이라고 한다. 가시광선 외의 전자기파로는 가시광선보다 진동수가 작은 전파나 적외선, 가시광선보다 진동수가 큰 자외선이나 X선 등이 있다. 전자기파를 전달하는 공간의 전자기 진동은 진행 방향과 수직이므로 전자기파는 횡파에 속한다(6-6 참조).

전파를 방출하는 안테나처럼 전자기 진동이 한 방향으로 한정될 때는 전자기파를 전달하는 공간의 전기적 진동도 그와 같은 방향으로만 일어난다. 이러한 빛을 편광이라고 한다.

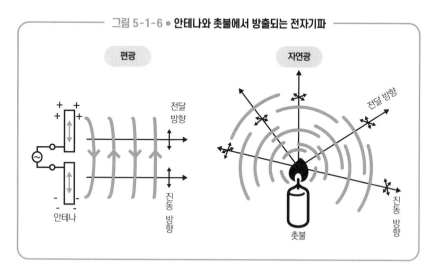

그림 5-1-6 ● 안테나와 촛불에서 방출되는 전자기파

촛불처럼 일반 광원도 다양한 방향으로 전자기 진동을 하기 때문에 빛을 전달하는 공간도 진행 방향과 수직인 평면의 모든 방향으로 진동한다. 이런 종류의 빛을 자연광이라고 한다. 편광 필름을 사용하면 자연광에서 편광을 만들어 낼 수도 있다.

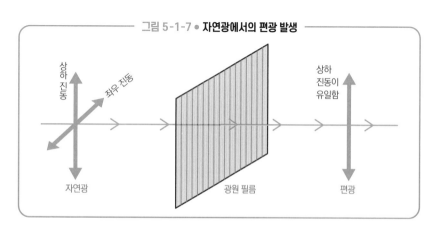

그림 5-1-7 ● 자연광에서의 편광 발생

● 물결파와 지진파는 종파와 횡파의 조합이다

물결파가 전달될 때는 물이 원형이나 타원형으로 각각 회전하여 이동하면서 그 움직임이 전해진다. 즉 종파와 횡파가 결합되어 있다. 참고로 쓰나미는 거의 종파에 가깝다. 바닷물이 거의 수평으로 진동하기 때문에 해안 근처의 물이 한 번 빠져나갔다가 단번에 밀려온다.

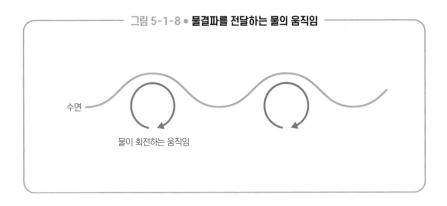

그림 5-1-8 ● **물결파를 전달하는 물의 움직임**

수면

물이 회전하는 움직임

지진에는 P파(처음 전해지는 종파의 흔들림)와 S파(뒤이어 전해지는 횡파의 흔들림)가 있다. 진원지에서 발생한 진동이 지진파로 전달되면 종파와 횡파가 동시에 발생하기 때문이다. 하지만 횡파의 전달 속도가 더 빨라서 도달하는 시간에 차이가 난다.

5-2

원래 소리와 똑같이 들을 수 있을까?

도플러 효과, 파동의 속도, 진동수, 파장

문 제

연주회에서 음악가들이 연주하는 소리를 들을 때, 귓속의 고막은 악기보다 조금 늦게 악기와 같은 진동을 한다.

하지만 구급차가 울리는 사이렌 소리는 구급차가 다가올 때와 멀어질 때 음높이가 다르게 들린다. 즉 울리는 사이렌 소리와 다른 진동수로 고막이 진동하는 것이다.

그림을 보면 인도에 서 있는 A와 구급차를 마주 보고 달리는 자동차 안의 B, 구급차 뒤에서 달리는 자동차 안의 C가 있다. 셋 중 누가 구급차가 울리는 사이렌과 같은 높이의 소리를 들을 수 있을까? B와 C는 구급차와 같은 속도로 달리고 있다고 가정하자.

① A   ② B   ③ C   ④ 셋 다 아니다.

음원이 주변 공기를 팽창·압축하면 그 장소를 중심으로 '팽창·압축한 상태'가 원을 그리며 주변으로 퍼져 나간다. 이 확산 속도가 음속이다. 기온과 음속은 우리의 생활 범위에서 대략 공기 중의 음속 $= 331.5 + 0.6 \times$ 기온$(\degree C)$이다. 따라서 $14\degree C$ 부근의 음속은 약 $340 m/s$다.

달리는 차에서 공을 던지면 공이 날아가는 속도는 앞으로 던지느냐 뒤로 던지느냐에 따라 달라진다. 그러나 소리를 내는 음원이 이동할 때 음파가 퍼지는 속도는 앞뒤로 변함없이 그대로 유지된다. 음원이 공기를 압축·팽창시킨 곳을 중심으로 공기의 진동이 음원의 움직임과 상관없이 골고루 퍼지기 때문이다.

하지만 세 사람이 듣는 소리의 음높이가 항상 같지는 않다. 달리는 구급차의 앞뒤 파면 간격(파장)이 다르기 때문이다. 세 사람이 듣는 소리의 높이는 각자의 고막 진동수에 따라 달라진다. 관찰자의 귀에 속도는 같지만 파장이 다른 음파가 들어오면 파면이 고막을 진동시키는 빈도가 달라지기 때문이다.

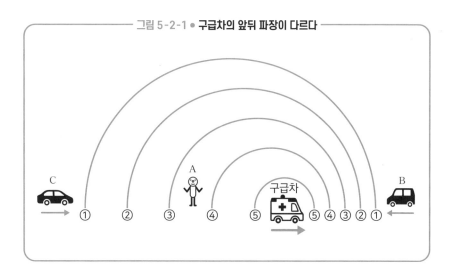

그림 5-2-1 • **구급차의 앞뒤 파장이 다르다**

제 5 장

파동의 특성

또한 관찰자의 움직임도 관계가 있다. 구급차를 향해 움직이고 있으면 파동이 고막을 진동시키는 빈도가 증가하기 때문에 높은 소리가 들려온다.

정답 ③ C

움직이는 음원 앞에서는 파장이 짧아서 음원의 진동보다 높은 소리를 들을 수 있다. 반대로 뒤쪽에 서 있는 A는 구급차가 울리는 소리보다 낮은 소리를 듣는다.

또한 음원에 접근하는 사람들은 고막이 파면을 만나는 빈도가 증가하기 때문에 더 높은 소리를 들을 수 있다. B는 구급차 앞쪽에 있으므로 멈춰 있어도 높은 소리가 들리는데, 구급차 쪽으로 이동하고 있으니 더 높은 소리를 듣게 된다.

하지만 C는 구급차 뒤쪽에 있어서 멈춰 있으면 낮은 소리를 듣지만 구급차 쪽으로 이동하고 있으므로 그보다 높은 소리를 들을 수 있다. 실제로 구급차와 같은 속도로 달리고 있다면 구급차가 울리는 소리와 같은 높이의 소리를 들을 수 있다.

음원의 이동에 의한 파장 변화와 관찰자의 이동으로 소리를 더욱 빨리 (또는 느리게) 듣게 되는 영향이 합쳐지면서 들리는 소리의 진동수와 음원의 진동수가 달라지는 현상이 일어난다. 이러한 현상을 도플러 효과라고 한다.

도플러 효과는 음파뿐 아니라 물결파와 광파에서도 발생한다. SF 영화에서 우주선이 초고속으로 이동하기 시작할 때 다양한 색의 별이 모두 푸른색으로 바뀐다. 별에서 방출되는 광파를 받는 우주선이 별에 매우 빠르게 접근하면서 도달하는 빛의 진동수가 커지기 때문이다.

● 음파의 파장은 음속과 음원의 진동수로 결정된다

정지한 음원이 5Hz로 진동할 때(5Hz는 사람이 들을 수 없다) 음속을 340m/s라고 생각해 보자. 어떤 시각에 음원이 주변의 공기를 압축하면 1초 후에 그 음원은 340m 앞으로 전달된다. 그리고 그 1초 동안 음원은 주변 공기를 5번 압축하기 때문에 340m 사이에 5곳의 압축된 공기가 연속으로 존재한다. 즉 음원의 위치를 중심으로 '압축한 상태'라는 위상을 갖는 원형의 파면이 동심원 모양으로 5개 생기는 것이다.

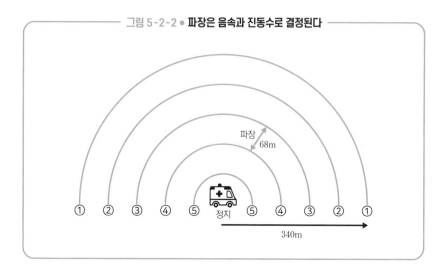

그림 5-2-2 ● **파장은 음속과 진동수로 결정된다**

이웃하는 파면의 간격이 파장이므로 다음 식과 같이 파장 68m의 음파가 확산된다. 이 관계는 음파 이외의 파동에도 성립된다.

$$파장\,(m) = \frac{음속\,(m/s)}{음원의\ 진동수\,(Hz)} = \frac{340m/s}{5Hz} = 68m$$

● **움직이는 음원의 파장은 앞쪽에서는 짧고 뒤쪽에서는 길어진다**

그림 5-2-2에서는 음원이 정지되어 있으므로 모든 파면이 같은 점을 중심으로 원형을 이룬다. 그러나 음원이 이동하면 파면이 생기는 곳이 각각 조금씩 어긋나면서 파면을 나타내는 원의 중심도 이동하게 된다. 다음 그림은 ★로 표시한 위치에서 음원이 1초간 이동할 때 확산되는 ①~⑤의 파면이다.

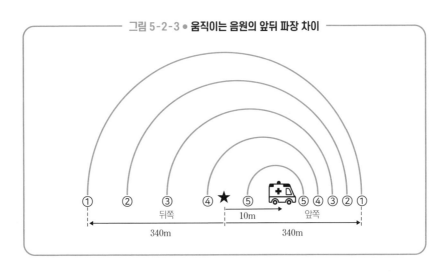

그림 5-2-3 ● **움직이는 음원의 앞뒤 파장 차이**

5Hz의 소리를 내는 음원이 10m/s로 움직이면 음원이 2m 움직일 때마다 파면이 생긴다. 1초당 생성되는 5개 파면은 중심이 2m씩 어긋나기 때문에 음원 앞쪽에서는 파장이 짧아지고 음원 뒤쪽에서는 파장이 길어진다.

$$앞쪽의\ 파장\ (m) = \frac{(음속 - 음원의\ 속도)\ (m/s)}{음원의\ 진동수\ (Hz)} = \frac{340 - 10}{5} = 66m$$

$$뒤쪽의\ 파장\ (m) = \frac{(음속 + 음원의\ 속도)\ (m/s)}{음원의\ 진동수\ (Hz)} = \frac{340 + 10}{5} = 70m$$

● **관찰자가 움직이면 1초에 도달하는 파면의 개수가 변한다**

사람의 고막에 1초당 도달하는 파면의 개수가 듣는 소리의 진동수다. 관찰자가 움직이지 않을 때는 고막에 1초당 도달하는 파면의 개수는 1초간 음파의 이동 거리에 포함된 파면의 개수이므로 음속을 파장으로 나눈 값이 된다. 구급차 뒤쪽에 서 있는 A가 듣는 소리의 진동수는 다음과 같이 구할 수 있으며, 원래 소리보다 낮게 듣고 있음을 알 수 있다.

$$\text{A가 듣는 소리의 진동수 (Hz)} = \frac{\text{음속 (m/s)}}{\text{음원 뒤쪽의 파장 (m)}} = \frac{340}{70} = \text{약 } 4.9\text{Hz}$$

그러나 B처럼 관찰자가 음원 쪽으로 이동하면 고막이 파면을 마중하러 가는 셈이다. 따라서 음원으로 다가가는 거리에 포함된 수만큼 1초당 도달하는 파면의 개수가 늘어난다.

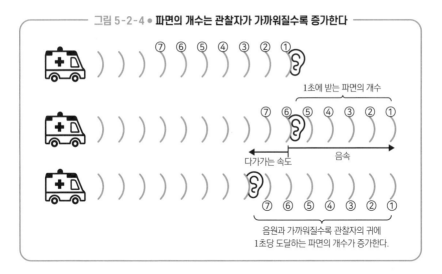

그림 5-2-4 ● **파면의 개수는 관찰자가 가까워질수록 증가한다**

1초에 받는 파면의 개수

다가가는 속도 음속

음원과 가까워질수록 관찰자의 귀에 1초당 도달하는 파면의 개수가 증가한다.

이렇게 해서 B의 귀에는 진동수가 크고 높은 소리가 들린다. 이제 음원인 구급차 앞쪽에서 10m/s로 다가오는 B가 듣는 소리의 진동수를 계산해 보자.

$$\text{B가 듣는 소리의 진동수 (Hz)} = \frac{\text{(음속 + 관찰자가 가까워지는 속도) (m/s)}}{\text{음원 앞쪽의 파장 (m)}}$$

$$= \frac{340 + 10}{66} = \text{약 } 5.3\text{Hz}$$

즉 B는 원래 소리보다 더 높은 소리를 듣고 있다. 마지막으로 음원인 구급차를 뒤쪽에서 10m/s로 쫓고 있는 C가 듣는 소리의 진동수를 계산해 보자.

$$\text{C가 듣는 소리의 진동수 (Hz)} = \frac{(\text{음속} + \text{관찰자가 가까워지는 속도}) \text{(m/s)}}{\text{음원 앞쪽의 파장 (m)}}$$

$$= \frac{340 + 10}{70} = 5\text{Hz}$$

C는 음원인 구급차와 같은 속도로 소리를 듣고 있기 때문에 '관찰자가 접근하는 속도 = 음원의 속도'가 된다. 이때 들리는 소리의 진동수는 음원과 같다.

문자식을 사용한 관계식

음파의 파장 $\lambda \text{ (m)} = \dfrac{V}{f}$

움직이는 음원에서 전파되는 음파의 파장 $\lambda' \text{ (m)} = \dfrac{V \pm v_s}{f}$

움직이는 사람이 듣는 음파의 진동수 $f' \text{ (Hz)} = \dfrac{V \pm v_o}{\lambda} = \dfrac{V \pm v_o}{V \pm v_s} \times f$

음속: $V \text{ (m/s)}$ 음원의 진동수: $f \text{ (Hz)}$

음원의 속도: $v_s \text{ (m/s)}$

(여기서 v_s 앞의 $\pm$는 음원 앞쪽에서 $-$, 뒤쪽에서 $+$)

관찰자의 속도: $v_o \text{ (m/s)}$

(여기서 v_o 앞의 $\pm$는 멀어질 때 $-$, 가까워질 때 $+$)

5-3

고양이는 어디에 숨어 있을까?

파동의 회절·산란·반사,
반사의 법칙과 허상, 하위헌스의 원리

문 제

우리는 간혹 소리는 나는데 모습이 보지 않을 때 당황한다. 예를 들어 그늘에 있는 사람은 보이지 않지만, 그 사람의 목소리는 들을 수 있다. 빛과 소리는 파동으로 전해진다고 알려져 있어서 '광파', '음파'라고 한다. 같은 파동인데 왜 음파는 귀에 도달하지만 광파는 눈에 도달하지 않을까?

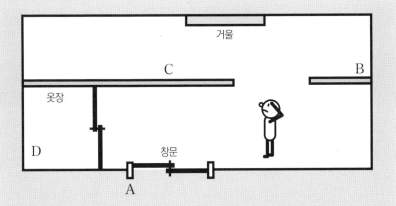

고양이 울음소리가 똑똑히 들리는데 어디에 있는지 찾을 수가 없다. 위 그림에서 고양이는 A~D 중 어디에 있을 가능성이 가장 높을까?

빛과 소리가 전달될 때 눈과 귀로 포착할 수 있다면 진동을 보고 들을 수 있다. 그러나 눈과 귀에 도달하기 전에 장애물이 있으면 그 물체의 표면이 진동을 흡수하고 일부를 다시 방출한다. 방출된 파동은 내부에 투과되거나 외부로 산란 또는 반사된다. 주변에 넓게 방출되는 것이 산란, 전달된 쪽으로 방출되는 것이 반사다.

빛과 소리 에너지 중 일부는 물체에 흡수되기 때문에 투과, 산란, 반사되는 빛이나 소리의 진동은 전달된 진동보다 약하다. 소리가 물체를 투과할 때는 문과 벽의 재질에 따라 흡수 정도가 달라진다. 빛이 투과할 때는 에너지가 흡수되기 어려운 재질일수록 투명해 보인다.

또 다른 중요한 점은 소리와 빛이 전달되는 파장이다. 파장에 비해 작은 틈이나 장애물이 있으면 파동이 산란하거나 장애물 뒤쪽을 도는 회절 현상이 일어난다. 주변 물체의 크기에 비해 상대적으로 파장이 짧은 광파보다 파장이 긴 음파가 산란과 회절을 일으키기 쉽다. 다양한 광파와 음파의 파장은 광속과 음속을 진동수로 나누어 구할 수 있다.

표 5-3-1 ● 광파(전자기파)와 음속의 파장과 물체 크기

파장	0.01 μm	0.4 μm	0.5 μm	0.7 μm	1 mm	3 cm	10 m

r선 X선	자외선	청색광	녹색광	적색광	적외선	마이크로파	전파 (휴대전화 · 방송 · 통신)	전파 (선박통신 · 항공통신)
			가시광선					

파장	1.7cm	17cm	1.7m	17m

초음파		인간의 목소리		초저주파
		인간의 가청음		

대략적인 지름	0.0004μm	10μm	20cm	80cm	15m	100m
물체	공기의 분자	구름의 물방울	인간의 머리	문	건물	산

정답 　 B

A나 D에 있는 고양이의 울음소리는 창문과 옷장 문에 흡수되어 잘 들리지 않지만, B나 C에 있는 고양이의 울음소리는 반사와 회절을 하여 주인의 귀에 닿는다. A와 C에 고양이가 있으면 빛의 투과, 반사에 의해 관찰자의 눈에 띄기 때문에 정답은 B다.

● 파동은 파장에 비해 작은 틈을 통과하면 회절한다

파동이 파장에 비해 작은 틈을 통과하면 그 뒤 파동이 확산되는 회절이라는 현상이 발생한다.

틈새의 폭이 파장보다 훨씬 넓으면 벽 뒤쪽으로 퍼지는 파동을 간섭해 상쇄하는 파동이 나타난다. 즉 틈새가 넓어지면 회절 현상이 눈에 띄지 않는다.

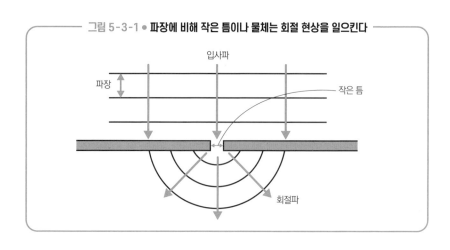

그림 5-3-1 ● **파장에 비해 작은 틈이나 물체는 회절 현상을 일으킨다**

입사파

파장

작은 틈

회절파

가청음의 파장은 집 문틈이나 벽의 넓이와 비슷하다. 관찰자는 회절 현상으로 인해 B나 C에 있는 고양이의 울음소리를 들을 수 있다. 그러나 파장이 짧은 가시광선은 회절하지 않기 때문에 보이지 않는다.

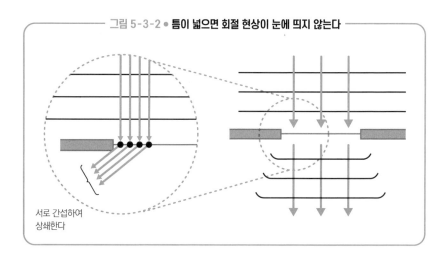

그림 5-3-2 ● **틈이 넓으면 회절 현상이 눈에 띄지 않는다**

서로 간섭하여
상쇄한다

작은 섬에 물결파가 밀려들 때도 섬 양쪽에서 회절하여 돌던 파도가 서로 강하게 부딪쳐 다시 파면을 형성한다.

전자기파 중 하나인 가시광선은 파장이 짧아 우리 주변에서 회절하는 현상

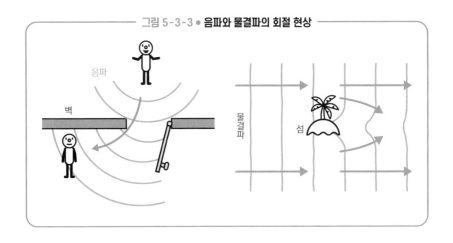

그림 5-3-3 ● 음파와 물결파의 회절 현상

은 볼 수 없다. 그러나 파장이 더 긴 전자기파는 건물이 있어도 회절하여 뒤로 돌아가며, 흔히 전파라고 한다.

 한 번 더 생각하기

● **파장보다 작은 물체에 닿은 파동은 산란된다**

빛이나 소리가 물체에 닿을 때도 회절 현상처럼 파장보다 작은 물체(입자)에서는 사방으로 산란된다. 산란은 입자의 크기에 따라 여러 유형이 있다.

가시광선의 파장보다 매우 작은 공기 분자에 햇빛이 닿으면 파장이 짧은 빛일수록 강하게 산란되는 '레일리 산란'이 일어나, 태양에서 오는 가시광선 중 파란색 쪽이 산란된다. 그래서 하늘이 파랗게 보이고 태양을 올려다보면 노랗게 보이는 것이다. 또한 해가 지기 직전에는 태양에 남아 있는 빨간색 빛만 닿아서 붉은 노을을 볼 수 있다.

하늘의 구름을 구성하는 구름 알갱이의 물방울은 가시광선의 파장보다 약간 크다. 햇빛이 구름 알갱이에 닿으면 빛의 파장과 상관없이 강하게 산란되는 '미 산란'이 일어나고, 산란광에 모든 파장의 가시광선이 포함되기 때문에 구름은 하얗게 보인다.

● 파장보다 큰 물체에 닿은 파동은 반사된다

물체에 부딪힌 파동이 전달된 쪽으로 되돌아 나오는 것을 반사라고 한다. 콘서트홀을 설계할 때는 소리 반사가 중요한데, 여기서는 우리에게 친숙한 빛의 반사를 소개하겠다.

빛의 반사에는 정반사(경면반사)와 난반사가 있다. 난반사된 빛은 다양한 방향으로 되돌아 나오지만 정반사된 빛은 반사의 법칙에 따라 정해진 방향으로 이동한다.

▶ 반사의 법칙 : 입사각 = 반사각

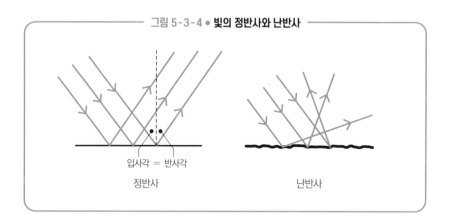

그림 5-3-4 ● 빛의 정반사와 난반사

입사각 = 반사각

정반사   난반사

● 작은 파동의 중첩이 반사파의 이동 경로를 결정한다

정반사에서 빛이 반사의 법칙을 따르는 경우는 물체 표면의 각 점에서 반사되는 빛의 파면을 고려하여 설명할 수 있다.

그림 5-3-5와 같이 물체 표면에 비스듬히 입사하는 입사파의 파면이 A에

도달하고 나서 1초 후에 다른 한쪽이 C에 도달한다는 점을 이용해 반사광의 이동 방향을 생각해 보자.

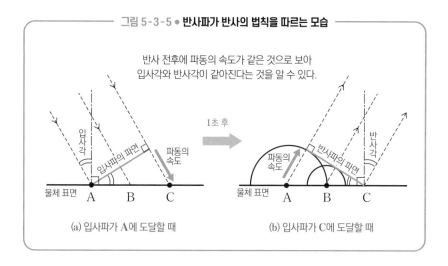

그림 5-3-5 ● **반사파가 반사의 법칙을 따르는 모습**

반사 전후에 파동의 속도가 같은 것으로 보아
입사각과 반사각이 같아진다는 것을 알 수 있다.

입사각

입사파의 파면

파동의 속도

물체 표면 A B C

(a) 입사파가 A에 도달할 때

1초 후

파동의 속도

반사파의 파면

반사각

물체 표면 A B C

(b) 입사파가 C에 도달할 때

A나 B에서 반사된 광파는 입사파가 C에 도달한 시각에 그림 5-3-5(b)와 같은 원이 된다. 이 원들의 공통된 법선이 새로운 광파의 파면이 된다는 주장이 하위헌스의 원리다.

> ▶ **하위헌스의 원리** : 어떤 시각의 파면의 각 점에서 파동이 퍼지고, 그 파동들의 공통된 면이 새로운 시각의 파면이 된다.

그림 5-3-5(a)의 AC에 sin(입사각)을 곱한 값은 입사파의 속도와 같고, 그림 5-3-5(b)의 AC에 sin(반사각)을 곱한 값은 반사파의 속도와 같다. 반사해도 속도가 달라지지 않기 때문에 입사각과 반사각이 같고 반사의 법칙을 따른다는 것을 알 수 있다. 난반사에서는 물체 표면에서 되돌아 나오는 광파의 위상이 제각각이므로 반사파의 파면이 형성되지 않는다. 그래서 반사파는 반사의 법칙을 따르지 않고 모든 방향으로 반사광이 퍼져 나간다.

일반적으로 정반사와 난반사는 동시에 일어나지만, 매질 종류와 표면 상태 등에 따라 둘의 비율이 달라진다.

● 평평한 표면에서 정반사가 일어날 때의 현상

평평한 표면에서 정반사가 일어나면 허상이 보인다. 허상은 빛의 반사나 굴절로 인해 실제로는 빛이 퍼지지 않은 곳에 물체가 있는 것처럼 보이는 현상이다.

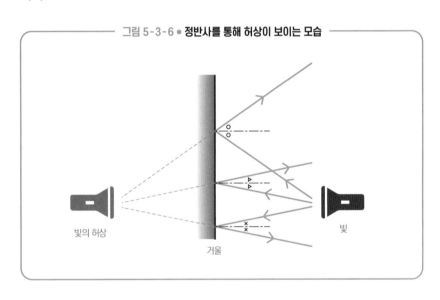

그림 5-3-6 ● 정반사를 통해 허상이 보이는 모습

이런 허상은 특히 정반사에서 볼 수 있다. 평평한 유리 뒷면에 은 등의 금속을 칠해서 만든 거울은 정반사를 일으키는 대표적인 도구다. 수면이나 닦인 바닥 등 표면이 매끄럽다면 거울이 아니어도 정반사를 일으킬 수 있다.

● 물체에 닿은 파동은 흡수되고 되돌아 나온다

단일 진동수의 파동이 전달될 때 음파는 단순음, 광파는 단색광으로 불리지만, 보통은 여러 진동수의 파동이 겹쳐 전달된다. 빛이나 소리가 반사·투과할 때는 물체에 따라 흡수되기 쉬운 진동수가 다르기 때문에, 물체로부터 원래 파동과는 다른 진동수 구성(이를 스펙트럼이라고 한다)의 파동이 나온다. 그래서 물체가 색깔을 띠는 것으로 보이거나 벽을 통과하여 분명하지 않은 소리가 들리는 것이다.

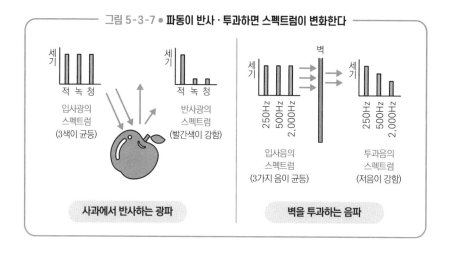

그림 5-3-7 ● **파동이 반사·투과하면 스펙트럼이 변화한다**

사과에서 반사하는 광파

벽을 투과하는 음파

● 산란과 반사에 의해 편광이 생긴다

빛은 진행 방향에 수직인 평면에서 전자기 진동과 함께 전달된다. 이 진동이 한 방향뿐인 빛을 편광이라고 한다(5-1 참조). 편광은 자연광이 산란 또는

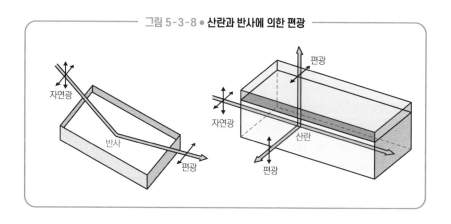

그림 5-3-8 ● **산란과 반사에 의한 편광**

반사할 때도 발생할 수 있다.

낚시할 때 쓰는 편광 안경은 수면에 반사되어 생기는 편광을 차단하는 기능이 있다. 또한 사람은 푸른 하늘의 산란광 속 편광을 인식하지 못하지만, 곤충은 이러한 편광을 이용해 방향을 알아낸다.

문자식을 사용한 관계식

반사의 법칙 $i = r$

입사각: i 반사각: r

5-4

물고기를 잘 잡으려면 어떻게 해야 할까?

굴절의 법칙, 전반사의 임계각과 굴절률,
빛의 분산

문제

음파, 광파 등 파동이 다른 물질의 경계면에 입사할 때 경계면에서 튕겨 나오는
반사와 경계면 건너편에 전달되는 투과가 동시에 일어난다. 파동이 투과하여 이
동할 때는 진행 방향이 변하는 굴절 현상을 볼 수 있다. 이 현상에는 어떤 법칙이
있을까? 물고기 잡기를 예로 들어 보자.

호숫가에서 호수 표면을 들여다보면 앞쪽에 있는 물속의 물고기를 볼 수 있다.
호숫가에서 작살로 물고기를 잡으려고 할 때 어디를 노리면 실제로 물고기가 있
는 곳을 찌를 수 있을까?

① 물고기가 보이는 곳   ② 물고기가 보이는 곳보다 뒤쪽

③ 물고기가 보이는 곳보다 앞쪽

제
5
장

파
동
의
특
성

생각을 위한 힌트

물고기에서 퍼지는 광파의 일부가 우리 눈에 들어와야 물고기를 볼 수 있다. 눈에 들어오는 광선을 따라간 끝에 물고기가 있는 것처럼 보이겠지만, 만약 광선이 수면에서 구부러진다면 실제로 물고기가 있는 곳은 다른 곳이라는 말이 된다. 아래의 광선 그림을 참고하여 생각해 보자.

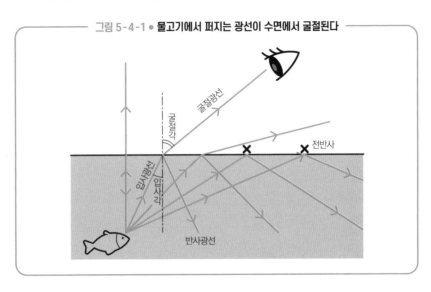

그림 5-4-1 ● 물고기에서 퍼지는 광선이 수면에서 굴절된다

굴절광선
굴절각
입사각
입사광선
전반사
반사광선

정답 ③

물고기에서 퍼지는 광선은 물속에서 공기 중으로 비스듬히 나갈 때 직진하지 않고 수면에 가까워지도록 굴절된다. 따라서 눈에 들어오는 광선을 따라간 곳에는 물고기가 없다. 즉 보이는 곳보다 물고기가 앞쪽에 있으므로 정답은 ③이다.

● **경계면의 앞뒤 광속의 변화에 따라 굴절 정도가 결정된다**

파동이 경계면의 건너편으로 투과할 때 구부러지는 현상을 굴절이라고 한다. 이 현상은 매질에 따라 파동이 전달되는 속도가 달라서 발생한다.

　파동이 경계면에 비스듬히 입사하면 파동 표면의 일부가 먼저 속도가 다른 매질로 들어가고, 그것에 끌려가듯이 진행 방향이 구부러진다. 물고기에서 퍼지는 광선의 경우 공기 중의 광속은 물속의 광속의 3분의 4배이므로, 광선은 그림 5-4-2의 a와 b의 비가 3:4가 되도록 굴절된다.

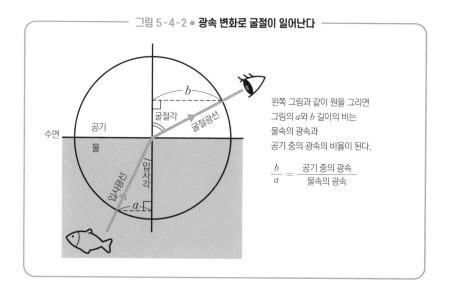

그림 5-4-2 ● 광속 변화로 굴절이 일어난다

왼쪽 그림과 같이 원을 그리면 그림의 a와 b 길이의 비는 물속의 광속과 공기 중의 광속의 비율이 된다.

$$\frac{b}{a} = \frac{\text{공기 중의 광속}}{\text{물속의 광속}}$$

● 음파, 지진파, 수면의 파동도 굴절된다

　광파 외에 음파, 지진파, 수면의 파동도 굴절된다. 하지만 이것들은 파장이 길기 때문에 우리가 평상시에 직접 볼 기회가 거의 없어 낯선 현상으로 느껴진다.

　파도의 파장은 파동의 이동 속도를 진동수로 나눈 것이다. 예를 들어 단단한 바위 위를 이동하는 지진파의 P파 속도는 5~7km/s이고 진동수는 0.2~2Hz다. 따라서 파장은 2.5~35km다. 지진파가 진행되는 경계면이 이보다 충분히 크면 반사, 굴절 등의 현상을 볼 수 있다.

● 굴절의 법칙을 이용해 굴절광의 경로를 계산해 보자

입사각과 굴절각의 관계는 굴절의 법칙이라는 다음 식으로 나타낼 수 있다 (sin은 4-3 참조).

> ▶ 굴절의 법칙: $\dfrac{\sin(굴절각)}{\sin(입사각)} = \dfrac{경계면\ 뒤쪽에서의\ 속도}{경계면\ 바로\ 앞에서의\ 속도}$

굴절의 법칙은 입사각과 굴절각 사이의 직접적인 관계가 아니라 각각의 sin 값 사이의 관계로 이루어진다. 다음은 그림 5-4-2의 a와 b를 삼각비 sin을 이용해 나타낸 공식이다.

$$\frac{b}{a} = \frac{원의\ 반지름 \times \sin(굴절각)}{원의\ 반지름 \times \sin(입사각)} = \frac{\sin(굴절각)}{\sin(입사각)} = \frac{공기\ 중의\ 광속}{물속의\ 광속}$$

빛이 물속에서 공기 중으로 이동할 때를 계산해 보자. 물속의 광속은 공기 중의 4분의 3배이므로 다음과 같다.

$$\frac{\sin(굴절각)}{\sin(입사각)} = \frac{공기\ 중의\ 속도}{물속의\ 속도} = \frac{공기\ 중의\ 속도}{공기\ 중의\ 속도 \times \dfrac{3}{4}} = \frac{4}{3}$$

이를 통해 다음과 같은 관계가 성립된다는 것을 알 수 있다.

$$\sin(굴절각) = \frac{4}{3} \times \sin(입사각) \qquad (1)$$

예를 들어 입사각이 $30°$이면 $\sin 30° = 0.5$이므로 굴절각은 $\sin$(굴절각)$= 0.67$이 되는 각도, 즉 약 $42°$이다.

덧붙여서 그림 5-4-1의 입사각이 큰 곳에서는 공기 중에 굴절광이 나타나지 않는 전반사가 발생한다. 전반사가 일어나는 가장 작은 각도를 전반사의 임계각이라고 한다. 입사각이 '임계각'일 때 굴절각은 $90°$이다. 식(1)의 굴절각에 $90°$를 대입하면, $\sin(90°)=1$이므로 임계각을 구할 수 있다.

$$\sin(\text{전반사의 임계각}) = \frac{3}{4} = 0.75$$

sin의 값이 0.75가 되는 각도를 계산하면 약 $49°$임을 알 수 있다. 이보다 큰 각도에서 입사한 빛은 전반사를 일으켜 공기 중에 굴절광이 진행되지 않는다.

● 작은 파동의 중첩이 굴절파의 이동 경로를 결정한다

경계면에서 앞으로 진행하는 파동은 왜 굴절의 법칙을 따르는 방향으로 나아갈까? 반사의 법칙과 마찬가지로 하위헌스의 원리를 적용하여 경계면의 각 점에서 퍼지는 굴절파의 위상을 생각하면 이해할 수 있다.

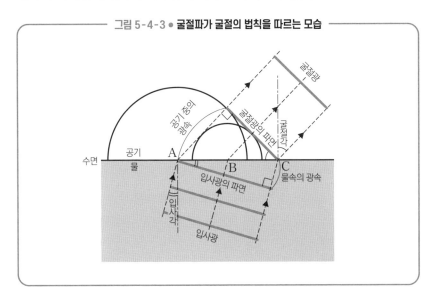

그림 5-4-3 ● 굴절파가 굴절의 법칙을 따르는 모습

입사광 파면의 한쪽이 수면 A에 도달하고 나서 1초 뒤에 다른 한쪽이 C에 도달했다면 물속과 공기 중의 광속 차이로 인해 굴절광의 파면이 그림 5-4-3과 같이 된다. 그림에서 A와 C 사이의 거리에 $\sin(\text{입사각})$을 곱한 값이 물속

의 광속과 같고, 또 A에서 C 사이의 거리에 sin(굴절각)을 곱한 값은 공기 중
의 광속과 같다. 그러므로 굴절의 법칙에 따라서 굴절광이 진행되는 것이다.

● 굴절률로 매질의 특성을 나타낸다

경계면 전후 매질의 조합에 따라 굴절의 정도가 달라지며, 이러한 조합을
나타내는 값을 상대굴절률이라고 한다.

$$\text{상대굴절률} = \frac{\text{눈앞의 매질에서의 속도}}{\text{건너편의 매질에서의 속도}}$$

광파의 경우 진공이라는 기준이 있기 때문에 진공에서 각 매질에 빛이 이
동할 때의 상대굴절률을 그 매질의 절대굴절률이라고 한다.

$$\text{매질의 절대굴절률} = \frac{\text{진공 상태에서의 광속}}{\text{매질에서의 광속}}$$

● 진동수에 따른 굴절률 차이가 빛의 분산을 일으킨다

태양광이 유리 프리즘에 입사하면 무지개 색으로 나타나는데, 이것은 유리
의 절대굴절률이 진동수에 따라 조금씩 달라지는 현상으로 분산이라고 한다.
다양한 진동수의 빛이 포함된 태양광이 유리에 입사하면 각각의 빛은 다른

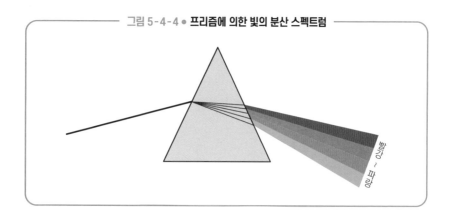

그림 5-4-4 ● 프리즘에 의한 빛의 분산 스펙트럼

각도로 굴절된다.

유리보다 절대굴절률이 큰 다이아몬드에서는 더욱 선명한 분산을 볼 수 있으며, 그것이 다이아몬드라는 보석의 가치를 높이고 있다.

문자식을 사용한 관계식

굴절의 법칙 $\dfrac{\sin r}{\sin i} = \dfrac{v_2}{v_1}$

상대굴절률 $n_{12} = \dfrac{v_1}{v_2}$

전반사의 임계각 i_0 와 상대굴절률 n_{12} 의 관계 $\sin i_0 = n_{12}$

광파에 대한 매질의 절대굴절률 $n = \dfrac{c}{v}$

입사각: i 굴절각: r 진공 상태에서의 광속: c (m/s)

매질 안에서 파동이 전달되는 속도: v_1 (m/s), v_2 (m/s), v (m/s)

(경계면 바로 앞의 매질을 1, 건너편의 매질을 2로 나타낸다)

5-5

노안과 원시의 차이는 무엇일까?

볼록렌즈, 오목렌즈,
초점거리, 실상, 허상

문 제

중년이 지나면 가까이 있는 물체가 잘 보이지 않는 노안 상태가 되어 책을 읽을 때 돋보기가 필요하다. 그렇다면 '근시'나 '원시'인 사람은 물체가 어떻게 보일까?

다음 중 노안이 되면 받는 영향을 올바르게 설명한 것은?

- -

① 근시인 사람은 지금까지 보지 못했던 먼 물체를 볼 수 있다.

② 원시인 사람은 지금까지 보지 못했던 가까이 있는 물체를 볼 수 있다.

③ 원시인 사람보다 근시인 사람이 영향을 적게 받는다.

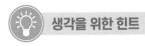

물체의 한 지점에서 퍼진 빛의 일부가 안구 속에 들어가 다시 모이면 망막에 빛의 한 점이 생긴다. 시각세포가 이것을 받아서 뇌로 보내면 점이 보이게된다. 점이 모여 선이 되고 물체의 모양이 망막에 투영되면 우리는 물체를 볼수 있다.

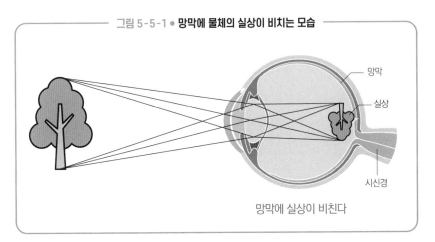

그림 5-5-1 ● **망막에 물체의 실상이 비치는 모습**

망막에 실상이 비친다

이때 망막에 비치는 빛의 점들의 집합을 실상^{real image}이라고 한다. 이렇게 한 점에서 퍼진 빛을 굴절시켜서 다시 한 점으로 모으는 작용을 하는 것을 볼록렌즈라고 한다. 즉 안구는 볼록렌즈의 기능을 하는 셈이다.

안구의 좋은 점은 볼록렌즈의 기능을 조절하여 가까이 또는 멀리 볼 수 있다는 것이다. 근시나 원시가 되면 볼록렌즈의 기능과 안구의 깊이를 잘 맞출수 없어 멀리 또는 가까운 물체의 실상을 망막에 비출 수 없다.

우리 눈(안구)은 볼록렌즈의 기능을 조정하여 더 가까이, 더 멀리 볼 수 있는 놀라운 능력을 갖고 있다. 그러나 근시나 원시가 되면 볼록렌즈의 세기와 안구의 깊이가 잘 맞지 않고, 먼 곳이나 가까운 곳에 있는 물체의 실상을 망막에 투사할 수 없게 된다.

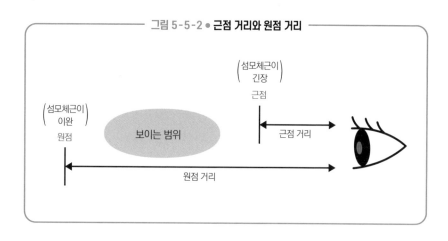

그림 5-5-2 ● 근점 거리와 원점 거리

$\begin{pmatrix} 섬모체근이 \\ 긴장 \end{pmatrix}$

근점

섬모체근이\
이완

원점

보이는 범위

근점 거리

원점 거리

섬모체근(그림 5-5-3)을 긴장시켜 수정체를 두껍게 하면 굴절력이 높아져 가까이 있는 물체로부터 퍼지는 빛을 망막에 모을 수 있다. 가장 두껍게 했을 때 보이는 위치(근점)까지의 거리를 근점 거리라고 한다. 반대로 섬모체근을 이완시켜 수정체가 얇아지면 굴절력이 약해져 멀리서 오는 빛이 망막에 모이게 된다.

굴절력이 가장 약할 때 보이는 곳(원점)까지의 거리가 원점 거리다. 원점과 근점 사이의 영역이 우리 눈으로 볼 수 있는 범위이며, '정시'(근시도 원시도 아닌 상태)인 젊은 사람이라면 무한원~10cm 정도다.

성장과 노화 과정에 따라 원점과 근점이 변화하며 근시, 원시, 노안 등의 증상이 나타난다.

정답 ③

원점 거리와 근점 거리가 짧아지는 것이 근시이고 길어지는 것이 원시다. 반면 노안이 되면 원점 거리는 변하지 않지만 근점 거리가 길어진다. 따라서 노안이 되면 보이는 범위가 좁아지므로 ①과 ②는 정답이 아니다.

근시인 사람의 원점은 생활 범위에 있기 때문에 노안이 되어도 어딘가에 보이는 지점이 남아 있지만, 원시인 사람은 무한원조차 보지 못하게 될 수 있다. 따라서 정답은 ③이다.

● 광선은 안구 표면에서 가장 크게 굴절한다

안구 표면에는 돔 형태로 돌출된 각막이 있으며, 그 뒤의 액체 속에 수정체가 있다. 각막에서 수정체까지의 구조가 볼록렌즈 기능을 한다. 안구에 들어간 광선은 여러 경계면에서 굴절하면서 망막에 도달한다. 광선이 경계면을 이동할 때 물질 굴절률의 변화(즉 빛이 이동하는 속도 변화량)가 클수록 크게 굴절한다.

───── 표 5-5-1 ● 광선이 망막에 이를 때까지 각 부분의 굴절률 ─────

물질	공기	각막	안방수	수정체	유리체	망막
굴절률	1.00	1.38	1.34	1.41	1.34	흡수

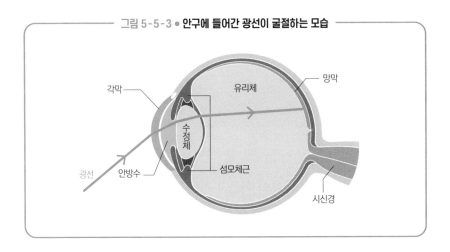

───── 그림 5-5-3 ● 안구에 들어간 광선이 굴절하는 모습 ─────

표 5-5-1에서 알 수 있듯 광선이 공기 중에서 망막까지 도달할 때 공기 중에서 각막으로 이동하는 경계면에서 가장 크게 굴절한다.

참고로 맨눈으로 물에 들어갔을 때 주위를 똑똑히 볼 수 없는 것은 물의 굴절률이 1.33이기 때문이다. 물에서 각막으로 진행하는 빛이 거의 굴절하지 않아서 원시와 같은 상태가 된다. 물안경을 쓰고 공기에서 각막으로 이동하는 경계면을 만들면 주위를 잘 볼 수 있다.

● 볼록렌즈의 기능은 초점거리에 따라 결정된다

볼록렌즈 표면의 곡선에 따라 빛을 모으는 기능이 달라진다. 같은 지름의 렌즈라면 중심이 크게 팽창할수록 급격히 빛을 구부릴 수 있다. 초점거리는 이 기능을 수치로 나타낸 것이다. 볼록렌즈의 초점거리는 '평행한 광선을 한 점에 모으려면 얼마나 떨어져 있어야 하는가?'에 대한 값이다.

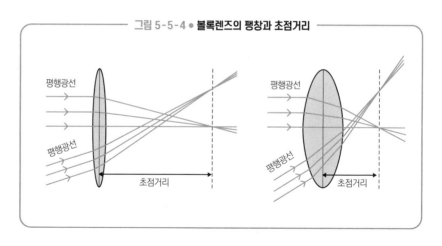

그림 5-5-4 ● 볼록렌즈의 팽창과 초점거리

이때 보고 있는 물체에서 퍼지는 광선의 확산 방법이 중요하다. 물체와의 거리가 가까울수록 빛은 급격히 확산되고 멀수록 평행에 가까워진다. 먼 풍경에서 오는 빛은 평행한 광선, 즉 평행광선이라고 생각해도 무방하다.

평행광선을 한 점으로 모으는 데 필요한 거리가 초점거리이기 때문에 근처에 있는 물체에서 퍼지는 빛을 한 점으로 모아 실상을 만들려면 더 긴 거리가 필요하다.

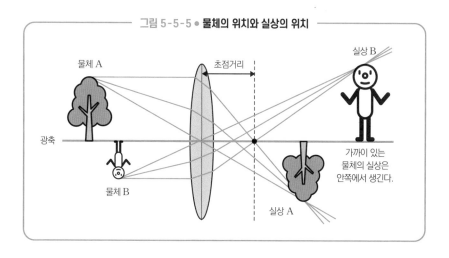

그림 5-5-5 ● **물체의 위치와 실상의 위치**

실상 B

물체 A

초점거리

광축

물체 B

가까이 있는
물체의 실상은
안쪽에서 생긴다.

실상 A

카메라는 렌즈와 촬영 대상의 거리를 바꿔 뚜렷한 실상을 포착하지만, 안구는 렌즈의 초점거리를 바꿈으로써 보고 있는 물체의 실상이 망막에 정확히 맺히도록 조절한다.

● 안구 렌즈의 초점거리가 깊이에 비해 짧으면 근시가 된다

섬모체근이 이완되어 있을 때를 비교해 보자. 정시라면 무한원에서 오는 평행한 빛이 망막에 모이기 때문에 안구의 깊이(약 2.4cm)가 곧 렌즈의 초점거리다.

근시라면 무한원에서 오는 빛이 망막보다 앞으로 모여든다. 렌즈의 초점거리가 안구 깊이보다 지나치게 짧기 때문이다. 반대로 원시라면 렌즈의 굴절력이 너무 약하기 때문에 무한원에서 오는 평행한 빛을 망막에 모을 때조차도 섬모체근을 긴장시켜야 한다.

나이가 들면 수정체의 탄력이 없어져서 두께를 바꾸기 어려워진다. 그러면 그림 5-5-2의 근점 거리가 길어져 근처가 잘 보이지 않게 된다. 근시라면 원점 거리가 짧기 때문에 근점과 원점 사이만 좁혀질 뿐, 그 범위에 속한다면 볼 수 있다. 그러나 원시라면 근점이 매우 멀어질 수 있기 때문에 보정하기도 어려우므로 영향이 크다.

● **멀리 있는 물체는 작게 보인다**

볼록렌즈에서 물체까지의 거리와 볼록렌즈에서 실상까지의 거리, 볼록렌즈의
초점거리는 다음과 같이 렌즈의 식으로 나타낼 수 있다.

$$\frac{1}{물체까지의\ 거리} + \frac{1}{실상까지의\ 거리} = \frac{1}{초점거리} \qquad (1)$$

다음 그림과 같이 광축(렌즈의 중심을 지나 렌즈 표면에 수직인 선) 위에서 렌즈로부터
초점거리만큼 떨어진 장소가 '렌즈의 초점'이다. 광축에 평행한 광선이 렌즈를 통
과해 초점에 모이는 것, 렌즈의 중심을 지나는 광선이 직진하는 것을 바탕으로 그
림 5-5-6과 같이 그리면 삼각형의 유사성을 통해 식(1)의 관계를 얻을 수 있다.

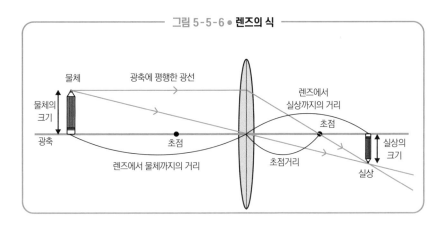

그림 5-5-6 ● 렌즈의 식

광선은 렌즈에 들어갈 때와 나올 때 2번 굴절한다. 이 그림에서는 이를 생략하
고 광선이 1번만 굴절하는 것으로 표현했다.

원점 거리가 200cm, 근점 거리가 10cm인 근시 안구를 예로 들어 보자. 근

시는 종종 '안구의 깊이가 너무 길어서'(물론 렌즈의 굴절력이 너무 강해서일 수도 있다) 생긴다. 이 안구의 렌즈에서 망막까지의 거리가 평균보다 긴 2.5cm였다고 가정하고 안구가 초점거리를 얼마나 조절하는지 계산해 보자. 그러면 원점 거리를 볼 때는 2.47cm, 근점 거리를 볼 때는 2cm임을 알 수 있다.

원점을 볼 때: $\dfrac{1}{\text{초점거리 (cm)}} = \dfrac{1}{200\text{cm}} + \dfrac{1}{2.5\text{cm}} = \dfrac{1}{2.47\text{cm}}$

근점을 볼 때: $\dfrac{1}{\text{초점거리 (cm)}} = \dfrac{1}{10\text{cm}} + \dfrac{1}{2.5\text{cm}} = \dfrac{1}{2.00\text{cm}}$

참고로 근시인지 알아볼 때 $-\dfrac{1}{\text{초점거리 (cm)}}$ 이라는 값을 사용한다. 안구의 원점 거리가 2m라면 -0.5인 근시에 해당한다.

볼록렌즈에 의해 생기는 실상의 크기는 삼각형의 유사성에 따라 다음과 같다.

실상의 크기 = 물체의 크기 × $\dfrac{\text{실상까지의 거리}}{\text{물체까지의 거리}}$ (2)

40cm 높이의 꽃병을 20cm와 200cm 거리에서 볼 때 망막에 비치는 실상의 크기를 식(1)과 식(2)를 사용해 비교해 보자.

(20cm에 있을 때) 실상의 크기 $= 40\text{cm} \times \dfrac{2.5}{20} = 5\text{cm}$

(200cm에 있을 때) 실상의 크기 $= 40\text{cm} \times \dfrac{2.5}{200} = 0.5\text{cm}$

보고 있는 물체까지의 거리가 10배 증가하면 망막에 있는 실상의 크기는 10분의 1이 된다. 이것이 멀리 있는 것이 작아 보이는 이유다. 이를 바탕으로 투시도법(원근법)이라는 회화 기법이 발달했다.

● 허상이 생기면 아무것도 없는 곳에서 빛이 나오는 것처럼 보인다

근시인 사람은 오목렌즈 안경을 쓴다. 그리고 멀리 있는 것이 자신의 원점보다 가까이 와야 보인다. 실제로 가까이 오진 못하더라도 그렇게 빛이 퍼지면 볼 수 있다. 오목렌즈는 빛을 확산시키기 때문에 멀리 있는 지점에서 오는 빛을 가까운 지점에서 퍼진 것 같은 빛으로 바꾼다. 이때 오목렌즈를 통해 퍼져 나가는 광선을 따라간 곳에서 보이는 것이 허상 virtual image이다. 허상은 실제 물체보다 가까이 생기므로 근시인 사람도 멀리 있는 물체를 볼 수 있게 된다.

무한원에서 온 평행광선은 오목렌즈를 통과하면 확산된다. 이때 오목렌즈의 초점은 확산된 광선의 근원을 거슬러 간 지점에 있다.

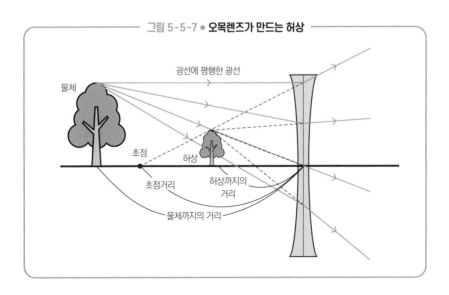

그림 5-5-7 ● 오목렌즈가 만드는 허상

광축에 평행한 광선이 렌즈를 통과하면 초점에서 퍼진 것처럼 휘어진다. 렌즈 중심을 지나는 광선이 직진하는 것을 바탕으로 그림을 그려 보면 삼각형의 유사성에서 식(3)이 도출된다.

$$\frac{1}{물체까지의\ 거리} - \frac{1}{허상까지의\ 거리} = -\frac{1}{오목렌즈의\ 초점거리} \qquad (3)$$

이처럼 근시인 사람은 눈앞에 오목렌즈를 놓고 굴절시켜서 멀리서 온 광선이 자신의 원점보다 가까이에서 퍼지도록 하는 셈이다. 반대로 원시인 사람은 볼록렌즈를 이용해 빛을 모아 굴절시켜 광선이 정확히 망막에 모이도록 한다.

● 돋보기로는 볼록렌즈가 만드는 허상을 보고 있다

돋보기로 물체를 확대해서 볼 때도 우리는 물체의 허상을 보고 있다. 물체를 볼록렌즈의 초점보다 렌즈와 가까운 곳에 두면 물체보다 더 멀리 볼록렌즈가 만드는 허상을 볼 수 있다.

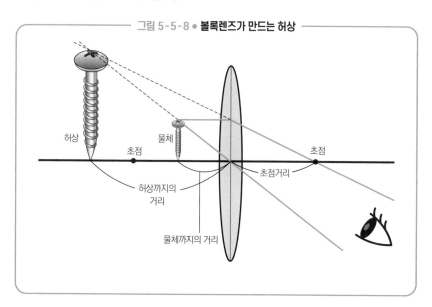

그림 5-5-8 ● 볼록렌즈가 만드는 허상

이때 물체와 렌즈의 거리, 허상과 렌즈의 거리, 볼록렌즈의 초점거리는 다음과 같은 관계를 이룬다.

$$\frac{1}{물체까지의\ 거리} - \frac{1}{허상까지의\ 거리} = \frac{1}{볼록렌즈의\ 초점거리} \qquad (4)$$

물체를 눈 가까이에 두면 확대해서 볼 수 있지만 근점보다 가까이에 두면 흐릿하게 보인다. 따라서 돋보기를 사용해 너무 가까운 곳에 둔 물체의 허상을 근점보다 더 멀어지도록 하여 크고 또렷하게 보이게 한다.

실상이 망막에 비쳐도 크기가 작으면 물체를 식별할 수 없다. 따라서 물체에 접근하거나 돋보기를 사용해 더 큰 상을 망막에 비춰야 한다.

문자식을 사용한 관계식

볼록렌즈가 실상을 만들 때 성립하는 식 $\quad \dfrac{1}{a} + \dfrac{1}{b} = \dfrac{1}{f}$

볼록렌즈가 허상을 만들 때 성립하는 식 $\quad \dfrac{1}{a} - \dfrac{1}{b} = \dfrac{1}{f}$

오목렌즈가 허상을 만들 때 성립하는 식 $\quad \dfrac{1}{a} - \dfrac{1}{b} = -\dfrac{1}{f}$

상의 크기 $\quad L' = L \times \dfrac{b}{a}$

렌즈에서 물체까지의 거리: a 렌즈에서 상까지의 거리: b

렌즈의 초점거리: f 물체의 크기: L

5-6

귓구멍은
얼마나 깊을까?

정상파, 진행파, 고유 진동수, 공명,
자유단 반사·고정단 반사

문제

공기가 심하게 진동하면 큰 소리가 난다. 악기가 큰 소리를 낼 수 있는 것은 작은
소리를 내부에서 여러 번 반사해 공명을 일으켜 큰 진동을 일으키기 때문이다.
여기서는 소리를 공명시키는 효과를 가진 귀의 구조에 대해 생각해 보자.

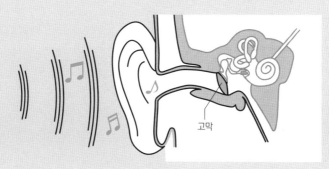

고막

진동수가 큰 소리는 우리 귀에 높은 소리로 들린다. 인간의 귀는 진동수가
3,000Hz 부근인 소리에 감도가 높아지는데, 그 이유 중 하나는 귀의 구조다. 귓
구멍 입구에서 고막까지의 거리는 이 부근 높이의 소리가 공명하기 쉬운 길이로
되어 있다. 그 거리는 몇 cm 정도일까?

① 2cm   ② 3cm   ③ 4cm   ④ 5cm

귀는 한쪽이 닫힌 구조로, 귓구멍은 열려 있지만 안쪽의 고막으로 닫혀 있다. 이러한 관에서는 관 길이의 4배 파장인 소리가 가장 잘 공명한다. 음속(약 340m/s)을 진동수로 나눈 값이 음파의 파장이므로 귓구멍의 깊이를 어림잡아 보자.

정답　②

한쪽이 닫힌 관을 폐관이라고 한다. 음속이 340m/s라면 3,000Hz 소리의 파장은 약 11.3cm다. 폐관은 관 길이보다 약 4배 긴 파장을 갖는 소리와 공명하므로 귓구멍 입구에서 고막까지의 거리는 4분의 1인 약 2.8cm가 된다. 따라서 정답은 ②의 3cm다.

● 공명하는 음파의 파장은 관 길이에 따라 결정된다

폐관의 닫힌 곳에 있는 공기는 진동할 수 없다. 반면 열린 곳(개구단)에서는 공기가 자유롭게 진동할 수 있다. 관에 전달된 음파가 안에서 반사를 반복하면 원래 음파와 1회 반사된 음파, 2회 반사된 음파, 3회 반사된 음파, 이런 식으로 진동이 겹쳐진다. 반복해서 반사되면 대부분의 음파는 반사할 때마다 위상이 어긋나고, 합쳐지면 상쇄해서 사라진다.

반사파(반사된 파동)가 원래 파동과 같은 위상의 진동을 일으킬 때, 그것들이 합쳐지면 큰 진동이 발생한다. 이 현상을 공명이라고 한다. 진동이 작은 음파라도 가둬 놓고 여러 번 반사해 공명시키면 큰 소리를 낼 수 있다. 종파인 음파를 전달하는 공기는 진동에 의해 팽창·압축된다. 공기 밀도는 닫힌 곳에서는 급격히 바뀌지만 열린 곳에서는 바뀌지 않는다. 음파가 좌우 방향으로 전달되면 공기도 좌우 방향으로 진동한다. 여기서는 이러한 진동을 그래프의 마루(오른쪽 방향의 변위)와 골(왼쪽 방향의 변위)로 나타냈다(그림 5-1-5 참조).

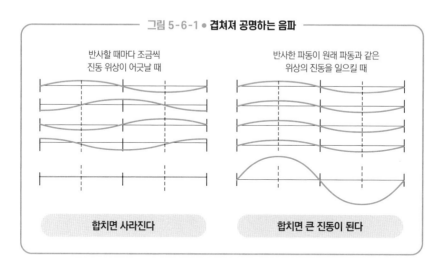

그림 5-6-1 ● 겹쳐져 공명하는 음파

반사할 때마다 조금씩
진동 위상이 어긋날 때

반사한 파동이 원래 파동과 같은
위상의 진동을 일으킬 때

합치면 사라진다

합치면 큰 진동이 된다

폐관에서 공명하는 음파는 닫힌 곳에 도달한 파형의 진동이 0일 때, 열린 곳에 진동의 마루 또는 골이 오는 파장의 음파다. 따라서 관 길이의 4배 파장의 음파가 공명한다.

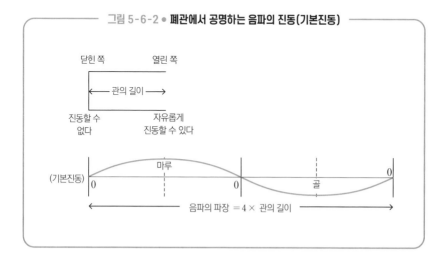

그림 5-6-2 ● 폐관에서 공명하는 음파의 진동(기본진동)

닫힌 쪽   열린 쪽

← 관의 길이 →

진동할 수
없다

자유롭게
진동할 수 있다

마루

(기본진동) 0   0   골   0

음파의 파장 = 4 × 관의 길이

알아챘을 수도 있지만, 그림 5-6-2의 음파 말고도 공명하는 음파가 더 있다. 바로 '닫힌 곳의 진동이 0일 때 열린 곳은 마루 또는 골'이라는 조건을 충족하는 음파다.

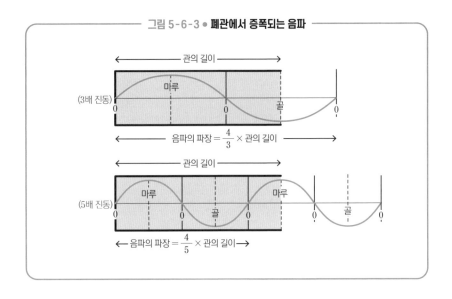

그림 5-6-3 ● 폐관에서 증폭되는 음파

이렇듯 폐관에서 증폭되는 음파의 파장은 관 길이의 4배(기본진동), 3분의 4배(3배 진동), 5분의 4배(5배 진동) 등 다양하다. 이러한 음파의 진동수는 관의 길이로 결정되기 때문에 고유 진동수라고 한다. 예를 들어 관의 길이가 17cm이고 음속이 340m/s일 때, 폐관의 고유 진동수를 계산하면 다음 표와 같다.

표 5-6-1 ● 폐관의 고유 진동수

	파장	고유 진동수	고유 진동수의 비	관의 길이가 17cm인 폐관의 고유 진동수
기본진동	$4 \times$ 관의 길이	$\dfrac{음속}{4 \times 관의\ 길이}$	1	500Hz
3배 진동	$\dfrac{4}{3} \times$ 관의 길이	$\dfrac{음속}{\dfrac{4}{3} \times 관의\ 길이}$	3	1,500Hz
5배 진동	$\dfrac{4}{5} \times$ 관의 길이	$\dfrac{음속}{\dfrac{4}{5} \times 관의\ 길이}$	5	2,500Hz

관에서는 여러 진동수의 소리가 동시에 공명하는데, 그것들을 합치면 기본 진동의 고유 진동수를 가진 음계의 소리로 들린다(4-5 참조).

● **양쪽 끝이 열린 관이나 양쪽 끝을 고정한 현의 진동으로도 증폭이 발생한다**

지금까지 폐관에 대해 설명했지만, 양쪽 끝이 열린 관(개관)도 마찬가지로 음파를 증폭시킬 수 있다. 양쪽이 열려 있으므로 양쪽 끝에 마루나 골이 동시에 오는 음파가 공명한다.

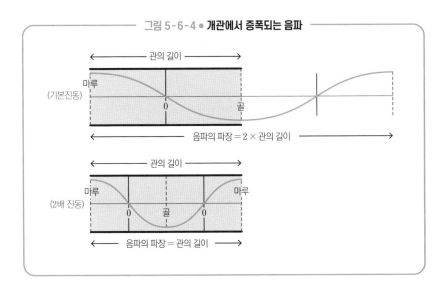

그림 5-6-4 ● **개관에서 증폭되는 음파**

관악기는 관의 길이를 조절해 고유 진동수를 바꾸고, 불어넣은 진동 중에서 관의 고유 진동수와 일치되는 것만 공명시킨다. 리코더를 불 때 '삐!' 하고 고음이 나오는 것은 리코더에 불어넣은 호흡에 기본진동 음파가 없어 고음의 음파가 크게 공명하는 현상이다.

현악기라면 현을 울렸을 때 전달되는 파동을 공명시켜 소리를 낸다. 현의 양쪽 끝이 고정되어 있으므로(고정단이라고 한다), 한쪽 끝의 진동이 0일 때 다른 쪽 끝의 진동도 0이 되는 파장의 파동만 증폭된다.

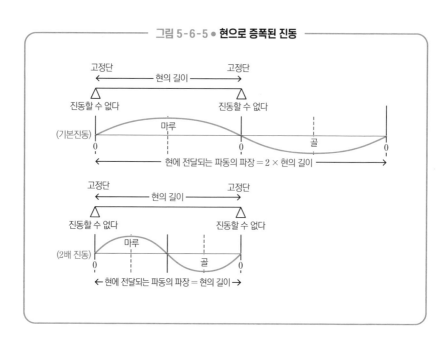

그림 5-6-5 ● 현으로 증폭된 진동

현의 고유 진동수는 현에 전달되는 파동의 속도를 파장으로 나눈 값이다. 현에 전달되는 파동의 속도는 현의 굵기와 당기는 정도에 따라 달라진다. 기타 줄은 각각 굵기가 달라서 당기는 정도를 바꾸어 조율하고, 연주할 때는 손가락으로 눌러 줄 길이를 바꿔 가며 음계를 만든다.

표 5-6-2 ● 개관과 현의 고유 진동수

	개관의 진동		현의 진동		진동수의 비
	파장	고유 진동수	파장	고유 진동수	
기본진동	$2 \times$ 관의 길이	$\dfrac{\text{음속}}{2 \times \text{관의 길이}}$	$2 \times$ 현의 길이	$\dfrac{\text{파동의 속도}}{2 \times \text{현의 길이}}$	1
2배 진동	$1 \times$ 관의 길이	$\dfrac{\text{음속}}{1 \times \text{관의 길이}}$	$1 \times$ 현의 길이	$\dfrac{\text{파동의 속도}}{1 \times \text{현의 길이}}$	2
3배 진동	$\dfrac{2}{3} \times$ 관의 길이	$\dfrac{\text{음속}}{\dfrac{2}{3} \times \text{관의 길이}}$	$\dfrac{2}{3} \times$ 현의 길이	$\dfrac{\text{파동의 속도}}{\dfrac{2}{3} \times \text{현의 길이}}$	3

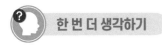

● 정상파는 진행파의 반사로 발생한다

관이나 현을 타고 전달되는 파동은 파형이 이동하기 때문에 진행파라고 한다. 반면 진행파가 겹치면서 발생하는 큰 진동은 진동하지 않는 곳과 크게 진동하는 곳이 정해져 있어 이동하지 않기 때문에 정상파라고 한다.

앞서 관이나 현에서 공명이 일어날 때 반사파가 원래 파동과 같은 위상의 진동을 일으킨다고 설명했는데, 관과 현 끝에서 반사가 어떻게 일어나는지 알면 그 이유를 이해할 수 있다.

현의 양쪽 끝이나 관의 닫힌 곳처럼 진동할 수 없는 끝부분을 고정단, 관의 열린 곳처럼 자유롭게 진동할 수 있는 끝부분을 자유단이라고 한다. 고정단과 자유단에서의 반사에는 다음과 같은 특징이 있다.

고정단: 반사파는 입사파에 의한 진동을 항상 상쇄한다.

자유단: 입사파에 의한 진동과 반사파에 의한 진동은 항상 같다.

폐관은 닫힌 곳이 고정단, 열린 곳이 자유단이다. 그림 5-6-6은 폐관의 3배

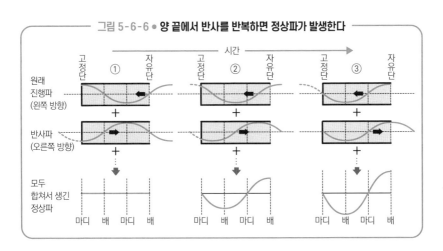

그림 5-6-6 ● 양 끝에서 반사를 반복하면 정상파가 발생한다

진동(그림 5-6-3의 위쪽)을 예로 들어 진행파가 여러 번 반사되어 정상파가 발생하는 모습을 그린 것이다. 반사파는 '원래 진행파'가 왼쪽 고정단에서 반사되어 생긴다. 그것이 오른쪽 자유단에서 반사되면 '반사파의 반사파'가 발생한다. 실제로는 이 과정이 계속되지만 그림에서는 생략했다.

원래 진행파가 ①→②→③과 같이 왼쪽으로 이동할 때 반사파는 오른쪽으로 이동한다. ①~③의 반사 전후 진동을 비교해 보면, 고정단에서는 항상 반대이고 자유단에서는 항상 같다. 여러 번 반사하는 파동을 전부 더한 것이 '모두 합쳐서 생긴 정상파'다. ①에서는 상쇄해 사라지고, ②에서는 어긋나지만 조금 더 강하며 ③에서는 모든 파동이 갖춰져 있어 가장 강하다.

정상파 중에서 진동하지 않는 곳을 마디, 심하게 진동하는 곳을 배라고 한다. 폐관이라면 닫힌 곳이 마디, 열린 곳이 배가 된다. 그림 속 마디에는 정상파의 진동이 항상 0으로 되어 있지만, 배에서는 크게 변위하거나 상쇄하기를 반복한다. 이러한 원리로 공명을 통해 큰 소리가 발생한다.

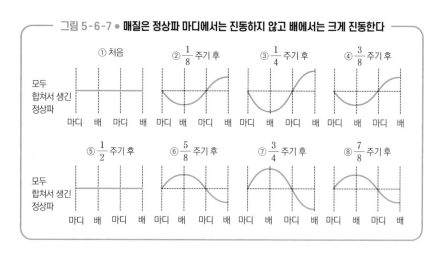

그림 5-6-7 ● 매질은 정상파 마디에서는 진동하지 않고 배에서는 크게 진동한다

정상파의 마디와 배는 각각 일정한 간격으로 배열되어 있다. 원래 진행파와 비교해 보면, 원래 진행파의 파장은 이웃한 마디와 배의 거리가 4배 길다는 것을 알 수 있다.

기체 분자의 진동이 음파의 밀도를 만든다

관을 통해 전달되는 음파에서 기체 분자의 진동이 관 속 공기의 밀도를 만든다. 마디에서는 기체 분자가 진동하지 않지만 좌우 기체 분자의 밀도가 빽빽하게 바뀌고, 여기서 공명하는 큰 소리가 발생한다. 반대로 배에서는 기체 분자가 격렬하게 움직이지만 밀도는 거의 바뀌지 않는다.

약간 세세한 이야기지만, 관의 열린 곳(개구단)에서는 관 밖의 공기도 함께 진동하기 때문에 배가 열린 곳의 약간 바깥에 있는 것 같은 정상파가 발생한다. 이러한 편차를 개구단 보정이라고 한다.

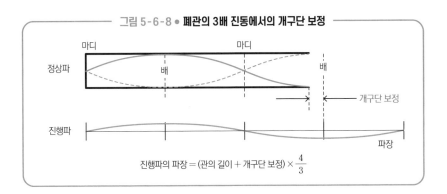

그림 5-6-8 ● 폐관의 3배 진동에서의 개구단 보정

진행파의 파장 = (관의 길이 + 개구단 보정) × $\dfrac{4}{3}$

문자식을 사용한 관계식

폐관의 고유 진동수 $f_n = \dfrac{V}{4L} \times (2n - 1)$

개관 또는 현의 고유 진동수 $f_n = \dfrac{V}{2L} \times n$

진행파의 속도(음속 또는 현에 전달되는 파동의 속도): $V \, (\mathrm{m/s})$

관의 길이 또는 현의 길이: $L \, (\mathrm{m})$ 자연수 $1, 2, 3, \cdots : n$

5-7

빛이 파동이라는
증거는 무엇일까?

빛의 회절과 간섭, 영의 간섭 실험,
회절격자, 브래그 조건

문 제

우리는 눈에 들어오는 빛을 포착하여 주변 모습을 인식한다. 이때 빛이 망막의
시각세포에 닿으면 전자기 진동이 일어나 정보가 뇌로 전달된다.
시각세포에서의 전자기 진동은 공간을 통해 전달된 원래 광원에 의해 발생한다.

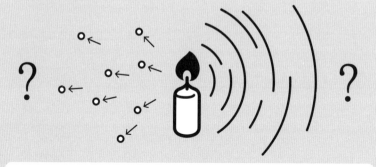

빛이 파동이냐 입자냐를 놓고 오랫동안 논쟁이 이어지기도 했지만, 지금은 파동
으로 전해진다고 알려져 있다. 그렇다면 다음 중 어떤 실험이 결정적인 증거가
되었을까?

① 좁은 틈에 빛을 비추면 여러 선으로 나뉘어 퍼진다.

② 햇빛을 프리즘에 비추면 많은 색으로 나뉜다.

③ 빛을 여러 개의 거울로 연속해서 반사시키면 점점 어두워진다.

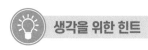

빛이 전달되는 방법에는 반사, 굴절, 회절, 간섭 등이 있다. 만약 빛이 입자라고 생각한다면 회절과 간섭의 성질을 설명하기가 매우 어렵다. ①은 좁은 틈을 통과할 때 회절한 빛이 간섭하는 광선으로 퍼져 보이는 현상이다. ②는 빛의 분산이라고도 하며, 한 줄기 빛에도 다양한 진동수가 있음을 알 수 있다. 또한 ③은 빛이 반사되고 투과할 때 흡수되어 약해진다는 것을 나타낸다.

정답 ①

②와 ③은 빛이 입자의 흐름이라고 생각해도 설명할 수 있기 때문에 결정적인 증거가 될 수 없다. 반면 ①은 빛이 회절과 간섭이라는 파동의 성질을 갖는다는 것을 나타내는 중요한 근거가 되었다.

좁은 틈 사이로 빛이 들어오는 간섭 현상은 19세기 초 영국의 과학자 토머스 영이 입증했다 해서 영의 간섭 실험이라고 한다.

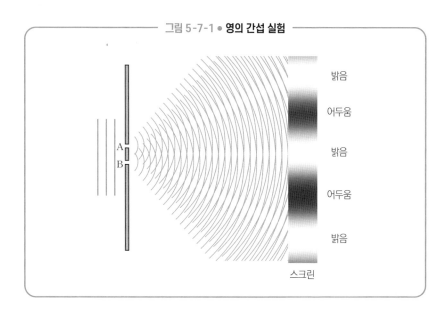

그림 5-7-1 ● 영의 간섭 실험

이 실험에서는 하나의 광원에서 나온 빛을 2개의 좁고 가는 슬릿(틈새) A와 B에 쏴서 그 뒤에 놓인 스크린에 부딪히는 빛을 관찰한다. 스크린에는 빛이 밝게 비치는 곳과 어둡게 비치는 곳이 줄무늬(간섭무늬)로 나타난다.

이 실험 결과는 빛이 파동임을 증명한다. 하나의 광원에서 퍼지는 빛을 사용하기 때문에 이중 슬릿 A와 B에서는 같은 위상으로 빛이 나온다. 슬릿에서 나오는 빛은 회절 현상에 의해 원형으로 퍼지며 중첩된다.

스크린의 어떤 부분에 슬릿 A와 슬릿 B에서 나오는 빛의 위상이 같으면 서로 점점 더 강해져 밝아지고, 위상이 반대이면 서로 약해져서 어두워진다. 또한 각 슬릿에서 점까지의 거리에 따라 서로 강해지거나 약해진다.

그림 5-7-2 ● 스크린의 점에서 빛이 간섭하는 조건

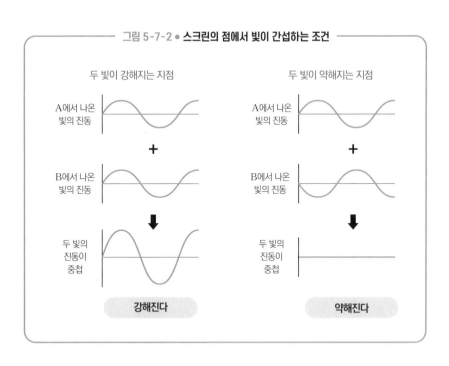

두 빛이 강해지는 지점

A에서 나온 빛의 진동

+

B에서 나온 빛의 진동

두 빛의 진동이 중첩

강해진다

두 빛이 약해지는 지점

A에서 나온 빛의 진동

+

B에서 나온 빛의 진동

두 빛의 진동이 중첩

약해진다

만약 두 슬릿과 빛의 거리가 각각 같다면 두 빛의 진동도 같으므로 서로 더 강해질 것이다. 거리가 달라도 거리 차이가 파장의 정수 배이면 같은 진동이 겹쳐 서로 강해지고, 그 차이가 반파장의 홀수 배이면 진동이 반대이므로 서로 약해진다.

두 슬릿 사이의 거리 차이가 파장의 정수 배: 강해진다.

두 슬릿 사이의 거리 차이가 반파장의 홀수 배: 약해진다.

빛 이외의 파동에서도 파장이 길어지기 때문에 이 현상을 주변에서 관찰할 수 있다. 예를 들어 가청음 음파는 파장 범위가 1.7cm~17m이기 때문에 두 스피커를 50cm 정도 떨어뜨리고 같은 음원의 단순음을 울리면 실내에 음파 간섭무늬가 발생한다. 실제로 걷다 보면 소리가 큰 곳과 작은 곳을 구별할 수 있다. 물결파도 마찬가지인데, 욕조 물에 코를 담그고 좌우 손가락으로 수면을 진동시키면 눈앞의 수면에 간섭무늬가 나타난다.

 한 번 더 생각하기

● 영의 간섭 실험의 조건을 근삿값으로 나타내 보자

영의 간섭 실험에서 빛이 서로 강해지는 방향이 어떤 각도일지 생각해 보자. 다음 그림에서 스크린의 점을 X, 두 슬릿을 각각 A와 B라고 하자.

슬릿 정면에서 각도 θ 방향에 있는 점 X로 빛이 강해진다고 하자. X에서 B로 향하는 선에서 XA와 같은 길이의 위치를 C라고 하면 XA와 XB의 차이는 BC다.

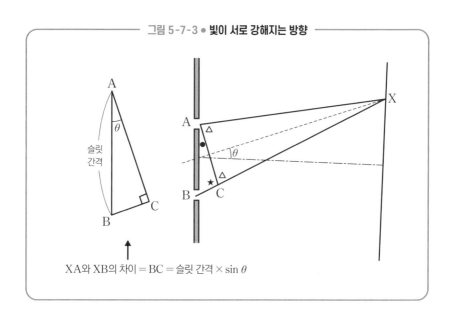

그림 5-7-3 ● 빛이 서로 강해지는 방향

XA와 XB의 차이 = BC = 슬릿 간격 × sin θ

여기서 슬릿에서 스크린까지의 거리가 슬릿 간격보다 훨씬 크면, AX와 BX 는 거의 평행하다고 본다. 즉 ★표시의 각도≃90°, ●표시의 각도≃각도 θ(X를 향하는 각도)로 근사할 수 있으므로, BC는 '슬릿 간격 × sin θ'로 나타낼 수 있다. 따라서 각도 θ 방향으로 빛이 서로 강해지느냐는 다음 조건을 따른다.

슬릿 간격 × sin θ가 파장의 정수 배: 빛이 강해진다.

슬릿 간격 × sin θ가 반파장의 홀수 배: 빛이 약해진다.

이 조건식을 사용하면 파장을 알고 있는 빛을 슬릿에 쏴서 스크린에서 빛 이 강해지는 위치를 확인하고 작은 슬릿의 간격을 알 수 있다.

● 빛의 다중 간섭을 이용한 회절격자로 빛의 파장을 알 수 있다

영의 간섭 실험은 두 슬릿을 사용하므로, 두 파동이 완전히 강해지는 곳과 약해지는 곳(상쇄) 사이에 약간 강해지는 곳과 약간 약해지는 곳이 연속으로 존재한다.

그러나 슬릿의 수를 늘려 다중 간섭을 일으키면 모든 슬릿에서 퍼진 빛이 서로 강하게 퍼지는 곳만 밝아지기 때문에 간섭무늬를 더욱 선명하게 관찰할 수 있다. 일정하게 생기는 슬릿 간격을 격자상수라고 하며, 간섭에 의한 빛은 다음 조건을 충족하는 방향으로 생긴다.

격자상수 × sin _θ_가 파장인 정수 배: 회절한 빛이 서로 강해진다.

투명한 유리나 플라스틱판의 한쪽 면에 좁고 평행한 홈을 많이 새긴 것을 회절격자라고 한다. 홈과 홈 사이가 슬릿이 되고, 거기서 회절하여 퍼진 빛이 간섭한다.

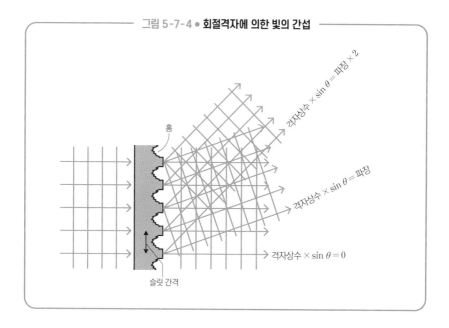

——— 그림 5-7-4 ● **회절격자에 의한 빛의 간섭**

회절격자를 사용하면 파장을 알 수 없는 빛을 투과해 빛이 서로 강해지는 방향의 각도에서 빛의 파장을 조사할 수 있다. 또한 다양한 파장의 빛이 혼합된 광선을 파장에 따라 분류할 수 있다.

● 반사·투과하는 빛들의 간섭으로 박막 두께를 확인한다

슬릿이 없어도 빛의 간섭이 발생할 수 있다. 예를 들어 비눗방울의 무지갯 빛은 비눗방울 표면에 반사된 빛과 뒷면에 반사된 빛이 간섭하기 때문에 생긴다.

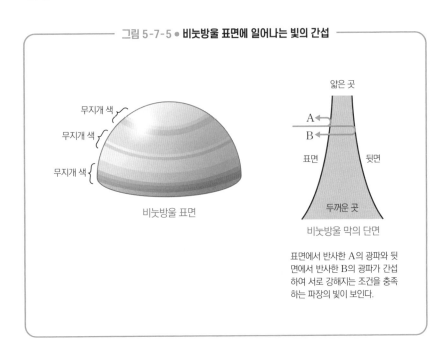

그림 5-7-5 ● 비눗방울 표면에 일어나는 빛의 간섭

무지개 색

무지개 색

무지개 색

비눗방울 표면

얇은 곳

A

B

표면   뒷면

두꺼운 곳

비눗방울 막의 단면

표면에서 반사한 A의 광파와 뒷면에서 반사한 B의 광파가 간섭하여 서로 강해지는 조건을 충족하는 파장의 빛이 보인다.

이런 현상을 응용해 직접 측정하기 어려운 미세한 두께의 차이를 계측하고 있다.

● 가시광선 외의 전자기파에도 같은 파동의 성질이 있다

여기까지 설명한 빛은 전자기파 중 하나이므로, 이러한 간섭 현상은 다른 전자기파에서도 일어난다. 잘 알려진 예로는 파장이 짧은 전자기파인 X선의 회절과 간섭을 이용한 결정구조 해석이다.

결정은 내부에 원자가 규칙적으로 배열되며 격자면을 형성한다. 결정에 X

선을 쏘면 그 격자면으로 인해 반사되는 X선이 각각 회절하여 서로 간섭한다. 그러므로 회절격자와 마찬가지로 고정된 각도에서 서로 강해진다.

결정격자는 보는 각도에 따라 다양하게 해석된다. 따라서 격자면에 의한 X선의 회절·간섭 현상도 동시에 여러 조건에서 발생할 수 있다.

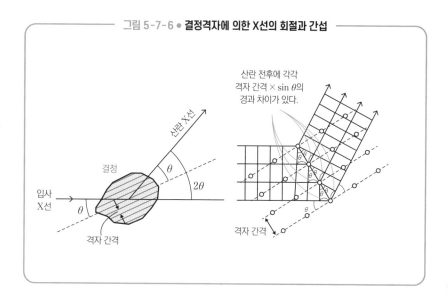

그림 5-7-6 ● 결정격자에 의한 X선의 회절과 간섭

이 현상은 격자면에서 산란·간섭한 X선이 반사되는 것처럼 보이기 때문에, 간섭하고 서로 강해지는 X선을 반사 X선이라고 한다.

결정면에 대한 반사 X선의 이동 각도를 θ라고 하면, θ는 다음 조건을 충족한다. 이 조건은 결정구조 해석법을 정립한 영국의 물리학자 브래그 부자의 이름을 따서 브래그 조건이라고 한다.

브래그 조건: 2 × 격자 간격 × sin θ = 파장의 정수 배

브래그 조건을 영의 간섭 실험의 조건과 비교하면 좌변이 2배가 된다. 그림 5-7-6의 θ가 격자면에 대한 각도이고, 입사 X선과 반사 X선 사이의 각도가 θ의 2배이기 때문이다.

문자식을 사용한 관계식

영의 간섭 실험 및 회절격자에서 회절한 빛이 서로 강해지는 조건

$$d\sin\theta = m\lambda$$

브래그 조건 $2D\sin\theta = m\lambda$

슬릿 간격: d 〔m〕   각도: θ 〔rad〕   파장: λ 〔m〕

격자 간격: D 〔m〕   0 및 양의 정수 0, 1, 2, … : m

5-8

빛이 약해지는 데는 한계가 있을까?

광양자설, 광전효과, 콤프턴 효과, 파동과 입자의 이중성,
플랑크상수, 전자의 파동성, 물질파

문제

소리는 줄일수록 점점 듣기 어려워지지만, 고성능 마이크나 지진계를 사용하면
약간의 진동으로도 포착할 수 있다. 그렇다면 빛은 어떨까?

우리 눈은 어두운 곳에 익숙해지면 약한 불빛으로도 주변을 볼 수 있다. 빛이 약
해지면 빛이 전달하는 에너지가 줄어드는데, 거기에 한계가 있을까?

① 감지하는 데는 한계가 있지만 실제로 빛은 얼마든지 약해질 수 있다.

② 측정기를 사용하면 약한 빛을 얼마든지 감지할 수 있다.

③ 빛이 약해지는 데는 한계가 있으며, 빛의 색상에 따라 한곗값이 다르다.

④ 눈으로 감지할 수 있는 한계가 가장 약한 빛이다.

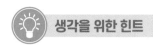

일본 세토나이카이의 나오시마 섬에는 설치미술가 제임스 터렐의 '달의 뒷면'이라는 체험형 예술 작품이 설치되어 있다. 이 작품은 인간의 눈이 어둠에 익숙해지면 아주 작은 빛이라도 포착할 수 있는 능력을 활용했다.

그러나 만약 빛이 작은 입자의 흐름이라면 빛의 약함에는 한계가 있을 것이다.

정답 ③

음파의 에너지는 얼마든지 약하게 할 수 있지만 빛의 에너지에는 한계가 있다. 빛의 색(진동수)에 따라 한곗값이 다르지만 아무리 감도 높은 측정기를 사용해도 그 이상으로 약한 빛은 감지되지 않는다. 그래서 정답은 ③이다.

가장 약한 빛을 빛의 입자로 간주해 이것을 광자라고 한다. 인간의 눈은 한 번에 수십 개의 광자가 들어오면 느낄 수 있다.

● 빛이 약해지는 데는 한계가 있다

빛의 에너지(세기)는 연속해서 변하는 것처럼 보이지만, 빛을 점점 약하게 하면 빛의 에너지는 어떤 최소 단위의 정수 배에 불과하다. 이러한 최소 단위를 물리학에서는 양자라고 하며, 최소 단위의 에너지를 가진 빛을 광양자 또는 광자photon라고 한다. 광자는 에너지만 있고 질량은 없다.

빛이 광자라고 하는 입자의 흐름이라는 생각은 빛이 파동이라는 생각과는 모순된다. 그러나 금속판에 빛을 비추었을 때 전자가 방출되는 광전효과 현상을 설명하려면 필요하다.

광전효과에 따르면 진동수가 큰 빛을 약하게 쬐었을 때는 전자가 튀어나오지만 진동수가 작은 빛은 세게 쬐어도 튀어나오지 않는다. 아인슈타인은 이 신기한 사실을 설명하기 위해 '빛은 광자가 모여 광속으로 움직인다'는 광양자설을 세우고 광자의 에너지와 운동량을 다음 식으로 설명했다.

광자의 에너지 = 플랑크상수 × 빛의 진동수

$$\text{광자의 운동량} = \frac{\text{광자의 에너지}}{\text{광속}} = \frac{\text{플랑크상수} \times \text{빛의 진동수}}{\text{광속}}$$

플랑크상수는 '양자'라는 개념을 제창해 양자역학의 기초를 정립한 독일의 물리학자 막스 플랑크가 발견한 것으로 다음과 같다. 이는 물리학의 기본적인 수 가운데 하나다.

플랑크상수 $= 6.62607004 \times 10^{-34} \ (\text{J} \cdot \text{s})$

광양자설에 따라 빛의 에너지는 광자 에너지의 정수 배이며 광양자 하나의 에너지는 진동수에 의해 정해진다고 생각하게 되었다.

———— 그림 5-8-1 ● **광자의 에너지** ————

● 광양자설로 알아보는 광전효과

광전효과는 빛을 비추는 금속판에서 전자가 튕겨 나오는 현상이며, 튀어나온 전자를 광전자라고 한다. 광전자의 운동에너지를 측정하면 광전효과에 의해 전자가 물질에서 튀어나오는 데 필요한 에너지를 다음과 같이 구할 수 있다.

튀어나오는 광전자의 운동에너지

　= 맞힌 광자의 에너지 - 튀어나오는 데 필요한 에너지

이 공식에서 '튀어나오는 데 필요한 에너지'는 물질에 따라 다르며, 이를 일함수라고 한다(이상한 이름이지만). 맞힌 광자의 에너지가 물질의 일함수보다 작으면 그 물질에서는 광전자를 튕겨 낼 수 없다. 그 물질의 일함수와 정확히 같은 에너지를 가진 광자의 파장을 한계 파장이라고 한다.

이 현상은 광자와 전자가 일대일 대결을 반복하는 것과 같아서 각각의 광자가 전자를 튕겨 내기에 충분한 에너지를 가지고 있어야만 광전효과가 일어난다. 다시 말해 금속에 에너지가 낮은 광자를 많이 쏴도, 그 에너지가 합쳐져 전자를 방출하지 못한다.

이리하여 아인슈타인의 광양자설을 바탕으로 여러 이론과 실험이 이루어

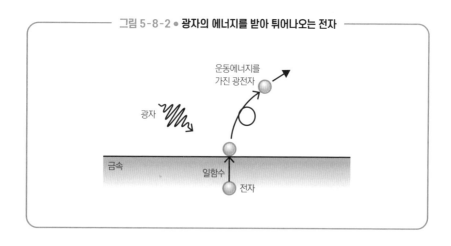

그림 5-8-2 ● 광자의 에너지를 받아 튀어나오는 전자

졌다. 그 결과 빛에 파동과 입자의 이중성이 있다는 것이 널리 받아들여졌다. 즉 빛의 흡수와 방출이라는 관점에서 빛과 물질이 상호작용을 할 때는 입자로서의 성질이 나타나고, 회절이나 간섭처럼 빛의 전파와 관련된 부분에서는 파동의 성질이 나타난다.

한 번 더 생각하기

● 광자와 전자의 충돌은 운동량 보존 법칙을 이용해 생각한다

같은 전자기파 중 하나인 X선도 전자와의 상호작용에 있어서 입자의 성질을 띤다. X선을 물질에 쐈을 때 산란하는 X선에는 원래 X선과 같은 것뿐만 아니라 그보다 진동수가 작은 X선이 포함되어 있다. 큰 각도로 산란된 X선에는 더 작은 진동수의 X선이 포함된다.

이 현상은 미국의 실험물리학자 아서 콤프턴이 밝혀냈다고 해서 콤프턴 효과라고 한다. X선 광자와 전자의 충돌을 컬링 스톤이 충돌하는 것으로 보자면, 운동량 및 에너지 보존에 따라 큰 각도로 방출된 X선 광자일수록 진동수가 낮아진다.

그림 5-8-3 ● X선 광자가 전자와 충돌하는 모습

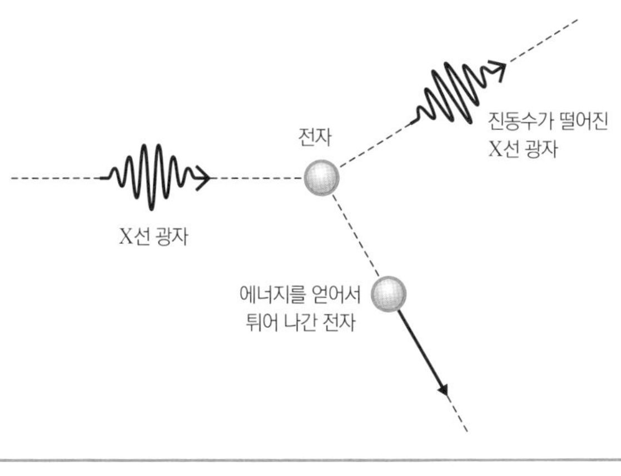
진동수가 떨어진
X선 광자
전자
X선 광자
에너지를 얻어서
튀어 나간 전자

● 광자는 하나만 있어도 간섭한다

5-7에서 나온 영의 간섭 실험에서 이중 슬릿에 입사하는 빛을 약하게 만들고 광자가 하나씩 슬릿에 부딪히면 어떻게 될까? 물론 입자이기 때문에 2개의 슬릿 중 하나만 통과하고 스크린에 도달하면 광자가 부딪힐 것이다. 그런데 이것을 계속하다 보면 스크린에 간섭무늬가 나타난다.

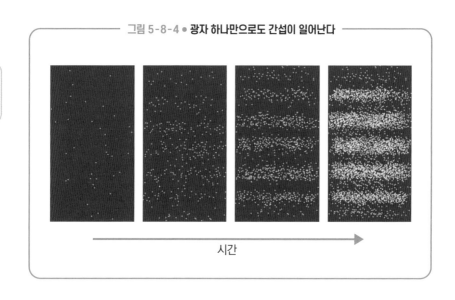

— 그림 5-8-4 ● 광자 하나만으로도 간섭이 일어난다 —

시간

하나밖에 없을 광자가 두 파동으로 나뉘고 동시에 2개의 슬릿을 통해 서로 간섭한다. 그 결과 스크린에 나타나는 간섭무늬 어딘가에 하나의 광자로 도달하는 것이다. 이 실험을 통해 그동안 입자로 생각되었던 광자가 동시에 파동의 성질도 갖는다는 파동과 입자의 이중성이 명확해졌다.

● 입자로 여겨졌던 물질에도 파동성이 있다

광자 하나를 이중 슬릿에 쐈을 때 간섭무늬를 형성하는 현상을 설명했는데, 실제로는 단순한 입자로 여겨 온 전자에 비슷한 실험을 했을 때도 같은 결과를 얻을 수 있다고 한다.

즉 빛이 광파와 광자라는 이중성을 가진 것처럼, 전자와 같은 물질도 입자와 파동의 이중성이 있다는 것이다. 이렇게 물질이 파동의 성질을 보일 때 그것을 물질파라고 한다. 물질파의 파장은 프랑스의 물리학자 루이 드브로이의 가설에 의해 다음과 같이 나타나며 실험을 통해 확인되었다. 이 관계식은 파동에 일반적으로 성립되는 관계인 '파동의 속도 = 진동수 × 파장'을 광자 운동량의 식에 적용하여 나온 것이다.

$$\text{물질파의 파장} = \frac{\text{플랑크상수}}{\text{입자 운동량의 크기}}$$

현재는 전자뿐만 아니라 양성자, 중성자, 원자, 분자 등의 입자도 파동성을 갖는 것으로 알려져 있다.

문자식을 사용한 관계식

광자의 에너지 $E\,(\text{J}) = h\nu$

광자의 운동량 $p\,(\text{kg}\cdot\text{m/s}) = \dfrac{E}{c} = \dfrac{h\nu}{c}$

광전자의 운동에너지 $K\,(\text{J}) = h\nu - W$

물질파의 파장 $\lambda\,(\text{m}) = \dfrac{h}{p}$

플랑크상수: $h = 6.62607\cdots \times 10^{-34}\,(\text{J}\cdot\text{s})$

광자의 진동수: $\nu\,(\text{Hz})$

광속: $c = 3.0 \times 10^{8}\,(\text{m/s})$

광자·입자의 운동량: $p\,(\text{kg}\cdot\text{m/s})$

일함수: $W\,(\text{J})$

그림에 나타난 과학적 기법

피렌체 중심에 있는 산타 마리아 델 피오레 대성당(꽃의 성모마리아 대성당) 서쪽에는 산조반니 세례당이라는 아름다운 건물이 자리하고 있다. 대성당 의 쿠폴 라인(돔 모양의 지붕)을 만들어 유명해진 14～15세기 조각가이자 건 축가 필리포 브루넬레스키는 이 세례당에 가운데 작은 구멍이 뚫린 신기한 판화를 제작했다고 한다.

먼저 대성당 입구 중앙에서 서쪽 옆 세례당 쪽을 향해 서서 손거울로 세 례당을 가린다. 그다음 판화 안쪽의 구멍을 통해 거울을 보면 거울에 비치 는 그림 속 세례당이 주위 풍경에 쏙 들어간다. 이 그림은 브루넬레스키가 발견했다는 투시도법(원근법)으로 그려졌다.

투시도법은 멀리 있는 물체는 작아 보인다는 물리학 원리를 이용해 화 가의 시선 끝의 점(소실점: 화가의 시점)에서 펼쳐지는 직선을 바탕으로 정경을 그리는 기법이다. 이 기법은 15세기 레온 바티스타 알베르티가 《회화론》이 라는 책에서 정립했다. 천재적인 재능이 있어야 가능했던 사실적인 풍경을 과학적 분석으로 누구나 그릴 수 있게 되었고, 그 결과 회화 예술이 크게 발전했다.

이 기법 덕분에 그림을 감상하는 사람들은 화가가 어떤 시점으로 그림을 그렸는지 실감할 수 있다. 예를 들어 레오나르도 다빈치의 〈최후의 만찬〉 은 자연스럽게 중앙에 있는 그리스도에게 눈길이 간다. 반면 폴 세잔은 일 부러 시점을 여러 개 바꿔 가며 책상에 놓인 과일이 금방이라도 움직일 듯 한 긴장감을 주는 데 성공했다.

제 6 장

전기와
자기

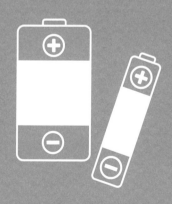

6-1

번개는 떨어질까,
올라갈까?

정전기유도, 기본전하량, 정전기력과 전기장·전위,
가우스 법칙, 쿨롱 법칙

문 제

번개는 지진과 달리 발생을 예측할 수 있지만 피해 규모는 무시할 수 없다. 지상
을 향하는 뇌운 외에 비행기나 우주 공간에 떨어지는 뇌운과 번개도 있기 때문
이다. 여기서는 뇌운과 지상 사이의 번개에 대해 생각해 보자.

번개가 지상으로 떨어질 때는 뇌운과 지상 사이에 전기가 흐른다. 그렇다면 번
개가 칠 때 무언가가 뇌운에서 지상으로 떨어지는 것일까? 아니면 지상에서 뇌
운으로 상승하는 것일까?

① 뇌운에서 지상으로 떨어진다.　　② 지상에서 뇌운으로 올라간다.

③ 뇌운에서 떨어지는 것과 지상에서 올라가는 것이 동시에 일어난다.

뇌운 안에는 얼음 입자들이 서로 부딪치고 있다. 이때 큰 얼음 입자가 하강하며 부딪힌 작은 얼음 입자에서 전자를 빼앗고 뇌운 아래쪽에 쌓인다. 이로 인해 뇌운 아래쪽은 음의 전기를 띠고, 위쪽은 양의 전기를 띤다. 여기서 전자가 가진 전기를 음전하, 전자를 빼앗긴 물질이 가진 전기를 양전하라고 한다.

즉 뇌운 아래쪽은 음전하에 유도되고 지상에는 양전하가 나타나면서 양과 음 전하 사이의 인력에 의해 번개가 발생한다. 이렇게 외부 전하에 유도되어 물체(여기서는 지구) 표면에 전하가 나타나는 현상을 정전기유도라고 한다.

그림 6-1-1 ● **뇌운 아래쪽에는 음전하가 쌓인다**

[정답] ①

번개의 정체는 전자의 흐름이다. 뇌운 아래쪽에 쌓인 전자가 지상으로 떨어지기 때문에, 정답은 ①이다. 지상에서 뇌운으로 전류가 올라간다는 식으로 표현하기도 하지만, 그 정체는 낙하하는 전자다. 이밖에 번개는 구름과 비행기 사이, 구름과 구름 사이, 구름과 우주 공간 사이 등 여러 종류가 있으며, 그 중에는 전자가 위쪽으로 날아오르는 것도 있다.

● 모든 원자는 원자핵과 전자로 이루어져 있다

얼음 입자는 산소와 수소가 결합한 물의 고체 형태다. 그리고 산소와 수소의 원자는 양전하를 띤 원자핵과 음전하를 띤 전자로 구성된다. 일반적으로 물체 속의 양전하와 음전하는 같은 양으로 균형을 이룬다. 전하량의 단위는 C(쿨롱)이고, 1초에 1C(쿨롱)의 전기가 흐를 때 전류의 크기는 1A(암페어)다.

전자의 질량은 9.1×10^{-31} kg, 전하량은 -1.6×10^{-19}C이다. 매우 작은 수이기 때문에 이를 10으로 나눈 횟수로 표현한다. 예를 들어 9.1×10^{-31}은 9.1을 10으로 31번 나눈 크기다.

전자 전하량의 절댓값인 1.6×10^{-19}C은 전기의 최소 단위이며, 이를 기본 전하('e'라는 기호로 나타낸다)라고 한다. 모든 전하량은 기본 전하의 정수 배다. 전자의 전하량은 $-e$, 양성자의 전하량은 $+e$이다.

● 물체가 서로 접촉하면 전자가 이동해 정전기를 띤다

물체가 서로 접촉할 때는 소재와 형태에 따라 전자를 끌어당기는 힘이 달라진다. 따라서 한쪽이 다른 쪽에서 전자를 빼앗아 온다. 전자가 몇 개 전달되기만 해도 물체는 정전기를 띤다.

예를 들어 폴리에스터 소재의 속옷 위에 양모 스웨터를 입으면 속옷이 스웨터에서 전자를 약간 빼앗는다. 이때 스웨터를 벗으면 끌려간 전자가 되돌아오려고 하면서 '탁탁' 하고 방전이 일어난다. 그림 6-1-2는 주요 섬유를 대상으로 전자를 끌어당기는 힘이 강한 것을 음의 부호, 약한 것을 양의 부호 쪽에 나열한 것으로, 대전열이라고 한다.

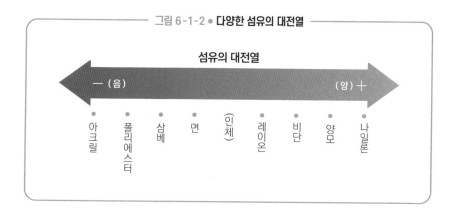

그림 6-1-2 ● 다양한 섬유의 대전열

섬유의 대전열

— (음)　　　　　　　　　　　　　　　　　　　　(양) ＋

아크릴　폴리에스터　삼베　면　(인체)　레이온　비단　양모　나일론

물체에는 수많은 원자핵과 전자가 포함되어 있는데, 전자를 빼앗거나 빼앗기면 그 균형이 깨져 정전기를 띤다. 이때 균형이 무너지는 것을 전하라고 한다. 예를 들어 음전하를 가진 전자를 1개 빼앗기면 $+1.6 \times 10^{-19}$C의 전하가 된다. 균형이 깨졌을 때 나타나기 때문에 '전하가 나타난다'고 표현하기도 한다.

● **전기장 발생으로 정전기유도가 일어난다**

지구에는 건물이나 나무 등에서 양전하를 가진 원자핵과 음전하를 가진 전자가 수없이 존재한다. 번개의 경우에는 뇌운 아래쪽의 음전하에 의해 지표면의 전자가 땅속으로 밀려나고 지표면에는 양전하가 나타난다.

양과 양 또는 음과 음끼리 밀어내는 전하의 힘이나 양전하와 음전하가 서로 당기는 힘을 정전기력이라고 한다. 정전기력은 전기장이라는 전기적 공간의 변형으로 일어난다. 뇌운 아래쪽에 생긴 음전하가 만든 전기장에 의해 지표면의 전자에 정전기력이 작용하는 것이다.

전기장은 양전하에서는 멀어지고 음전하에서는 가까워진다. 양전하는 전기장 방향으로, 음전하는 전기장의 역방향으로 정전기력을 받는다. 물체에 작용하는 정전기력의 크기는 다음과 같은 식으로 나타낸다.

물체에 작용하는 정전기력〔N〕= 그곳의 전기장〔N/C〕× 물체의 전하량〔C〕

이 내용은 다음과 같이 정리할 수 있다.

> ① 뇌운 아래쪽에 음전하가 생긴다.
>
> ② 지표면에 위를 향하는 전기장이 형성된다.
>
> ③ 지표면의 전자에 정전기력이 작용하여 땅속으로 밀려난다.
>
> ④ 지표면에 양전하가 나타난다(정전기유도).

정전기유도가 일어나는 방식은 물질의 전도성에 따라 다르다. 도체는 내부에 생긴 전기장을 상쇄할 때까지 내부 전자를 이동시킬 수 있기 때문에 정전기유도가 강하게 발생한다. 반면 절연체(부도체)는 내부에서 전자를 흐르게 할 수 없지만, 내부의 음전하와 양전하가 각각 다른 쪽에 편중되면서 어느 정도 정전기유도가 일어나 내부 전기장을 약하게 한다(이 현상을 유전분극이라고 한다).

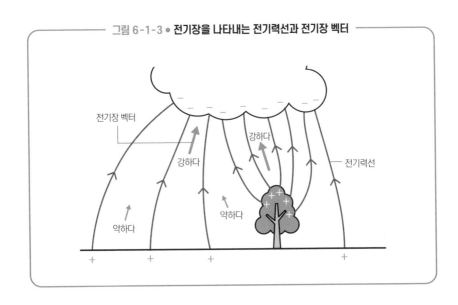

그림 6-1-3 ● 전기장을 나타내는 전기력선과 전기장 벡터

● 전기장 형태는 전기력선과 전기장 벡터로 표현한다

전기력선은 전기장의 방향과 세기의 분포를 알기 쉽게 표현한 것이다. 양전하에서 음전하까지를 선으로 이어서 나타내며 전기력선이 집중된 곳은 전기장이 강한 곳이다. 전기장의 방향은 전기력선에 화살표를 추가하여 나타낸다.

전기력선을 그린 그림 6-1-3을 보면 위치에 따라 전기장의 방향과 크기가 다르다는 것을 알 수 있다. 나무 끝부분처럼 뾰족하게 돌출된 곳에서는 전기장이 강해진다. 각각의 곳에서 전기장의 방향과 크기는 그림 6-1-3처럼 전기장 벡터라는 화살표의 방향과 길이로 나타낸다.

한 번 더 생각하기

● 간단한 전기장의 세기는 계산하여 구할 수 있다

전하 분포가 단순하다면 전기장의 세기를 수식으로 나타내어 계산할 수 있다. 작은 점 모양의 전하(점전하)로부터 일정 거리에 있는 위치에서 만들어지는 전기장의 세기는 다음과 같이 생각할 수 있다. 이를 가우스 법칙이라고 한다.

점전하에서 모든 방향으로 다음과 같은 수의 전기력선이 생성된다.

$$\text{점전하에서 나오는 전기력선의 총 개수} = \frac{\text{점전하의 전하량 (C)}}{\text{유전율}} \quad (1)$$

전기장의 세기는 전기력선의 밀도로 표현된다.

점전하에서 일정 거리에 있는 전기장의 세기 (N/C)

$$= \text{전기력선의 밀도}$$

$$= \frac{\text{전기력선의 총 개수}}{\text{점전하로부터의 거리가 반지름인 구의 표면적}} \quad (2)$$

전기와 자기

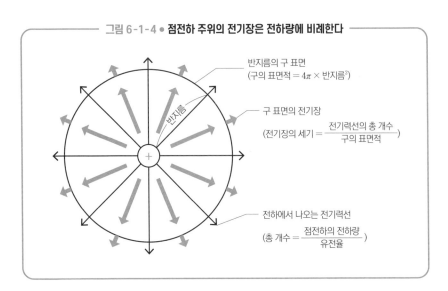

그림 6-1-4 ● 점전하 주위의 전기장은 전하량에 비례한다

반지름의 구 표면
(구의 표면적 = $4\pi \times$ 반지름^2)

구 표면의 전기장

(전기장의 세기 = $\dfrac{전기력선의\ 총\ 개수}{구의\ 표면적}$)

전하에서 나오는 전기력선

(총 개수 = $\dfrac{점전하의\ 전하량}{유전율}$)

여기에 등장하는 유전율은 '전하의 전하량'과 '전하에서 나오는 전기력선의 개수'의 비를 나타낸 값이다. 물질의 유전율은 진공 유전율을 기준으로 진공의 몇 배인지를 비율(비유전율)로 나타낸다.

진공의 유전율 = 8.85×10^{-12} $[C^2/(N \cdot m^2)]$

공기의 비유전율: 1.0005

물의 비유전율: 80.4

식(1)을 식(2)에 대입하면 구의 표면적 = $4\pi \times$ 반지름^{2}에 의해 점전하 주위에 생기는 전기장의 세기는 다음과 같다.

점전하에서 일정 거리에 있는 전기장의 세기
$$= \frac{\left(\dfrac{점전하의\ 전하량}{유전율}\right)}{4\pi \times (점전하로부터의\ 거리)^2}$$

$$= \frac{1}{4\pi \times 유전율} \times \frac{점전하의\ 전하량}{점전하로부터의\ 거리^2}$$

일반적으로 두 전하 사이에 작용하는 정전기력은 두 전하 사이의 거리와 각 전하의 전하량에 따라 달라진다. 이 식을 쿨롱 법칙이라고 한다.

$$정전기력 = \frac{1}{4\pi \times 유전율} \times \frac{한쪽\ 전하의\ 전하량 \times 다른\ 전하의\ 전하량}{점전하로부터의\ 거리^2}$$

점전하 근처에 다른 전하를 두었을 때 작용하는 정전기력은 가우스 법칙으로 구한 전기장의 세기에 배치된 전하의 전하량을 곱한 값이다.

뇌운의 음전하와 정전기유도로 지표에 생긴 양전하 모두 뇌운과 지표 사이에 상향 전기장을 만든다. 뇌운 속의 전자에는 하향 정전기력이 작용하는데, 이는 지표면의 양전하가 만드는 상향 전기장과 뇌운 속의 자신 이외의 음전하가 만드는 상향 전기장이 겹쳐지면서 생긴 것이다.

● 전하가 가진 에너지를 등전위선으로 알 수 있다

뇌운에서 방출된 전자는 정전기력에 의한 가속과 공기 분자와의 충돌을 반복하면서 지상에 도달한다. 이때 충돌하는 공기 분자들이 번개와 천둥소리를 내고 공기 분자들이 낙하한 지상은 타오른다. 에너지 관점에서 보면, 전자가 정전기력을 통해 얻은 운동에너지가 공기 분자와 충돌하여 빛이나 소리 에너지로 방출되고 지상의 물체를 태우는 온도의 에너지가 된 것이다.

전자가 땅에 도달할 때까지 전기력의 작용으로 얻는 에너지를 정전기력에 의한 퍼텐셜 에너지라고 한다. 퍼텐셜 에너지는 현재 위치에서 기준 위치(여기서는 지표면)까지 힘이 작용하여 이동하는 동안 이루어지는 역학적 일의 양을 말한다.

역학적 일의 양은 다음 그림과 같이 그래프 아래의 넓이를 계산한 것이다. 작용하는 힘의 크기가 일정할 때는 단순하게 '일 = 힘 × 거리'로 계산할 수 있다.

이를 통해 공간의 각 점마다 1C의 전하를 두었을 때 어느 정도의 퍼텐셜

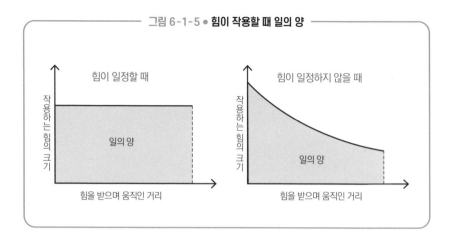

그림 6-1-5 • **힘이 작용할 때 일의 양**

| 힘이 일정할 때 | 힘이 일정하지 않을 때 |

작용하는 힘의 크기 / 일의 양 / 힘을 받으며 움직인 거리

작용하는 힘의 크기 / 일의 양 / 힘을 받으며 움직인 거리

에너지를 가지는가(지면까지 이동하는 동안 전기장에서 역학적 일이 얼마나 진행되는가)
에 대한 양이 결정된다. 이 양을 전위라고 한다. 전위는 1C의 전하를 둔 위치
에 대한 퍼텐셜 에너지를 말한다. 전위의 단위는 'J/C'이지만 일반적으로 V(볼
트)를 사용한다.

특정 장소의 전위 (V) = 1 (C)의 전하를 두었을 때 갖는 퍼텐셜 에너지

공간에 분포하는 전위를 알기 쉽게 표현한 것이 등전위선이다. 등전위선을
따라 움직이면 퍼텐셜 에너지가 변화하지 않기 때문에 등전위선과 전기력선
은 항상 수직으로 만난다.

지표의 전위가 0V이면 뇌운의 전위는 마이너스다. 뇌운 아래쪽의 전위를
－25만 V라고 하면 뇌운에 있는 1개 전자의 퍼텐셜 에너지(지표까지 낙하하는 동
안 얻는 에너지)는 다음과 같다.

전기력에 의한 퍼텐셜 에너지 (J) = 전하량 (C) × 전위 (V)

$$= -1.6 \times 10^{-19} C \times -25만 V = 4.0 \times 10^{-14} J$$

어떤 현상을 전자 한두 개 정도의 규모로 생각할 때는 'eV(전자볼트)'라는 단

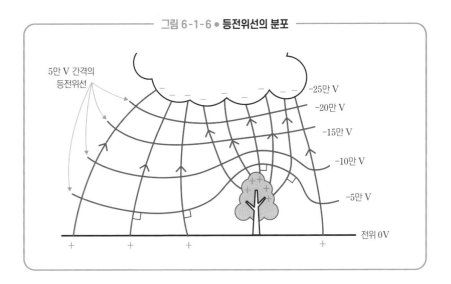

그림 6-1-6 ● 등전위선의 분포

5만 V 간격의
등전위선

−25만 V

−20만 V

−15만 V

−10만 V

−5만 V

전위 0V

위로 에너지를 나타낸다(e는 기본 전하(전자의 전하량 크기)를 나타내는 기호).

전기력에 의한 퍼텐셜 에너지 〔eV〕 = 전하량 〔e〕 × 전위 〔V〕

$$= -1e \times -25만 V = 25만 eV$$

전기장이 같은 곳에서는 전기력선의 간격이 변하지 않기 때문에 등전위선의 간격도 같다. 이러한 곳에서는 전기력선을 따라서 이은 두 점 사이의 전위차는 전기장의 세기와 두 점 사이 거리의 곱이다. 정전기력을 받아 그 두 점 사이를 이동하는 전하가 얻는 에너지는 다음과 같이 나타낸다.

전기장이 같은 공간의 전기력선에 따른 두 점 사이를,

정전기력을 받아 이동하는 전하가 얻는 에너지 〔J〕

= 전하량 〔C〕 × 두 점 사이의 전위차 〔V〕

= 전하량 〔C〕 × 전기장의 세기 〔N/C〕 × 두 점 사이의 거리 〔m〕

전하가 이동할 때는 두 점 사이의 전위 차이가 중요하며, 전위차를 전압이라고 한다. 전지의 양극과 음극은 화학변화에 의해 전위차가 1.5V이므로 전압은 1.5V로 표기된다.

문자식을 사용한 관계식

두 전하 사이에 작용하는 정전기력의 크기 $F(\text{N}) = \dfrac{1}{4\pi\varepsilon} \times \dfrac{q_1 \times q_2}{r^2}$

$F < 0$일 때 인력, $F > 0$일 때 척력

어떤 장소에 둔 전하에 작용하는 정전기력 $\vec{F}\ (\text{N}) = q\vec{E}$

점전하에서 나오는 전기력선의 개수 $N = \dfrac{Q}{\varepsilon}$

점전하에서 일정 거리에 있는 장소의 전기장 세기 $E(\text{N}/\text{C}) = \dfrac{1}{4\pi\varepsilon} \times \dfrac{Q}{r^2}$

전기력에 의한 퍼텐셜 에너지 $U(\text{J}) = QV$

전기장이 같은 공간의 전기력선에 따른 두 점 사이를, 정전기력을 받아 이동하는 전하가 얻는 에너지 $U(\text{J}) = QEd$

유전율: $\varepsilon\,(\text{C}^2/(\text{N}\cdot\text{m}^2))$ 전하의 전하량: $q, q_1, q_2, Q(\text{C})$

거리: $r\,(\text{m})$ 두 점 사이의 거리: $d\,(\text{m})$ 전기장의 세기: $E(\text{N}/\text{C})$

전위차: $V(\text{V})$

6-2

전지에는 무엇이 저장되어 있을까?

전기회로, 키르히호프의 법칙, 전압강하, 줄열, 소비 전력, 전기저항, 옴의 법칙, 자유전자 모형

문 제

전자기기에 사용하는 건전지는 오래되면 교체한다. 또한 휴대폰 등에 쓰이는 충전식 배터리도 잔량이 줄어들면 충전하여 다시 사용한다. 그렇다면 이 배터리들에는 무엇이 저장되어 있는지 생각해 보자.

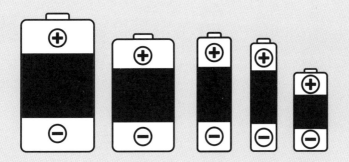

오래 사용한 건전지와 새 건전지의 차이점은 무엇일까?

① 에너지가 감소하기 때문에 무게(질량)가 줄어들고 있다.

② 저장되어 있던 전자의 개수가 흘러간 전류만큼 줄어들고 있다.

③ 전지 안에 있는 전자의 위치가 바뀌고 있다.

앞서 서로 다른 소재 사이에서 전자가 교환되는 것을 설명했다. 전지 내부에서도 마찬가지로, 플러스 쪽에 전자를 강하게 끌어당기는 물질이 사용되고 마이너스 쪽의 물질로부터 전자를 빼앗는다. 다만 전지 내부에서 빼앗으면 전지를 사용할 수 없으므로 전지 외부와 연결된 우회로를 통해 전자가 이동하도록 설계되었다. 이 우회로를 전기회로라고 한다.

정답 ③

전지를 전기회로에 연결하면 전지의 마이너스 쪽에서 나온 전자와 같은 개수의 전자가 플러스 쪽으로 들어가므로 전자의 개수는 변하지 않는다. 또 그 밖의 다른 물질은 출입하지 않으므로 전지의 질량도 변하지 않는다. 마이너스 쪽의 물질에 포함된 전자가 회로로 흘러나가고, 들어온 전자가 플러스 쪽의 다른 물질에 흡수되기 때문에 전자의 위치는 변한다. 따라서 정답은 ③이다.

전지의 플러스 쪽을 양극, 마이너스 쪽을 음극이라고 한다. 음극에서 양극으로 전자가 이동하는 것은 음극에서 양극을 향해 힘이 작용하기 때문이다. 그로 인해 전기력에 의한 퍼텐셜 에너지가 감소하고 전자가 운동에너지를 얻는다. 전기회로를 흐르는 동안 전자는 모터를 돌리거나 발열하는 데 모두 쓰이고 양극에 도달한다.

−1C(쿨롱)의 전자가 음극에서 양극으로 이동하는 동안 감소하는 퍼텐셜 에너지가 전지의 기전력이다. 이것은 −1C인 전자가 회로를 흐르는 동안 방출하는 에너지이기도 하다. 전지의 기전력은 양극과 음극 물질의 조합으로 결정된다.

> **전지의 기전력 [V] :** -1C의 전자가 음극에서 양극으로 이동하는 동안 잃는 퍼텐셜
> 에너지(전기회로에서 방출하는 에너지)

표 6-2-1 ● 주요 전지의 소재와 기전력

종류	망가니즈전지	리튬전지 CR2032	리튬 이온 전지
양극재	이산화망가니즈	이산화망가니즈	코발트산리튬 등
음극재	아연	리튬	탄소
기전력 [V]	1.5	3.0	3.7

건전지는 D형, C형, AA, AAA 등의 차이가 있지만 크기만 다를 뿐 기전력은 같다. 연료전지와 태양전지는 구조가 다르기 때문에 여기서는 소개하지 않았지만, 기전력을 발생시키는 장치와 같은 역할을 한다.

● 전자의 흐름과는 반대로 전지 양극에서 전류가 흘러나온다

이제 전류에 관한 중요한 것을 살펴보자. 1초에 +1C의 전하가 흐를 때 '1A(암페어)의 전류가 흐른다'라고 한다. 하지만 앞서 살펴봤듯 전기회로 중에서 주로 흐르는 것은 '음전하인 전자'로, 전류와는 반대 방향으로 흐른다.

음전하가 위쪽으로 흐를 때 전류가 아래쪽으로 흐른다고 번거롭게 표현하게 된 것은 전류의 정체를 파악하기도 전에 전류의 방향을 정해 버렸기 때문이다. 물리학의 모든 법칙이 이미 이 생각을 바탕으로 확립되어 있으므로 이제 와서 바꿀 수는 없다. 전기회로를 설명할 때는 전류를 사용해야 이해하기 쉬우므로, 앞으로는 '전류(양전하의 흐름)가 전지의 양극에서 음극으로 향한다'라는 표현을 사용하겠다.

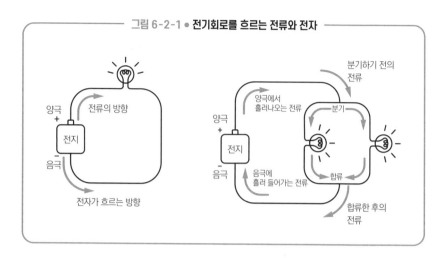

그림 6-2-1 ● 전기회로를 흐르는 전류와 전자

양극에서
흘러나오는 전류

분기하기 전의
전류

양극
+

전지

음극

전류의 방향

전자가 흐르는 방향

양극
+

전지

음극

음극에
흘러 들어가는 전류

분기

합류

합류한 후의
전류

전지의 양극에서 흘러나온 전류가 분기하거나 합류하면서 전지의 음극으로 흘러들 때의 전류의 크기에 관한 규칙을 키르히호프의 제1법칙이라고 한다.

> ▶ 키르히호프의 제1법칙
>
> 전지의 양극에서 흘러나오는 전류 = 음극으로 흘러드는 전류
>
> 분기하기 전의 전류 = 분기 후의 전류의 합 = 합류한 후의 전류

● 소자의 에너지 방출을 전압강하라고 한다

기전력이 1.5V인 망가니즈건전지의 음극 전위를 0V라고 하면, 양극 전위는 +1.5V이다. +1C의 전하가 양극에서 출발해 음극으로 이동하는 도중에 회로에 접속된 LED나 버저 등의 기기(이것을 '소자'라고 한다)에서 에너지를 방출할 때마다 그만큼 전위가 낮아진다. 각 소자에 전압강하를 더하면 전지의 기전력(전지가 복수일 때 기전력의 합)이 된다. 이것이 키르히호프의 제2법칙이다. 전압강하와 기전력은 일반적으로 전압이라고 총칭한다.

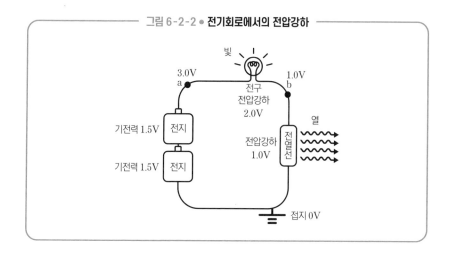

그림 6-2-2 ● 전기회로에서의 전압강하

빛

3.0V
a

1.0V
b

전구
전압강하
2.0V

기전력 1.5V 전지

기전력 1.5V 전지

전압강하
1.0V

전열선

열

접지 0V

▶ **키르히호프의 제2법칙**

전지의 기전력의 합 = 회로에 연결된 소자에 의한 전압강하의 합

그림 6-2-2의 회로 오른쪽 아래에 있는 접지는 그곳을 전위 0V로 정한다는 뜻이다. 실제로 회로의 한곳을 지면과 연결하면 불필요한 충전이나 방전이 일어나는 것을 막을 수 있다. 접지 위치를 기준으로 하면 점 a의 전위는 3.0V, 점 b의 전위는 1.0V로 나타난다.

회로에서 발열로 인해 방출되는 에너지를 줄열이라고 한다. 회로 중 원래 목적이 아닌 곳에서 원치 않는 발열이 일어나기도 한다. 즉 전류가 흐르는 것과 동시에 전지 내부에서 줄열이 발생한다. 이러한 효과를 전지의 내부저항이라고 하며, 전지가 오래될수록 두드러지게 나타난다. 따라서 +1C 전하가 전지의 양극에서 음극으로 이동하는 동안 방출할 수 있는 에너지는 전지의 기전력에서 내부저항에 의해 방출되는 에너지를 뺀 값과 같다. 이것을 전지의 단자전압이라고 한다. 시중에서 볼 수 있는 전지의 전압은 이 값을 가리킨다.

> 전지의 단자전압〔V〕=
>
> 　전지의 기전력〔V〕－전지의 내부저항에 의한 전압강하〔V〕

● 회로에서 방출되는 에너지를 소비 전력이라고 한다

전류는 1초에 흐르는 전하량이므로 0.2A의 전류가 흐른다면 1초에 0.2C의 전하가 흐르는 셈이다. 기전력이 1.5V인 전지가 0.2A의 전류를 흘리면 1초당 0.3J의 에너지가 방출된다. 이같이 전지의 기전력과 전류를 곱한 값을 회로의 소비 전력이라고 하며 W(와트)라는 단위로 나타낸다.

회로의 소비 전력〔W〕= 기전력〔V〕× 흐르는 전류〔A〕

회로의 소비 전력은 회로에 있는 각 소자의 소비 전력의 합이다.

회로 소자의 소비 전력〔W〕= 전압강하〔V〕× 흐르는 전류〔A〕

1초당 방출되는 에너지가 소비 전력이므로 여기에 걸린 시간(초)을 곱하면 방출된 에너지의 총량을 알 수 있다. 이 값을 소비 전력량이라고 한다.

소비 전력량〔J〕= 기전력〔V〕× 흐르는 전류〔A〕× 시간〔s〕

0.3W의 소비 전력을 60초간 지속하면 소비 전력량은 18J이다.

전지를 사용하면 전자가 음극 물질에서 양극 물질로 이동하며 에너지를 잃고 전지에 저장된 에너지도 줄어든다. 보조 배터리의 성능은 얻을 수 있는 소비 전력량으로 결정되지만, 출력 전압이 5V로 공통이기 때문에 생략하고 mAh(밀리암페어시)라는 단위로 표시한다. 예를 들어 1만 mAh는 5V × 10A × 3,600s라는 의미이며, 18만 J의 에너지를 저장할 수 있다.

● 전기저항의 전압강하는 흐르는 전류에 비례한다

회로 소자의 전압강하를 흐르는 전류로 나눈 값을 저항값이라고 하며, Ω(옴)이라는 단위로 나타낸다. 이 값은 전류를 1A 증가시켰을 때의 에너지 방출 증가량이다.

$$소자의\ 저항값\ [\Omega] = \frac{전압강하의\ 크기\ [V]}{흐르는\ 전류\ [A]}$$

전류가 흐르면 줄열을 방출해 전압강하를 하는 '전기저항'이라는 소자의 저항값은 큰 온도 변화가 없는 한 일정하다. 이것을 옴의 법칙이라고 한다.

> ▶ **옴의 법칙**: 온도 변화가 작은 범위에서 전기저항의 전압강하(전압)는 전기저항을 흐르는 전류에 비례한다.

전기저항의 일종인 금속선의 저항값은 금속의 저항률과 금속선 형태로 결정된다. 금속의 저항률은 온도 상승에 따라 일정한 비율로 변하며, 0℃에서의 저항률과 온도계수를 이용하면 금속선의 저항값은 다음과 같이 구한다.

$$금속선의\ 저항값\ [\Omega] = 금속의\ 저항률[\Omega{\cdot}m] \times \frac{금속선의\ 길이\ [m]}{금속선의\ 단면적\ [m^2]}$$

$$금속의\ 저항률\ [\Omega{\cdot}m] = 0°C에서의\ 저항률[\Omega{\cdot}m] \times (1 + 온도계수 \times 온도[°C])$$

0℃에서의 저항률과 온도계수는 금속의 종류에 따라 다르며 다음과 같다.

표 6-2-2 ● 0℃ 에서의 금속의 저항률과 온도계수

금속의 종류	은	동	니크롬
0℃에서의 저항률 [$\times 10^{-8}\Omega \cdot m$]	1.47	1.55	107.3
온도계수 [$\times 10^{-3}$/℃]	4.1	4.4	0.093

전기와 자기

구리선과 니크롬선을 비교하면 단면적이 $1mm^2 (10^{-6}m^2)$, 길이가 $1m$일 때 저항값은 각각 다음과 같이 변화한다.

표6-2-3 ● **구리선과 니크롬선 저항값의 온도 변화**

온도 [℃]	0	50	100	150	200
구리선의 저항값 [Ω]	0.0155	0.0189	0.0223	0.0257	0.0291
니크롬선의 저항값 [Ω]	1.073	1.078	1.083	1.088	1.093

전열선으로 사용되는 니크롬선은 저항값이 크지만 온도 변화에 따른 저항 값의 변화가 작기 때문에 온도 변화가 심한 전열선의 재료로 쓰인다. 얇은 구 리선 등에 큰 전류를 흘리 면 선이 발열하면서 저항 값이 크게 달라지므로, 전 류와 전압의 관계 그래프 에서 비례하는 직선이 나 타나지 못한다. 옴의 법칙 은 소자의 저항값이 크게 변하지 않는 범위에서 성 립된다.

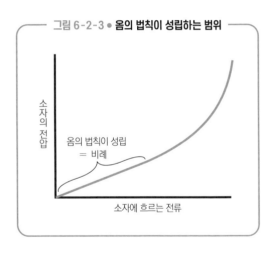

그림 6-2-3 ● **옴의 법칙이 성립하는 범위**

소자의 전압

옴의 법칙이 성립
= 비례

소자에 흐르는 전류

 한 번 더 생각하기

● **금속의 전기저항은 자유전자 모형으로 설명할 수 있다**

전기저항은 금속의 양이온과 충돌하면서 전자가 흐른다는 자유전자 모형 으로 설명할 수 있다. 이 모형에 따르면 운동 상승에 따른 저항값 상승은 금 속 양이온의 진동이 심해질수록 전자와 양이온이 더 많이 충돌했기 때문으로 볼 수 있다.

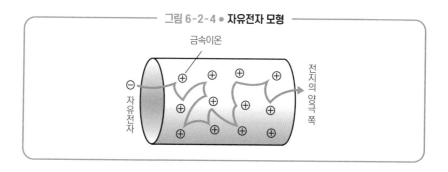

그림 6-2-4 ● 자유전자 모형

금속이온

전지의 양극 쪽

자유전자

여기서 금속선을 흐르는 전류는 다음과 같이 나타낸다.

전류 = 기본전하량 × 전자의 밀도 × 금속선의 단면적 × 전자의 속도

그림 6-2-5의 단면 A를 1초간 통과하는 전자의 개수는 '전자의 밀도 × 금속선의 단면적 × 전자의 속도'이므로 그것에 기본전하량(전자가 가진 전하량의 크기)을 곱한 값이 전류의 크기가 된다.

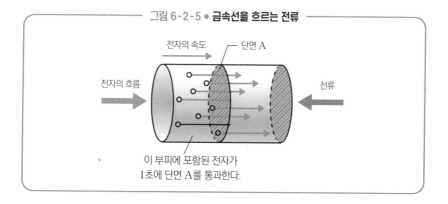

그림 6-2-5 ● 금속선을 흐르는 전류

전자의 속도

단면 A

전자의 흐름

전류

이 부피에 포함된 전자가
1초에 단면 A를 통과한다.

● 직렬·병렬 차이에 따라 에너지 방출량이 다르다

전열선 A의 저항값을 1.0Ω, 전열선 B의 저항값을 0.5Ω으로 하여 회로 연결 방식을 바꿨을 때 회로에서 방출되는 에너지가 어떻게 변하는지 알아보자.

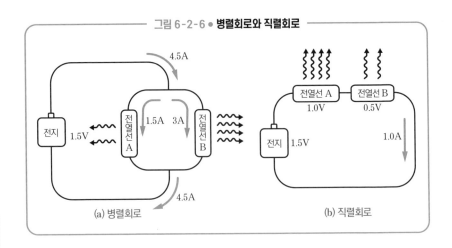

그림 6-2-6 ● **병렬회로와 직렬회로**

(a) 병렬회로

(b) 직렬회로

(1) 병렬회로 소자의 소비 전력과 회로 전체의 소비 전력

병렬회로에서 각 소자의 전압강하는 같다. 키르히호프의 제1법칙에 따르면 각 소자에 흐르는 전류의 합이 회로의 전류다.

기전력이 1.5V인 전지에 1.0Ω 소자(전열선 A)와 0.5Ω의 소자(전열선 B)를 병 렬로 연결하면, 두 전압강하가 모두 1.5V가 된다. 또한 각각 흐르는 전류의 합은 회로 전체의 전류다.

	저항값	전압강하	전류	소비 전력
전열선 A	1.0Ω	1.5V	1.5A	2.25W
전열선 B	0.5Ω	1.5V	3.0A	4.5W
회로 전체	약 0.33Ω	1.5V	4.5A	6.75W

(2) 직렬회로 소자의 소비 전력과 회로 전체의 소비 전력

직렬회로에서는 모든 소자에 같은 전류가 흐른다. 키르히호프의 제2법칙에 서 각 소자의 전압강하의 합은 회로의 기전력의 합과 같다.

1.5V의 전지에 1.0Ω의 소자(전열선 A)와 0.5Ω의 소자(전열선 B)를 직렬로 연 결하면, 흐르는 전류는 공통으로 전압강하의 합이 1.5V가 되므로 각 소비 전

력과 회로 전체의 소비 전력은 다음과 같다.

	저항값	전압강하	전류	소비 전력
전열선 A	1.0Ω	1.0V	1.0A	1.0W
전열선 B	0.5Ω	0.5V	1.0A	0.5W
회로 전체	1.5Ω	1.5V	1.0A	1.5W

이렇게 전열선의 접속 방식을 바꾸기만 해도 발열량의 크기가 역전된다. 가정의 전기는 모두 병렬로 연결되기 때문에 저항값이 낮은 전자제품이 더 큰 전력을 소비한다.

문자식을 사용한 관계식

키르히호프의 제1법칙 $I = I_1 + I_2$

회로의 전류: I(A)　　　　분기한 전류: I_1(A), I_2(A)

키르히호프의 제2법칙 $E_1 + E_2 = V_1 + V_2$

전지의 기전력: E_1(V), E_2(V)

회로 소자의 전압강하(전압): V_1(V), V_2(V)

회로의 소비 전력 P(W) $= EI$

전지의 기전력: E(V)　　　회로의 전류: I(A)

소자 A의 소비 전력 P_A(W) $= V_A I_A$

소자 A의 전압강하(전압): V_A(V)

소자 A를 흐르는 전류: I_A(V)

소비 전력량 Q(J) $= Pt$

걸린 시간: t(s)

전지의 단자전압 $V(\text{V}) = E - rI$

전지의 내부저항: $r(\Omega)$

옴의 법칙 $V(\text{V}) = RI$

금속선의 저항값 $R(\Omega) = \rho \dfrac{L}{S}$

금속의 저항률 $\rho\,(\Omega \cdot \text{m}) = \rho_0(1 + \alpha t)$

전기저항값: $R(\Omega)$ 금속의 저항률: $\rho(\Omega \cdot \text{m})$

금속선의 길이: $L(\text{m})$ 0°C에서의 저항률: $\rho_0(\Omega \cdot \text{m})$

온도계수: $\alpha\,(/°C)$ 온도: $t\,(°C)$

금속선을 흐르는 전류 $I = envS$

기본전하량: $e(\text{C})$ 전자의 밀도: $n\,(/\text{m}^3)$

전자의 이동 속도: $v(\text{m/s})$ 금속선의 단면적: $S(\text{m}^2)$

6-3

터치스크린은
어떻게 작동할까?

**축전기, 정전기유도,
정전기차폐, 유전체, 유전분극**

문제

스마트폰이나 태블릿 PC에는 다양한 최신 기술이 탑재되어 있다. 그중에서도 터치스크린을 통해 손가락이나 펜으로 화면에 자유롭게 입력할 수 있는데, 여기에는 어떤 물리학이 적용되고 있을까?

다음 중 스마트폰 터치스크린에 적용된 기술과 가장 관계가 깊은 것은 무엇일까?

- ① 전류의 크기를 제어하는 '전기저항'
- ② 전기를 저장하거나 방출하는 '축전기'
- ③ 전류가 흐르는 방향을 제어하는 '다이오드'
- ④ 전류의 급격한 변화를 완화하는 '코일'

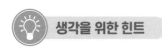

터치스크린 화면은 미세한 구획으로 나뉘어 있으며 손가락이나 터치펜으로 닿는 곳만 변한다. 그렇다면 어떤 변화를 측정하여 닿은 곳을 감지할까?

정답 ②

터치스크린에는 여러 형태가 있다. 요즘은 세게 누른 부분에 전류가 쉽게 흐르게 하는 전기저항을 응용한 형태나, 닿은 곳의 전기 저장 성질을 바꾸는 축전기를 응용한 형태가 주로 사용된다.

스마트폰에는 후자의 형태가 탑재되어 있으며, 화면에 축전기라고 하는 소자가 많이 나열되어 있다. 축전기는 전지에 연결되면 전하를 저장하고, 회로에 변화가 있으면 그 전하를 방출한다. 화면의 특정 부분을 손가락으로 만지면 그곳의 축전기가 손가락과 일체화되어 더 많은 전기를 저장하고 전하가 퍼지게 한다. 이때 발생한 전류를 통해 손가락으로 닿은 위치를 감지할 수 있다.

● 축전기의 전지 충전 성능은 전기용량으로 표시한다

6-1에서 소개했듯 뇌운 아래쪽이나 평평한 지면에서는 전기력선과 등전위선이 각각 평행하게 같은 간격을 유지한다. 즉 전위와 전기장의 관계가 더 단순해지며 다음 식으로 나타낼 수 있다.

$$\text{전기장의 세기 (N/C)} = \frac{\text{전위차 (V)}}{\text{전기력선에 따른 거리 (m)}} \qquad (1)$$

전기장의 방향 = 전위가 감소하는 방향

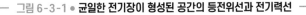

그림 6-3-1 ● 균일한 전기장이 형성된 공간의 등전위선과 전기력선

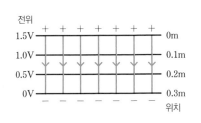

전위
1.5V   +   +   +   +   +   +   +   0m
1.0V   0.1m
0.5V   0.2m
0V   −   −   −   −   −   −   −   0.3m
위치

전기장의 세기 $= \dfrac{1.5\text{V}}{0.3\text{m}} = 5.0\text{V/m}$

전기장의 방향 : 그림의 아래쪽

축전기는 두 금속판('극판'이라고 함)을 마주한 것으로, 양전하와 음전하가 서로 끌어당기게 함으로써 전기 에너지를 저장한다. 전지를 연결하면 전지의 기전력과 같은 전압이 될 때까지 극판에 양전하와 음전하가 쌓인다.

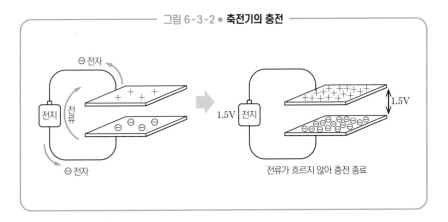

그림 6-3-2 ● 축전기의 충전

⊖ 전자

전지   전류

+ + +

⊖ ⊖ ⊖

⊖ 전자

1.5V   전지

1.5V

+++++

전류가 흐르지 않아 충전 종료

축전기의 성능은 전기용량(단위 F(패럿))이라고 하며, 극판 사이의 전압과 충전된 전하량(한쪽 극판의 전하량)의 비율로 표시한다.

$$\text{전기용량 (F)} = \frac{\text{충전된 전하량 (C)}}{\text{극판 사이의 전압 (V)}} \qquad (2)$$

여기서 그림 6-3-3처럼 평평한 두 극판이 마주 보는 평행판 축전기라면 전기용량을 다음과 같은 식으로 나타낼 수 있다.

제 6 장

전 기 와 자 기

$$\text{전기용량}\,(F) = \frac{\text{충전된 전하량}\,(C)}{\text{극판 사이의 전압}\,(V)}$$

$$= \text{유전율}\,(C^2/(N \cdot m^2)) \times \frac{\text{극판의 면적}\,(m^2)}{\text{극판 사이의 간격}\,(m)} \qquad (3)$$

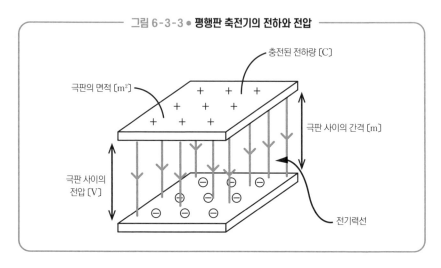

그림 6-3-3 ● 평행판 축전기의 전하와 전압

충전된 전하량 (C)

극판의 면적 (m²)

극판 사이의 간격 (m)

극판 사이의 전압 (V)

전기력선

6-1에서 소개한 가우스 법칙과 식(1)을 이용하여 식(2)의 분자와 분모를 다음과 같이 치환하면 식(3)을 도출할 수 있다.

분자: 충전된 전하량 = 유전율 × 전기력선의 개수

= 유전율 × 극판 사이의 전기장 세기 × 극판의 면적

분모: 극판 사이의 전압 = 극판 사이의 전기장 세기 × 극판 사이의 간격

 한 번 더 생각하기

● 극판 사이에 금속판을 삽입해 전기용량을 늘린다

축전기의 극판 사이에 도체인 금속판을 삽입하면 축전기의 전기용량을 증

가시킬 수 있다. 예를 들어 극판 간격의 절반 두께로 금속판을 삽입했다고 생각해 보자.

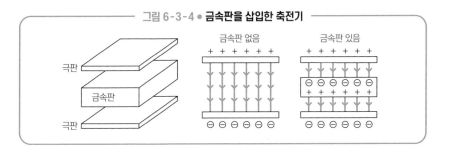

그림 6-3-4 ● **금속판을 삽입한 축전기**

전지를 연결해 축전기를 충전하고 나서 전지를 분리하면, 극판에는 '전지의 기전력 × 원래 전기용량' 크기의 전하량이 저장된다. 금속판을 극판 사이에 삽입하면 정전기유도에 의해 금속판의 상하 양면에 양전하와 음전하가 발생하고 금속판 내부의 전기장이 0이 된다. 금속에 전기장이 있으면 자유전자가 이동하여 그 전기장을 완전히 상쇄하는 반대 방향의 전기장을 만들기 때문이다. 따라서 극판과 금속판 사이에만 전기장이 남기 때문에 극판 사이의 전압은 다음과 같다.

극판 사이의 전압 = 전기장의 세기 × 극판 간격의 절반

즉 극판에 충전된 전하량은 같지만 전압이 절반으로 줄어들기 때문에 전기용량은 2배가 된다.

전기용량 = 진공의 유전율 × $\dfrac{\text{극판의 면적}}{\text{극판 간격의 절반}}$ = 원래 전기용량의 2배

덧붙여서 삽입할 금속판의 속을 비우면 내부에 전기장이 없는 공간이 생긴다. 이것을 정전기차폐라고 한다. 전자레인지 문에 금속망이 들어 있는 것은 내부에 생기는 전기장이 밖으로 새지 않도록 정전기차폐 원리를 이용해 가두기 위해서다.

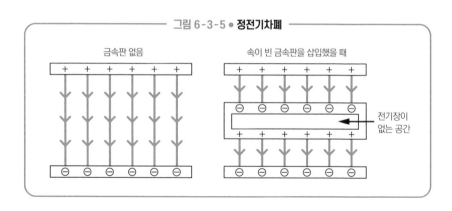

그림 6-3-5 ● 정전기차폐

금속판 없음

속이 빈 금속판을 삽입했을 때

전기장이 없는 공간

● 극판 사이에 절연체 물질을 끼워서 전기용량을 늘린다

절연체를 극판 사이에 끼우면 전기장에 의해 정전기유도가 일어나 절연체 내부의 양전하와 음전하의 배치에 약간 편차가 생기고 내부 전기장이 약해진다. 이 현상을 유전분극이라고 한다. 절연체는 유전분극을 일으키기 때문에 유전체라고도 한다.

유전체를 구성하는 원자에는 자유롭게 움직일 수 있는 전자(자유전자)가 없다. 유전체 표면에 생긴 전하는 원자와 분자 내부에서 양전하와 음전하가 쏠리면서 발생하며, 극판을 접촉시켜도 흘러나오지 않는다. 예를 들어 내부 전기장을 3분의 2만큼 상쇄할 수 있는 유전체를 생각해 보자.

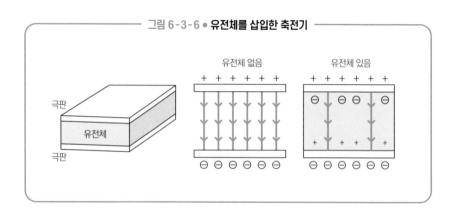

그림 6-3-6 ● 유전체를 삽입한 축전기

극판

유전체

극판

유전체 없음

유전체 있음

앞과 같이 전지를 연결하여 축전기를 충전하고 나서 전지를 분리하면 극판에는 '전지의 기전력 × 원래 전기용량'이라는 크기의 전하량이 저장된다.

그림과 같이 극판 사이의 전기장이 3분의 1이므로 극판 사이의 전압도 3분의 1이 된다. 같은 양의 전하를 3분의 1의 전압으로 저장할 수 있어 전기용량은 3배 이상 크다.

$$\text{전기용량} = \frac{\text{원래와 같은 전하량}}{\text{원래 전압} \times \dfrac{1}{3}} = \text{원래 전기용량} \times 3$$

● 축전기에 저장되는 에너지는 전하와 전압에 비례한다

축전기의 극판 사이의 전기장은 두 극판의 전하가 절반씩 합쳐져 만들어진다. 따라서 한쪽 극판의 전하에 작용하는 전기장은 극판 사이 전기장의 절반이다. 축전기의 극판이 서로 끌어당기는 힘이나 축전기에 저장되는 에너지는 이를 고려하여 다음과 같이 표현한다.

$$\text{극판이 서로 끌어당기는 힘} = \text{한쪽 극판의 전하량} \times \frac{\text{극판 사이의 전압}}{\text{극판 사이의 간격}} \times \frac{1}{2}$$

$$\text{축전기에 저장되는 전기 에너지} = \text{한쪽 극판의 전하량} \times \text{극판 사이의 전압} \times \frac{1}{2}$$

● 축전기에는 전압 변화를 완화하는 기능이 있다

전류와 전압은 축전기에 연결된 회로가 켜질 때부터 전기가 저장(충전)될 때까지 서서히 변화한다. 0.5F의 축전기와 10Ω의 전기저항을 1.5V의 전지에 직렬로 연결했을 때 어떻게 변할지 생각해 보자(그림 6-3-7).

스위치를 켜고 충전이 완료될 때까지 키르히호프의 제1법칙과 제2법칙이 항상 성립된다.

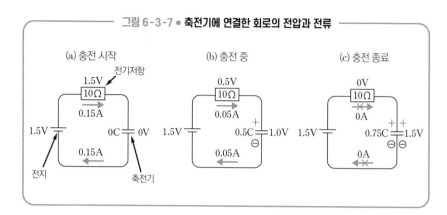

그림 6-3-7 ● 축전기에 연결한 회로의 전압과 전류

축전기를 흐르는 전류 = 전기저항을 흐르는 전류

전지의 기전력 = 축전기의 전압 + 전기저항의 전압

이러한 관계를 통해 다음의 3가지 시점에서 축전기의 축전량(저장된 전기의 양)과 전기저항을 흐르는 전류가 어떻게 변화하는지 생각해 볼 수 있다.

(a) 충전 시작(축전기의 축전량이 0C)

(b) 충전 중(축전기의 전압이 1.0V일 때)

(c) 충전 종료(축전기의 전압이 전지와 같은 1.5V)

축전기에 연결한 회로에 스위치를 켜면 다음 그래프와 같이 축전기의 전압과 회로에 흐르는 전류가 서서히 변한다. 축전기에는 전압이나 전류의 변화

표 6-3-1 ● 충전 중인 축전기의 전압과 전류

	축전기(0.5F)		전기저항(10Ω)	
	전압 [V]	축전량 [C]	전압 [V]	전류 [A]
충전 시작	0	0	1.5	1.5
충전 중	1.0	0.5	0.5	0.05
충전 종료	1.5	0.75	0	0

6
–
3

터치스크린은 어떻게 작동할까?

를 완화하는 기능이 있기 때문이다.

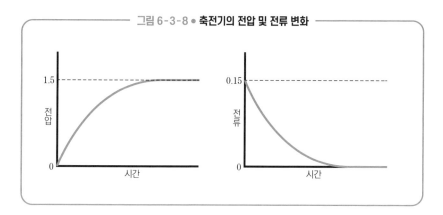

그림 6-3-8 ● 축전기의 전압 및 전류 변화

문자식을 사용한 관계식

축전기의 전기용량 $\quad C\,(\text{F}) = \dfrac{Q}{V}$

평행판 축전기의 전기용량 $\quad C\,(\text{F}) = \varepsilon \times \dfrac{S}{d}$

축전기의 극판이 서로 끌어당기는 힘 $\quad F\,(\text{N}) = \dfrac{1}{2} \times \dfrac{QV}{d}$

축전기에 저장되는 전기 에너지 $\quad U\,(\text{J}) = \dfrac{1}{2} \times QV$

저장된 전하의 전하량: $Q\,(\text{C})$ 　　　극판 사이의 전압: $V\,(\text{V})$

유전율: $\varepsilon\,(\text{C}^2/(\text{N}\cdot\text{m}^2))$ 　　극판 사이의 간격: $d\,(\text{m})$

극판의 면적: $S\,(\text{m}^2)$

제
6
장

전
기
와
자
기

6-4

나침반 없이 어떻게
방향을 알 수 있을까?

**자기장, 지구자기, 자기선속밀도, 로런츠 힘,
홀 효과, 모터, 전류를 만드는 자기장, 투자율**

문제

스마트폰으로 지도를 이용할 때는 휴대폰의 자기 센서로 어느 방향을 향하는지
순식간에 포착한다. 이 센서는 어떤 원리로 작동할까?

자기 센서에는 여러 종류가 있는데, 그중 자기에 의해 전압이 발생하는 센서를
'홀 소자'라고 한다. 생성된 전압의 양전하, 음전하 방향과 세기로 스마트폰의
방향을 알 수 있다.
지구자기는 남북 방향인데, 이 센서를 켜면 어떤 방향으로 전압이 발생할까?

① 동서 방향　　　② 남북 방향　　　③ 상하 방향

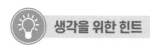

지구자기에서 자침은 남북을 가리키며 파란색이 북쪽이다. 홀 소자라면 내부에 흐르는 전류에 자기가 작용하여 전압이 발생한다. 따라서 소자가 놓인 방향에 따라 전류의 방향이 바뀌고 발생하는 전압의 방향도 달라진다. 지구자기의 방향과 전류의 방향을 고려하여 전압의 방향을 예상해 보자.

[정답] ① 또는 ③

지구자기가 왜 존재하는지는 아직 제대로 알려지지 않았다. 그러나 지구 주위에 지구자기는 틀림없이 생겨나며, 이는 북극 부근을 S극, 남극 부근을 N극으로 하는 자석으로 생각할 수 있다. 그림 6-4-1은 이러한 지구자기의 모습이다. 그림에서 화살표가 있는 선은 자기력선이며, 밀도가 높을수록 자기력이 강하게 작용한다. 자기력은 자기장이라는 자기적 공간의 변형을 통해 발생한다.

─ 그림 6-4-1 • **지구자기의 모습** ─

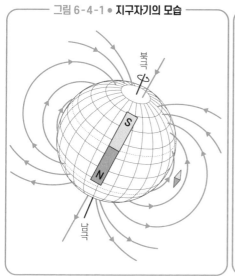

─ 그림 6-4-2 • **플레밍의 왼손 법칙** ─

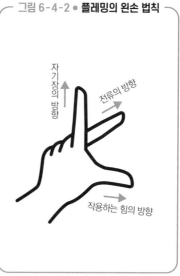

제 6 장

전기와자기

홀 소자에 발생하는 전압의 방향은 지구자기의 방향 및 전류의 방향에 수직이다. 이는 자석 근처에 전류를 흘리면 도선에 힘이 작용하는 현상과 관련이 있다. 그 힘의 크기는 자기장의 세기와 전류의 세기, 도선의 길이에 비례하며, 힘의 방향은 플레밍의 왼손 법칙(그림 6-4-2)으로 나타낸다. 19세기 말 영국의 전기공학자 존 플레밍이 발견한 이 법칙을 통해 힘이 자기장의 방향 및 전류의 방향과 수직으로 작용한다는 것을 알 수 있다.

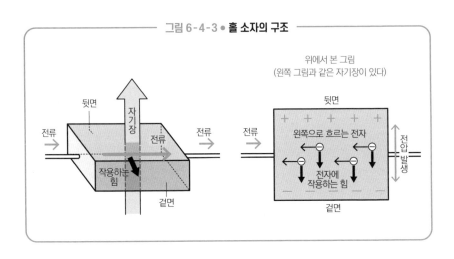

그림 6-4-3 ● 홀 소자의 구조

그림 6-4-3은 홀 소자의 구조다. 그림에서 '자기장'이라고 표시된 화살표 방향으로 지구자기가 존재할 때, 오른쪽으로 흐르는 전류에 작용하는 힘의 방향은 소자의 뒷면에서 겉면으로 향한다. 홀 소자는 전류가 양전하일 때와 음전하(전자)일 때로 나뉜다. 위 그림은 전류가 전자의 흐름일 때를 예로 든 것이다. 힘을 받은 전자가 겉면에 모이기 때문에 겉면에 음전하, 뒷면에 양전하가 나타나고 겉면과 뒷면 사이에 전압이 발생한다. 지구자기는 남북 방향이므로 전압의 방향은 전류가 동서 방향으로 흐를 때는 상하 방향(③번), 전류가 상하 방향으로 흐를 때는 동서 방향(①번)으로 작용한다.

● **속도를 가진 하전입자에는 자기장에서 로런츠 힘이 작용한다**

전류가 자기장에서 받는 힘을 로런츠 힘이라고 하는데, 전류의 정체인 하전입자(전하를 띠고 있는 입자)가 자기장 안에서 속도를 가지고 운동함으로써 생겨난다. 로런츠 힘의 크기는 하전입자의 전하량과 속도, 자기장의 자기선속밀도(단위는 T(테슬라))라는 3가지 값으로 결정된다. 하전입자의 속도가 자기선속밀도에 수직이면 로런츠 힘은 다음과 같다.

로런츠 힘의 크기 = 하전입자의 전하량 × 속도 × 자기선속밀도의 크기

로런츠 힘의 방향 = 속도와 자기선속밀도에 대해 오른나사의 법칙의 방향

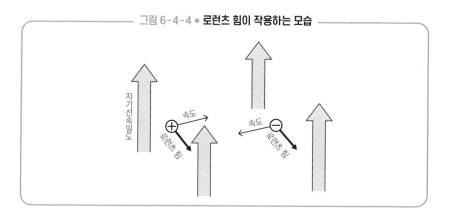

그림 6-4-4 ● 로런츠 힘이 작용하는 모습

오른나사의 법칙의 방향은 그림 6-4-5에 나타난 방향, 즉 나사 머리가 속도의 방향에서 자기선속밀도의 방향으로 회전할 때 오른나사가 진행되는 방향을 의미한다. 오른나사의 법칙의 방향을 알기 쉽게 나타낸 것이 플레밍의 왼손 법칙이다. 로런츠 힘을 예로 들자면, 중지 = 양전하 입자의 속도(전류) 방향, 검지 = 자기선속밀도의 방향, 엄지 = 양전하 입자에 작용하는 힘의 방향이다. 음전하 입자에는 힘이 반대 방향으로 작용한다.

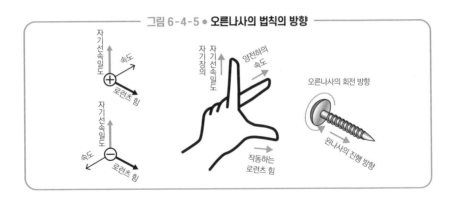

그림 6-4-5 ● 오른나사의 법칙의 방향

흐르는 하전입자마다 로런츠 힘을 받으므로 도선에 작용하는 힘은 도선 내부를 흐르는 하전입자가 받는 힘의 합이다. 따라서 전류가 자기선속밀도에 수직이면 다음과 같은 식이 성립한다.

전류가 흐르는 도선에 자기장으로부터 작용하는 힘의 크기

　= 도선 내의 하전입자 수 × 하전입자 하나에 작용하는 로런츠 힘

　= (하전입자의 밀도 × 도선의 단면적 × 도선의 길이)

　　　× (하전입자의 전하량 × 속도 × 자기선속밀도의 크기)

이때 6-2에서 소개한 대로 전류는 '하전입자의 전하 × 하전입자의 밀도 × 도선의 단면적 × 하전입자의 속도'이다. 이를 이용하여 전류가 흐르는 도선에 자기장으로부터 작용하는 힘을 나타낼 수 있다.

전류가 흐르는 도선에 자기장으로부터 작용하는 힘의 크기

　= 전류의 크기 × 자기선속밀도의 크기 × 도선의 길이

● 홀 효과로 생성된 전압에서 자기장을 파악한다

자기장에서 홀 소자에 전류를 흘려보내면 자기장과 전류에 수직 방향으로 전압이 발생한다. 이 현상을 1879년 미국의 물리학자 에드윈 홀이 발견했기 때문에 홀 효과라고 한다.

그림 6-4-3과 같이 로런츠 힘에 의해 전자가 겉면 쪽으로 접근하면 겉면에 음전하, 뒷면에 양전하가 나타나 전압이 발생한다. 홀 소자 내부의 전기장이 같을 때, 전기장의 세기는 발생한 전압을 홀 소자의 깊이로 나눈 값이 된다.

전기장의 세기 $= \dfrac{\text{겉면과 뒷면 사이에 발생한 전압}}{\text{소자의 깊이}}$

따라서 전자가 전기장으로부터 받는 전기력은 다음과 같다.

전기력의 크기 $=$ 하전입자의 전하량 $\times$ 전기장의 세기

$=$ 하전입자의 전하량 $\times \dfrac{\text{발생한 전압}}{\text{소자의 깊이}}$

여기서 전기력은 로런츠 힘과 반대 방향으로 작용하므로, 로런츠 힘과 전기력이 균형을 이루는 상태에서 안정된다는 것을 알 수 있다.

로런츠 힘의 크기 $=$ **전기력의 크기**

로런츠 힘의 크기는 '하전입자의 전하 $\times$ 속도 $\times$ 자기선속밀도의 크기'이므로 자기선속밀도의 크기는 다음과 같이 구한다. 하전입자의 속도는 전류의 값으로 알 수 있어서, 발생한 전압을 측정하면 이 공간의 자기선속밀도의 방향과 크기를 알 수 있다.

자기선속밀도의 크기 $= \dfrac{\text{겉면과 뒷면 사이에 발생한 전압}}{\text{하전입자의 속도} \times \text{소자의 깊이}}$

● 로런츠 힘을 이용해 모터를 회전시킨다

모터는 도선을 흐르는 전하가 자기장에서 받는 힘을 응용하여 가장 많이 사용되는 기술이다. 모터는 전류가 자기장에서 받는 힘을 회전 작용으로 변환한다. 다음 그림은 직류전류가 흐를 때 모터가 회전하는 모습이다.

전기와 자기

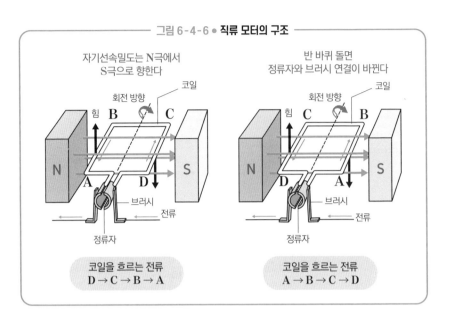

그림 6-4-6 ● 직류 모터의 구조

자기선속밀도는 N극에서
S극으로 향한다

반 바퀴 돌면
정류자와 브러시 연결이 바뀐다

회전 방향

코일

힘 B C

N A D S

브러시

전류

정류자

회전 방향

코일

힘 C B

N D A S

브러시

전류

정류자

코일을 흐르는 전류
D → C → B → A

코일을 흐르는 전류
A → B → C → D

코일에 흐르는 전류의 방향이 계속 같으면 반 바퀴 돌았을 때 반대로 돌아
가는 힘이 작용한다. 따라서 모터는 코일에 설치된 정류자와 브러시의 연결
이 반 바퀴마다 전환되어 꾸준히 같은 방향으로 돌아가는 힘을 받도록 설계
되어 있다.

● 전류 주위에는 자기장이 생긴다

자석의 자기장 안을 흐르는 전류에 자기장으로부터 힘이 작용하면 작용 반
작용에 따라 자석에 반작용의 힘이 작용한다. 이것은 전류가 주위에 만드는
자기장에 의해 자석이 힘을 받고 있기 때문이다. 전류가 주위에 만드는 자기
장은 다음과 같다.

자기장의 방향은 전류의 방향에 대한 오른나사의 법칙의 방향이다.
자기장의 크기는 전류의 세기에 비례하며 전류에서 멀어지면 약해진다.

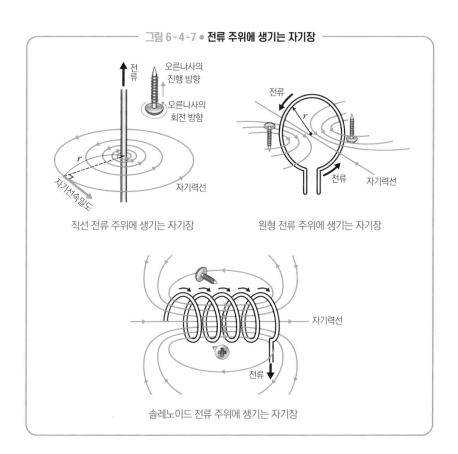

그림 6-4-7 ● **전류 주위에 생기는 자기장**

직선 전류 주위에 생기는 자기장

원형 전류 주위에 생기는 자기장

솔레노이드 전류 주위에 생기는 자기장

다양한 형태의 도선에 전류가 흐르면 전류 주위에 자기장이 생긴다. 이때 자기장의 자기선속밀도 크기는 다음과 같다.

직선 전류 주위에 생기는 자기장의 자기선속밀도 크기

$$= \frac{\text{공간의 투자율} \times \text{전류의 크기}}{2\pi \times \text{전류로부터의 거리}}$$

원형 전류의 중심에 생기는 자기장의 자기선속밀도 크기

$$= \frac{\text{공간의 투자율} \times \text{전류의 크기}}{2 \times \text{원형 전류의 반지름}}$$

솔레노이드 전류의 내부에 생기는 자기장의 자기선속밀도 크기

= 공간의 투자율 × 솔레노이드 1m당 감은 수 × 전류의 크기

식에 나오는 투자율은 물질의 자기적 성질을 나타내는 값으로, 전류와 자기장의 상호작용을 다룰 때 등장한다. 철과 니켈과 같은 강자성체는 큰 값을 갖는다.

문자식을 사용한 관계식

로런츠 힘의 크기 $f(\mathrm{N}) = qvB$

전류에 자기장으로부터 작용하는 힘의 크기 $F(\mathrm{N}) = IBL$

홀 효과로 인해 생기는 전압 $V(\mathrm{V}) = vBd$

하전입자의 전하량 크기: $q(\mathrm{C})$ 하전입자의 속도: $v(\mathrm{m/s})$

자기선속밀도의 크기: $B(\mathrm{T})$

전류의 크기: $I(\mathrm{A})$ 도선의 길이: $L(\mathrm{m})$

홀 소자의 깊이: $d(\mathrm{m})$

직선 전류 주위 자기장의 자기선속밀도 크기 $B(\mathrm{T}) = \dfrac{\mu I}{2\pi r}$

공간의 투자율: $\mu(\mathrm{N/A^2})$ 전류의 크기: $I(\mathrm{A})$

전류로부터의 거리: $r(\mathrm{m})$

원형 전류 중심 자기장의 자기선속밀도 크기 $B(\mathrm{T}) = \dfrac{\mu I}{2r}$

원형 전류의 반지름: $r(\mathrm{m})$

솔레노이드 내부 자기장의 자기선속밀도 크기 $B(\mathrm{T}) = \mu n I$

솔레노이드 1m당 감은 수: $n(\mathrm{/m})$

6-5

IC 카드의 전원은
어디에 있을까?

**전자기유도, 자기유도·상호유도, 렌츠 법칙,
패러데이 법칙, 유도기전력, 맴돌이 전류**

문제

대중교통을 이용할 때 사용하는 비접촉식 IC 카드는 평소에 자주 이용하는 전자 기술 중 하나다. 카드를 기계에 대면 카드에 저장된 정보가 즉시 기계로 전달된다.

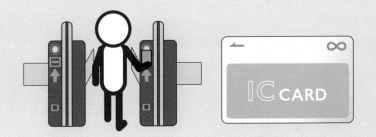

자동 개찰기에 IC 카드를 대면 삐 소리가 나며 정보가 교환된다. 그렇다면 IC 카드는 정보를 전달하는 에너지를 어디에서 얻을까?

① 카드에 내장된 미세한 전지에 에너지가 저장되어 있다.
② 카드를 사용하는 순간 일시적으로 카드 내 충전지가 충전된다.
③ 개찰기의 전원을 사용하여 카드가 작동한다.

얇은 IC 카드 안에는 정교한 기술이 담겨 있다. 그러나 개찰기와 상호작용하는 원리는 매우 간단하며 반영구적으로 카드를 사용할 수 있도록 설계되었다.

정답 ③

IC 카드에는 배터리나 충전 기능이 없다. IC 카드를 분해해서 내용물을 살펴보면 얇은 카드 안에 코일이 감겨 있다. 또한 자동 개찰기 안에도 큰 코일이 있다.

개찰기 안의 코일에 흐르는 전류가 변동하면 개찰기 위쪽에 변동하는 자기장이 발생한다. 그 위에 IC 카드를 대면 IC 카드 안의 코일에 기전력이 발생하여 IC 칩이 활성화된다. 변동하는 자기장이 기전력을 발생시키는 이러한 현상을 전자기유도라고 한다.

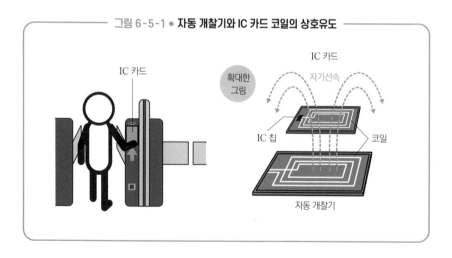

그림 6-5-1 ● 자동 개찰기와 IC 카드 코일의 상호유도

개찰기의 코일(1차 코일)에 흐르는 전류를 바꾸면 IC 카드의 코일(2차 코일)을 통과하는 자기장이 변화하며 기전력(유도기전력)이 발생한다. 이러한 구조를

상호유도라고 한다. 이때 1차 코일에 흐르는 전류의 1초당 변화와 2차 코일에 발생하는 유도기전력의 비율을 상호 인덕턴스(단위는 H(헨리))라고 한다.

2차 코일에서 발생하는 유도기전력 [V]
= − 상호 인덕턴스 [H] × 1차 코일에 흐르는 전류의 1초당 변화 [A/s]

위 식의 우변에 (−) 부호가 붙은 것은 1차 코일의 전류에 의한 자기장의 변화와 2차 코일에 의한 유도 전기장의 방향(이로써 흐르는 유도전류의 방향도 같다)이 오른나사의 법칙(그림 6-5-2 참조)과 반대 관계임을 나타낸다. 이 관계를 렌츠 법칙이라고 한다. 즉 유도전류에 의한 자기장은 유도전류의 근원이 되는 자기장의 변화를 방해하는 방향으로 발생한다.

코일에 생기는 유도기전력과 유도 전기장, 흐르는 유도전류 사이에는 다음

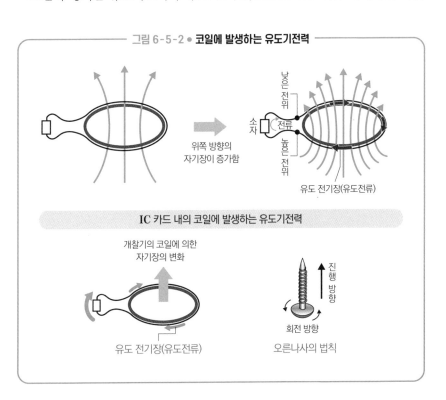

그림 6-5-2 • **코일에 발생하는 유도기전력**

위쪽 방향의 자기장이 증가함

낮은 전위

소자 전류

높은 전위

유도 전기장(유도전류)

IC 카드 내의 코일에 발생하는 유도기전력

개찰기의 코일에 의한 자기장의 변화

유도 전기장(유도전류)

진행 방향

회전 방향

오른나사의 법칙

과 같은 관계가 성립한다.

유도기전력 〔V〕 = 유도 전기장 〔V/m〕 × 코일의 둘레 길이 〔m〕

$$흐르는 유도전류 〔A〕 = \frac{유도기전력 〔V〕}{회로의 저항값 〔Ω〕}$$

코일에 연결된 소자에서 에너지가 손실되기 때문에, 소자에 전류가 흐르기 직전의 전위가 가장 높고 전류가 흐른 후의 전위가 가장 낮다.

카드 내부에 있는 IC 칩은 이런 식으로 전력이 공급되어 작동한다. 이때 전력 공급뿐만 아니라 자기장을 미세하게 바꿔서 정보를 주고받는다. 유도기전력을 유지하려면 전류를 계속 바꿔야 하므로, 1차 코일에는 1초마다 흐르는 방향을 1,356만 회 바꾸는 교류전류(즉 진동수 13.56MHz)가 흐른다.

● 코일에 의한 유도기전력은 자기 선속 변화의 세기에 비례한다

유도기전력은 자기 선속이라는 자기장의 성질 변화와 관련이 있다. 앞에서 등장한 자기선속밀도와 자기 선속의 관계는 다음과 같다.

자기 선속 〔Wb〕 = 자기선속밀도 〔T〕 × 면적 〔m²〕

자석에는 자기 선속이라는 자기력선의 묶음이 있으며, 그 밀도를 자기선속밀도라고 한다. 패러데이 전자기유도 법칙은 코일에 발생하는 유도기전력의 크기와 자기 선속, 코일의 감은 수의 관계를 나타낸 것이다.

> **▶ 패러데이 전자기유도 법칙**
>
> 유도기전력의 크기 = 코일의 감은 수 × 코일을 통과하는 자기 선속의 1초당 변화

코일에 자석을 가까이하거나 멀리하기만 해도 유도기전력이 생긴다. 자석에서 나오는 자기 선속의 수는 변하지 않지만, 그중 코일을 통과하는 자기 선

속의 수가 바뀌면서 유도기전력이 발생한다.

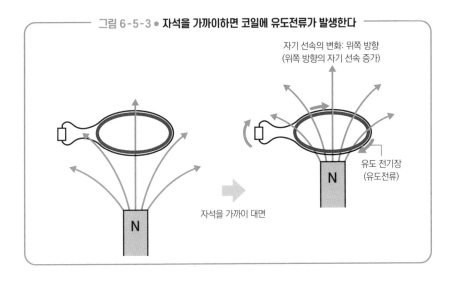

그림 6-5-3 ● **자석을 가까이하면 코일에 유도전류가 발생한다**

자기 선속의 변화: 위쪽 방향
(위쪽 방향의 자기 선속 증가)

유도 전기장
(유도전류)

자석을 가까이 대면

N

렌츠 법칙과 패러데이 법칙을 함께 고려하면 유도기전력의 방향과 크기를
다음과 같은 식으로 나타낼 수 있다.

유도기전력〔V〕
= －코일의 감은 수 × 코일을 통과하는 자기 선속의 1초당 변화〔Wb/s〕

이 식에서 (－) 부호는 자기 선속의 변화와 유도전류의 방향이 오른나사의
법칙과 반대임을 의미한다.

실제로 코일을 감지 않았어도 금속판을 통과하는 자기 선속이 변하면 금속
판 내에 유도 전기장이 생겨 소용돌이 모양의 전류(이것을 맴돌이 전류라고 한다)
가 발생한다.

게다가 아무것도 없는 장소에서 자기 선속이 변화할 때도 그것을 둘러싼
공간에는 유도 전기장이 발생한다. 이때는 유도 전기장으로부터 힘을 받아
전류를 만드는 하전입자가 없기 때문에 유도전류가 흐르지 않는다.

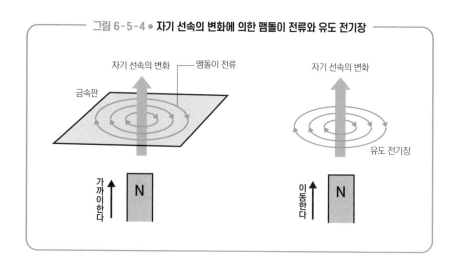

그림 6-5-4 ● 자기 선속의 변화에 의한 맴돌이 전류와 유도 전기장

 한 번 더 생각하기

● **코일은 전류의 변화를 완화한다**

전기회로에 내장된 코일은 회로 밖에서 전력을 얻는 것 외에도 중요한 역할을 한다. 바로 자기유도다. 자기유도 현상은 코일에 흐르는 전류가 바뀔 때 그 코일 자체에 유도기전력이 발생하는 것이다. 코일에 흐르는 전류의 1초당 변화(전류의 변화율)와 코일에 발생하는 유도기전력의 비를 자기 인덕턴스라고 한다.

코일의 자기유도에 의해 발생하는 유도기전력〔V〕

  = − 자기 인덕턴스 〔H〕× 전류의 변화율〔A/s〕   (1)

다음 그림은 2개의 전기저항 a, b와 코일을 전지에 연결한 회로다. 전기저항값이 10Ω, 코일의 자기 인덕턴스는 2H, 전지의 전압은 9V라고 가정해 보자.

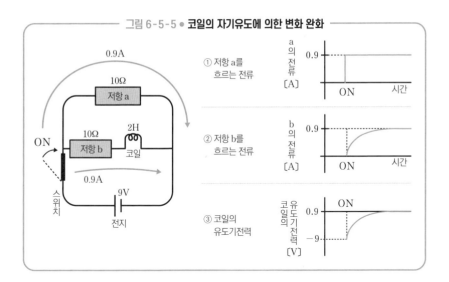

그림 6-5-5 ● 코일의 자기유도에 의한 변화 완화

① 저항 a를 흐르는 전류

② 저항 b를 흐르는 전류

③ 코일의 유도기전력

그림 6-5-5의 그래프는 스위치를 ON으로 한 후 전기저항에 흐르는 전류와 코일의 유도기전력의 변화를 나타낸 것이다. 전기저항 a의 전압강하는 전지의 기전력과 같으므로 a의 전류는 스위치를 켠 시각에 0A에서 0.9A로 단번에 증가한다.

$$\text{a의 전류 (A)} = \frac{\text{전압강하 9V}}{\text{저항값 10Ω}} = 0.9\text{A}$$

그러나 전기저항 b에서는 전류가 증가함에 따라 코일에 음의 유도기전력이 발생하므로 전류의 변화가 완화된다. 스위치를 켠 시각의 전류는 0A이므로 전기저항 b의 전압강하도 0V다. 이를 통해 코일의 유도기전력이 −9V임을 알 수 있다.

전지의 기전력 (V) + 코일의 유도기전력 (V) = 전기저항 b의 전압강하 (V)

여기서 식(1)을 이용해 전류의 변화율을 다음과 같이 계산할 수 있다.

$$\text{전류의 변화율 (A/s)} = \frac{\text{유도기전력 (V)}}{-\text{자기 인덕턴스 (H)}} = \frac{-9}{-2} = 4.5\text{(A/s)}$$

즉 스위치를 켠 직후에는 전류가 1초당 4.5A의 변화율로 늘어난다는 것을 알 수 있다. 전류와 함께 전기저항 b의 전압강하도 증가하므로 코일의 유도기 전력이 약해지고 그에 따라 전류의 변화율이 감소한다. 이 상태가 ②그래프 이며, 코일은 전기회로의 전류 변화를 완화한다.

● 코일은 회로의 에너지를 일시적으로 저장한다

코일에 음의 유도기전력이 발생하고 있을 때 전기저항에서 방출되는 에너 지는 전지가 잃는 에너지에 비해 작고, 나머지 에너지는 코일에 자기 에너지 로 저장된다.

그림 6-5-5의 회로 스위치를 끄면, 두 전기저항을 흐르는 전류와 코일의 유도기전력은 다음과 같이 변화한다.

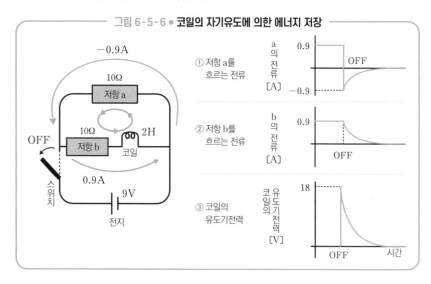

그림 6-5-6 ● 코일의 자기유도에 의한 에너지 저장

전지가 분리되므로 코일이 없으면 전기저항 a와 b의 전류는 0이 되지만, b 의 전류가 감소하면 코일에 양의 유도기전력이 발생하여 b로 전류가 계속 흐 르게 된다. 스위치를 끈 순간 b로 흐르는 0.9A의 전류가 a를 향해 흐르기 때 문에, 스위치를 끈 순간의 코일 유도기전력은 다음과 같다.

스위치를 끈 순간의 유도기전력〔V〕= a의 전압강하〔V〕+ b의 전압강하〔V〕

$$= 10\Omega \times 0.9\text{A} + 10\Omega \times 0.9\text{A} = 18\text{V}$$

0.9A의 전류가 흐르는 2H의 코일에 저장된 에너지는 다음과 같이 구할 수 있다.

코일에 저장되어 있는 에너지〔J〕

$$= \frac{1}{2} \times \text{자기 인덕턴스} \times \text{전류}^2 = \frac{1}{2} \times 2\text{H} \times (0.9\text{A})^2 = 0.81\text{J}$$

스위치를 꺼도 회로에 전류가 흐르는 것은 코일에 저장되어 있던 자기 에너지가 코일에 흐르는 전류가 감소하면 회로로 되돌아가기 때문이다.

문자식을 사용한 관계식

패러데이 전자기유도 법칙   유도기전력 $V〔\text{V}〕= -N\dfrac{\Delta\varphi}{\Delta t}$

코일에 생기는 유도 전기장 $E〔\text{N/C}〕= \dfrac{V}{2\pi r}$ (V는 유도기전력)

코일의 감은 수: N 코일을 통과하는 자기 선속의 변화율: $\dfrac{\Delta\varphi}{\Delta t}$〔Wb/s〕

코일의 반지름: r〔m〕

상호유도의 유도기전력 $V〔\text{V}〕= -M\dfrac{\Delta I_1}{\Delta t}$

자기유도의 유도기전력 $V〔\text{V}〕= -L\dfrac{\Delta I}{\Delta t}$

코일에 저장되는 에너지 $U〔\text{J}〕= \dfrac{1}{2} \times LI^2$

1차 코일의 전류 변화율: $\dfrac{\Delta I_1}{\Delta t}$〔A/s〕

상호 인덕턴스: M〔H〕   자기 인덕턴스: L〔H〕

코일의 전류 변화율: $\dfrac{\Delta I}{\Delta t}$〔A/s〕   코일의 전류: I〔A〕

6-6

전기요금은
어떻게 계산할까?

**교류 발생과 주파수, 변압기, 교류회로의 성질,
전자기파 발생, 반도체, 다이오드**

**6
|
6

전기요금은 어떻게 계산할까?**

문제

우리는 평상시에 전자제품을 곳곳에서 사용한다. 전자제품에 쓰이는 전력의 대부분은 전력회사가 교류라는 형태로 공급한다. 전자제품을 사용하거나 충전기로 충전하면 전기 사용량에 따라 전기요금이 발생한다.

에디슨

전력회사는 무엇을 세어서 우리가 집에서 사용하는 전력량을 계산할까?

① 발전소에서 송전선을 따라 집으로 흘러들어온 전자의 수

② 송전선에서 집으로 들어간 전자 수와 집에서 나가는 전자 수의 차이

③ 집 안에서 움직이는 전자의 수

320

생각을 위한 힌트

발전소에서 공급되는 전력은 교류다. 벽 콘센트에 전자제품의 플러그를 꽂으면 항상 변화하는 전압이 가해진다. 전자제품을 켜지 않으면 전류가 흐르지 않아 전기요금도 발생하지 않지만, 스위치를 켜고 전류가 흐르면 전기요금이 발생한다.

정답 ③

전자는 발전소에서 각 가정까지 먼 길을 따라 흘러들어오지 않는다. 발전소에서 집까지 전달되는 것은 교류전압이다. 집 안까지 이어진 두 전선 중 전위가 높은 쪽은 1초에 수십 번씩 전환된다. 전자제품 내부에 있는 전자는 음전하를 띠기 때문에 전위가 더 높은 쪽으로 이동하며 전위의 높낮이가 바뀔 때마다 왔다 갔다 한다. 집 안에서 전자제품을 많이 이용하면 움직이는 전자의 수가 증가한다. 전력회사는 가정에서의 전기 사용량을 측정하기 위해 전자가 움직이면 회전하는 전력량계라는 장치를 사용한다.

● 터빈을 이용하여 교류 전기가 생긴다

발전소의 발전 방식은 다양하지만, 터빈을 사용하는 방식이 주로 쓰인다. 터빈은 물이나 공기의 흐름을 받아 회전하는 기계다. 터빈 내부의 자석이 회전하면 자석 주위에 설치된 코일 내부의 자기장이 증가와 감소를 반복하면서 유도기전력이 발생한다. 이때 발생하는 유도기전력은 전압이 꾸준히 진동하기 때문에 교류라고 한다. 교류전압이 1초당 진동하는 횟수는 주파수이며, 단진동의 진동수와 같은 의미로 단위는 Hz(헤르츠)다.

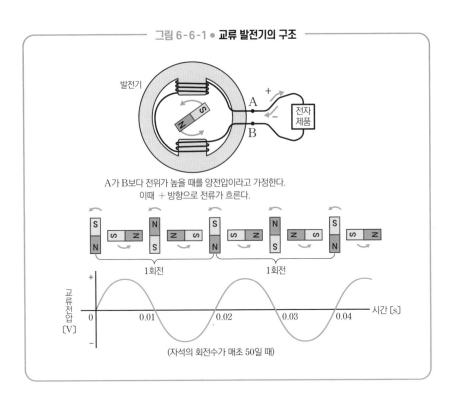

그림 6-6-1 ● 교류 발전기의 구조

발전기

A
B

+
−

전자
제품

A가 B보다 전위가 높을 때를 양전압이라고 가정한다.
이때 + 방향으로 전류가 흐른다.

1회전
1회전

교류전압
[V]

+

−

0
0.01
0.02
0.03
0.04
시간 [s]

(자석의 회전수가 매초 50일 때)

이렇게 생긴 전압은 4-3에서 소개한 sin을 사용해 다음과 같이 나타낸다.

발전기의 전압 [V] = 최대 전압 [V] × sin(발전기의 각주파수 × 시각)

각주파수는 1초당 얼마나 진동하는지(1회전이 2π) 나타내는 양이며, 각진동수와 같은 의미다. 발전 주파수가 50Hz일 때는 1초에 50회 진동하기 때문에 각주파수는 100π [rad/s]가 된다.

● **발전기에서 만들어진 교류전압이 변환되어 가정에 전달된다**

발전기에서 만들어진 교류전압은 수만 볼트지만 발전소에서 각 가정으로 전기를 전달할 때는 수십만 볼트로 전압을 올린 뒤 송전한다. 이후 가정에서 사용하기 직전에 100V까지 전압을 내린다.

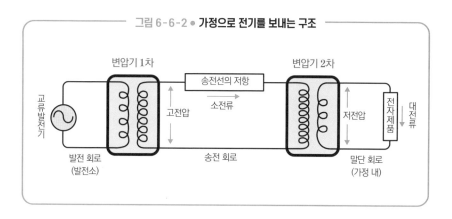

그림 6-6-2 • **가정으로 전기를 보내는 구조**

변압기 1차

송전선의 저항

변압기 2차

교류발전기

고전압

소전류

저전압

전자제품

대전류

발전 회로
(발전소)

송전 회로

말단 회로
(가정 내)

교류전압은 변압기를 사용하여 간단히 높이거나 줄일 수 있다. 변압기 1차
는 발전 회로 내 코일과 송전 회로 내 코일의 상호유도를 이용한다. 두 코일
이 공유하는 철심의 내부 자기장이 변화하면 양쪽 코일에 유도기전력이 발생
한다. 유도기전력의 크기는 코일의 감은 수에 비례하기 때문에 두 코일의 기
전력(전압)의 비는 감은 수의 비가 된다.

$$\frac{송전\ 회로의\ 전압\,(V)}{발전\ 회로의\ 전압\,(V)} = \frac{송전\ 회로\ 내\ 코일의\ 감은\ 수}{발전\ 회로\ 내\ 코일의\ 감은\ 수}$$

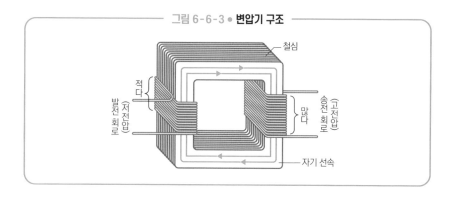

그림 6-6-3 • **변압기 구조**

철심

적다

발전 회로
(저전압)

많다

송전 회로
(고전압)

자기 선속

변압기를 통해 발전 회로에서 송전 회로 및 말단 회로로 흘러드는 에너지
는 발전 회로가 공급하는 에너지와 같다.

발전 회로의 공급 전력 = 송전 회로의 소비 전력 + 말단 회로의 소비 전력

여기서 회로의 소비 전력은 흐르는 전류의 제곱에 비례한다.

회로의 소비 전력〔W〕 = 저항값〔Ω〕× (저항을 흐르는 전류〔A〕)²

도선의 저항값은 매우 작지만 오늘날에는 장거리 송전이 대부분이므로 송전선의 저항으로 인한 에너지 손실을 무시할 수 없다. 그림 6-6-2와 같이 송전 회로를 고전압·소전류로 만들면 장거리 송전으로 인한 에너지 손실을 줄이고 많은 에너지를 말단 회로에서 소비할 수 있다. 따라서 변압기를 통해 전압을 쉽게 올리거나 내릴 수 있는 교류 송전이 주로 사용된다.

 한 번 더 생각하기

● **교류회로의 소비 전력은 평균값으로 판단한다**

교류전압이 가해진 전기저항에는 전압과 전류의 곱으로 표시되는 소비 전력이 발생한다. 이때 소비 전력 그래프는 시각에 따라 진동하므로 에너지 소비량의 지표는 평균값으로 한다.

평균 소비 전력〔W〕 = 전압의 최댓값〔V〕× 전류의 최댓값〔A〕× $\dfrac{1}{2}$

교류의 전압이나 전류는 평균을 취하면 0이지만, 소비 전력의 평균값에서 도출된 실횻값을 전압과 전류의 지표로 사용한다.

소비 전력의 평균값〔W〕 = 전압의 실횻값〔V〕× 전류의 실횻값〔A〕

= 저항값〔Ω〕× (전류의 실횻값〔A〕)²

전압과 전류의 실횻값 = 전압과 전류의 최댓값 × $\dfrac{1}{\sqrt{2}}$

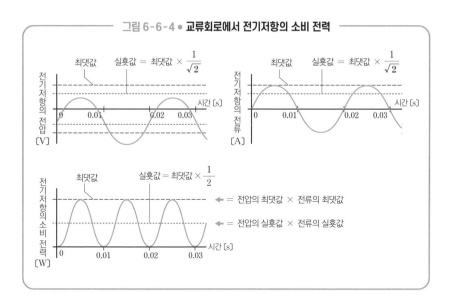

그림 6-6-4 ● 교류회로에서 전기저항의 소비 전력

최댓값　실횻값 = 최댓값 × $\dfrac{1}{\sqrt{2}}$

전기저항의 전압 [V]

시간 [s]

0　0.01　0.02　0.03

최댓값　실횻값 = 최댓값 × $\dfrac{1}{\sqrt{2}}$

전기저항의 전류 [A]

시간 [s]

0　0.01　0.02　0.03

최댓값　실횻값 × 최댓값 × $\dfrac{1}{2}$

전기저항의 소비 전력 [W]

← = 전압의 최댓값 × 전류의 최댓값

← = 전압의 실횻값 × 전류의 실횻값

시간 [s]

0　0.01　0.02　0.03

● 교류회로의 코일과 축전기는 에너지를 소비하지 않는다

코일이나 축전기에 교류전압이 가해지면 흐르는 전류의 위상이 전압과 $\dfrac{\pi}{2}$ [rad] 어긋난다. 코일의 전압은 전자기유도에 의해 발생하므로 전류의 증가율이 최대일 때 전압이 최대가 되고, 반대로 축전기에서는 전류의 증가율이 0이 될 때 완전히 충전된 상태이므로 전압이 최대가 된다.

여기서 전압과 전류의 최댓값의 비를 리액턴스라고 한다. 리액턴스의 단위는 전기저항의 '저항값'과 같은 Ω이며 전압의 최댓값을 전류의 최댓값으로 나누어 구한다.

리액턴스 [Ω] = $\dfrac{\text{코일 또는 축전기에 가해지는 전압의 최댓값 [V]}}{\text{코일 또는 축전기에 흐르는 전류의 최댓값 [A]}}$

코일 또는 축전기의 리액턴스는 교류 진동의 세기에 따라 달라지기 때문에 각주파수는 다음과 같은 관계다.

코일의 리액턴스 [Ω] = 교류의 각주파수 [rad/s] × 코일의 자기 인덕턴스 [H]

축전기의 리액턴스 [Ω]

$$= \frac{1}{\text{교류의 각주파수 [rad/s]} \times \text{축전기의 전기용량 [F]}}$$

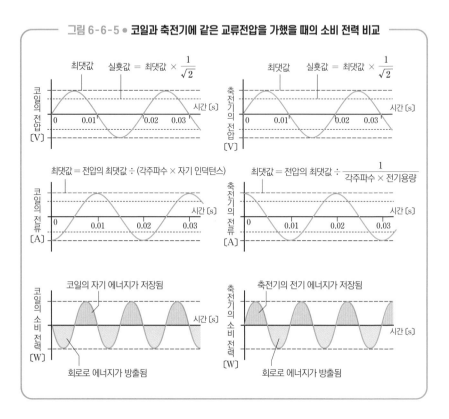

그림 6-6-5 ● 코일과 축전기에 같은 교류전압을 가했을 때의 소비 전력 비교

이 그래프의 소비 전력은 전압과 전류의 곱이며, 코일과 축전기에서 에너지의 저장과 방출이 번갈아 이루어지고 있음을 알 수 있다. 평균적으로 보면 에너지는 손실되지 않는다.

그러나 변압기와 같이 에너지가 코일에서 다른 회로로 전달되면 원래 회로에서 에너지가 방출되므로 코일의 전압과 전류의 위상 편차는 더 이상 $\frac{\pi}{2}$[rad]가 아니다. 또한 소비 전력 그래프의 평균값도 0이 되지 못한다.

● 교류회로를 공진시키면 전열선의 발열이 최대가 된다

교류회로에 연결된 전열선의 발열을 극대화하려면 어떻게 해야 할까? 전열선과 코일과 축전기가 직렬로 연결된 교류회로를 예로 들어 보자. 직렬회로에서 각 소자에 흐르는 전류는 공통이다. 흐르는 전류에 대해 각 소자의 전압이 어떻게 되는지 그래프로 만들면 다음과 같다.

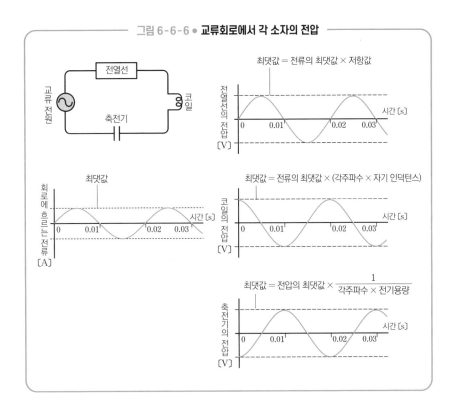

그림 6-6-6 ● 교류회로에서 각 소자의 전압

코일과 축전기의 전압 그래프는 음전하와 양전하가 항상 반대로 되어 있다. 전열선의 소비 전력이 최대가 되는 경우는 코일과 축전기의 전압 크기가 일치하여 이들의 합이 0이 될 때, 즉 코일과 축전기의 리액턴스가 같을 때다. 이 조건을 충족하면 교류회로가 공진한다.

> ▶ **교류회로의 공진 조건**
>
> 교류의 각주파수 × 코일의 자기 인덕턴스
>
> $$= \frac{1}{\text{교류의 각주파수} \times \text{축전기의 전기용량}}$$

교류 전원의 전압과 회로에 흐르는 전류의 비를 회로의 임피던스라고 한다. 직렬회로에서는 공진 조건이 충족되면 임피던스가 최소가 되고(전열선의 저항값과 같은 값) 전열선의 소비 전력은 최대가 된다. 이 현상을 직렬 공진이라고 한다.

교류회로가 공진 조건을 충족할 때 회로의 주파수를 공진 주파수라고 한다. 참고로 주파수와 진동수는 똑같은 의미이며, 1초에 몇 번 진동하는지 나타낸다. 회로의 공진 주파수는 공진 조건을 충족할 때의 각주파수를 2π로 나눈 값이다.

● 교류회로에서 전자기파가 발생한다

교류회로의 원리를 응용한 주요 분야로 전파를 사용한 통신이 있다. 전류가 자기장을 만든다는 것을 소개한 6-4를 참고하자. 송신 안테나에 교류전류가 흐르면 전류가 만드는 자기장이 주기적으로 변화하고 패러데이 전자기유도 법칙에 의해 주위에 유도기전력이 생긴다.

유도기전력이 생기면 공중에 유도 전기장이 발생한다. 이 전기장이 변동하면 전류가 흐를 때처럼 주위에 자기장이 생긴다. 이러한 방식으로 전기장과 자기장의 변동이 연쇄적으로 전달되는 것이 전자기파다. 따라서 송신 안테나 안에서 진동하는 전자와 진동수가 같은 전자기파가 멀리 전해진다.

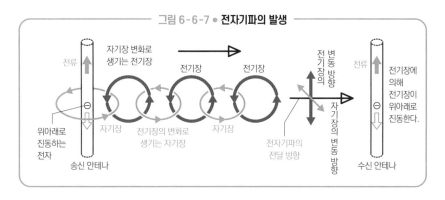

그림 6-6-7 ● 전자기파의 발생

자기장 변화로
생기는 전기장

전류

위아래로
진동하는
전자

송신 안테나

전기장

자기장

전기장의 변화로
생기는 자기장

전기장

자기장

전자기파의
전달 방향

전기장의 변동 방향

자기장의 변동 방향

전류

전기장에
의해
전기장이
위아래로
진동한다.

수신 안테나

공간에 만들어진 전기장은 송신 안테나와 같은 방향으로 진동하고, 자기장은 송신 안테나와 수직인 방향으로 진동한다. 따라서 거리를 두고 송신 안테나와 같은 방향으로 수신 안테나를 세우면 전달된 전기장이 수신 안테나 내부의 전자를 진동시켜 전류가 발생한다.

● **다이오드를 이용해 교류에서 직류를 만든다**

전자제품을 사용할 때 이용하는 AC 어댑터는 발전소에서 공급되는 교류 전기를 정류 작용을 통해 직류로 바꾼다. 정류 작용은 한쪽 방향으로 전류를 흘려보내는 다이오드를 이용한다.

그림 6-6-8 ● **다이오드를 이용한 전기회로의 정류 작용**

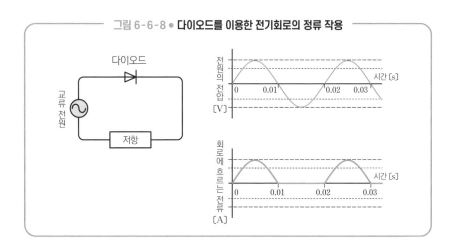

그림 6-6-8의 그래프는 정류 작용의 초기 단계를 나타낸 것이지만, AC 어댑터는 정류 작용을 통해 교류를 직류전압으로 바꾼다.

다이오드에는 도체와 절연체의 중간 성질을 띠는 반도체라는 물질이 사용된다. 도체에는 자유롭게 움직이는 하전입자(캐리어라고 한다)인 자유전자가 있지만, 반도체에는 의도에 따라 양전하나 음전하를 갖게 할 수 있다. 양전하를 가진 반도체(p형 반도체)와 음전하를 가진 반도체(n형 반도체)를 접합하면 전류는 p→n 방향으로만 흐르기 때문에 정류 효과를 얻을 수 있다.

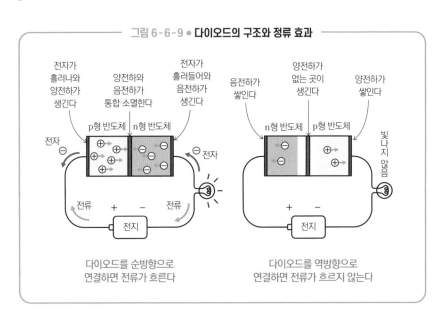

— 그림 6-6-9 ● **다이오드의 구조와 정류 효과** —

p형 반도체가 전원의 양극에 순방향으로 연결되면, 흘러오는 전자가 n형 반도체에 들어간다. 또한 p형 반도체의 가장자리에는 양전하와 전자가 생기고 전자가 회로로 흘러나온다. 중심의 접합 부분에는 양전하와 음전하가 결합하여 사라진다. LED는 이때 생기는 에너지를 빛으로 방출한다.

n형 반도체가 전원의 양극에 역방향으로 연결되면, 양쪽 반도체의 전하가 가장자리로 끌어당겨질 뿐 전류가 흐르지 않는다.

발전기의 전압 $V(\text{V}) = V_0 \sin \omega t$

변압기 1차와 변압기 2차의 관계식 $\dfrac{V_2}{V_1} = \dfrac{N_2}{N_1}$ $V_1 I_1 = V_2 I_2$

교류회로의 소비 전력 평균값 $\overline{P} = \dfrac{1}{2} V_0 I_0 = V_e I_e$

교류전압의 실횻값 $V_e = \dfrac{1}{\sqrt{2}} V_0$

교류전류의 실횻값 $I_e = \dfrac{1}{\sqrt{2}} I_0$

교류의 각주파수: $\omega\,(\text{rad/s})$ 전압: $V(\text{V})$

전압과 전류의 최댓값: $V_0(\text{V}),\ I_0(\text{A})$ 코일의 감은 수: N_1, N_2

전압과 전류의 실횻값: $V_e(\text{V}),\ V_1(\text{V}),\ V_2(\text{V})$

전압과 전류의 실횻값: $I_e(\text{A}),\ I_1(\text{A}),\ I_2(\text{A})$

코일의 리액턴스 $Z_L(\Omega) = \omega L$

축전기의 리액턴스 $Z_C(\Omega) = \dfrac{1}{\omega C}$

교류회로의 '공진' 조건 $\omega L = \dfrac{1}{\omega C}$

RLC 직렬회로의 임피던스 $Z(\Omega) = \sqrt{R^2 + \left(\omega L - \dfrac{1}{\omega C}\right)^2}$

전기저항값: $R(\Omega)$

코일의 자기 인덕턴스: $L(\text{H})$

축전기의 전기용량: $C(\text{F})$

카프리섬의 푸른 동굴

이탈리아 남부 항구도시 나폴리에서 1시간 정도 배를 타고 가면 유럽의 대표 휴양지 카프리섬에 도착한다. 이 섬의 명소는 '푸른 동굴'이다. 작은 배로 갈아타고 좁은 입구를 통과하면 아름다운 푸른빛으로 가득 찬 동굴로 들어갈 수 있다.

햇빛에는 무지개 색깔(진동수가 작은 순서대로 빨강, 주황, 노랑, 초록, 파랑, 남색, 보라)의 빛이 포함되어 있는데, 물속을 지날 때 진동수가 작은 빨간색부터 흡수된다. 대리석인 동굴 밑바닥이 남은 파란색 빛을 반사하기 때문에 동굴 안이 푸른빛으로 가득 차는 것이다.

세계에는 이와 비슷한 동굴이 많이 있다. 그중에서도 카프리섬의 동굴처럼 입구 천장과 수면 사이가 좁은 동굴일수록 직사광선이 들어오지 않아 아름다운 푸른색으로 보인다. 물론 바닷물이 깨끗하고 동물 밑바닥이 흰색이어야 한다.

이탈리아어로 진한 파란색을 블루^{blu}, 밝은 파란색을 아주로^{azzurro}라고 한다. 바다의 푸른색이나 정장의 어두운 푸른색이 블루다. 이탈리아의 남자 또는 혼성 스포츠 국가 대표팀의 애칭인 아주리^{azzuri}는 이탈리아인이 가장 좋아하는 색인 아주로의 복수형이다.

카프리섬은 모차렐라 치즈, 토마토, 바질로 만든 샐러드인 인살라타 카프레제, 그리고 레몬 껍질을 증류주에 담가 만든 리몬첼로가 유명하다. 하지만 이 섬에서는 해변에 가는 것만으로도 돈이 꽤 든다. 깜찍한 병에 든 리몬첼로를 살 수 있을 정도의 돈을 남겨 두도록 하자.

원자핵의 구조

7-1

원자를 처음 본 사람은 누구일까?

원자 구조, 동위원소, 에너지 준위,
방출 스펙트럼·흡수 스펙트럼, 고유 X선

문제

1803년 영국의 과학자 돌턴이 원자설을 주장한 이후, 20세기에 이르러 원자 구조가 속속 밝혀졌다. 영국의 과학자 톰슨은 19세기 말에 전자를 실험으로 알아내서 1904년 '톰슨 원자 모형'을 발표했고, 같은 해에 일본의 물리학자 나가오카 한타로는 '토성형 원자 모형'을 발표했다. 1911년에는 톰슨의 제자인 러더퍼드가 작고 무거운 원자핵 주위를 가벼운 전자가 원을 그리며 움직이는 '러더퍼드 원자 모형'을 발표했다.

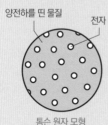

톰슨 원자 모형

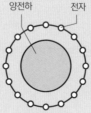

토성형 원자 모형

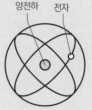

러더퍼드 원자 모형

그렇다면 원자를 처음 보는 데 성공한 사람은 누구일까?

① 조지프 존 톰슨　　② 어니스트 러더퍼드
③ 나가오카 한타로　　④ 알베르트 아인슈타인
⑤ 닐스 보어　　⑥ 아직 아무도 보지 못했다.

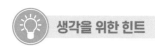
실험을 통해 원자가 원자핵과 전자로 구성되며, 원자핵이 양성자와 중성자로 나뉜다는 사실이 밝혀졌다. 그렇다면 원자를 본다는 것은 어떤 의미일까?

정답 ⑥

안타깝게도 원자를 눈으로 본 사람은 아무도 없다. 전자를 쏘아서 물체 표면의 구조를 포착하는 전자현미경으로 원자 배열은 알 수 있지만, 원자는 눈에 보이는 가시광선의 파장보다 훨씬 작아 빛을 반사할 수 없다. 즉 아무리 성능 좋은 광학현미경을 사용한다 해도 입자를 눈으로 볼 수 없다.

그러나 다양한 실험을 거쳐 원자의 존재나 구조가 알려졌으며, 이를 통해 원자에 의한 빛의 방출과 흡수를 알 수 있다.

● 작은 원자핵은 양성자로 채워져 있다

어니스트 러더퍼드는 금박에 알파 입자(헬륨 4의 원자핵)를 쏘아서 알파 입자가 투과하거나 튕겨나가는 모습을 관찰했다. 그 결과 질량이 큰 양전하 입자가 원자의 중심에 있는 작은 부분(원자핵)에 집중된 것을 발견하고, 원자핵 주위를 전자가 원운동 하고 있다는 러더퍼드 원자 모형을 구상했다.

원자핵에 포함된 입자는 양성자와 중성자이며, 원자핵 주위에 있는 전자와 함께 원자를 구성하고 있다. 원자의 종류(원소라고 한다)는 원자핵에 포함된 양성자 수로 정해진다. 따라서 양성자 수를 원자번호라고 하며, 이 번호로 어느 원자인지 판별한다.

또한 원자핵에 포함된 양성자와 중성자를 핵자라고 한다. 핵자 수(양성자 수 +중성자 수)를 질량수라고 하며, 질량수에 따라 원자 간의 대략적인 질량 비율을 알 수 있다. 원자는 다음과 같은 기호로 나타낸다.

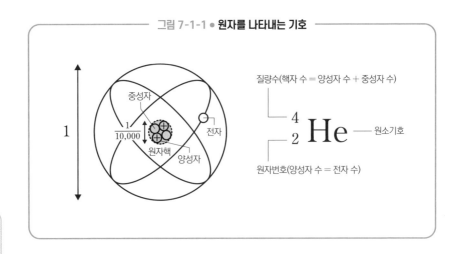

그림 7-1-1 ● 원자를 나타내는 기호

전자가 원자핵 주위를 도는 지름(즉 원자의 크기)은 약 10^{-10}m이고 원자핵의 지름은 약 1만 분의 1 이하(10^{-14}~10^{-15}m)다. 질량수가 큰 원자는 원자핵도 커지지만, 원자 크기는 전자의 분포 범위에서 결정되기 때문에 질량수와 직접적인 관련은 없다.

● 원자핵은 핵력에 의해 유지된다

양전하를 띤 양성자가 아주 작은 원자핵에 밀려드는 것은 핵자 사이에 핵력이 작용하기 때문이다. 양성자들이 서로를 밀어내는 전기력은 양성자 간 거리의 제곱에 반비례하여 작용하기 때문에, 근처에서는 강하고 멀리서는 약하게 작용한다. 하지만 핵력은 이웃한 핵자 사이에서는 매우 강하게 끌어당기지만, 그보다 멀어지면 작용하지 않는다. 원자핵 내부에서는 전기력과 핵력이 균형을 이루고 있다.

질량수가 작은 원자핵에서는 양성자와 중성자의 수가 거의 같다. 다시 말해 전기력이 작용하지 않는 중성자 덕분에 균형을 이루고 있다. 원자번호가 클수록 원자핵을 유지하기 위해 중성자가 더 많이 필요하다.

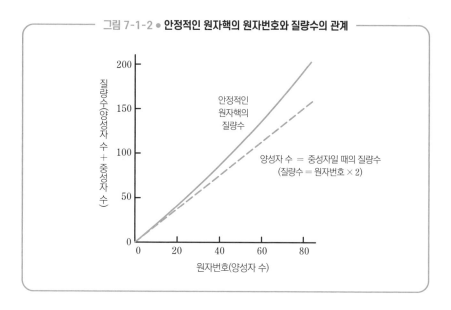

그림 7-1-2 ● 안정적인 원자핵의 원자번호와 질량수의 관계

안정적인 원자핵의 원자번호와 질량수의 관계를 그래프로 살펴보면 원자번호가 작은 영역에서는 정확히 2배로 크지만, 큰 원자는 그보다 더 많은 중성자가 필요하다는 것을 알 수 있다.

 한 번 더 생각하기

● 원소의 질량은 동위원소에 따라 다르다

같은 수의 양성자를 가진 원자라도 중성자 수가 각각 다를 수 있다. 이런 원자를 동위원소라고 한다. 중성자가 너무 많거나 너무 적은 동위원소는 시간에 따라 원자핵이 붕괴된다. 이러한 동위원소를 특히 방사성 동위원소라고 한다. 반면 자연적으로 붕괴되지 않는 동위원소는 안정 동위원소다.

많이 알려진 수소의 동위원소를 예로 들자면, 수소(수소 1), 중수소(수소 2), 삼중수소(수소 3)가 대표적이다. 수소와 중수소는 안정 동위원소이고, 삼중수소는 방사성 동위원소다. 우주에서 날아오는 방사선이 대기에 부딪혀서 생기는 삼중수소는 수십 년에 걸쳐 자연스럽게 붕괴된다.

표 7-1-1 ● **수소의 안정 동위원소와 방사성 동위원소**

명칭	수소	중수소	삼중수소
종류	안정 동위원소	안정 동위원소	방사성 동위원소
기호	$^1_1\mathrm{H}$	$^2_1\mathrm{H}$	$^3_1\mathrm{H}$
대략적인 원자 모형			
양성자 수	1	1	1
중성자 수	0	1	2

원자의 질량은 매우 작기 때문에 탄소 12(원자핵에 양성자 6개와 중성자 6개가 있는 탄소)의 원자 질량을 12u로 한 질량 단위인 원자질량단위(u)로 나타낸다.

핵자의 질량은 양성자와 중성자에 가까운 값이므로 질량수와 거의 같지만, 질량수가 1인 수소의 질량은 1u가 아니다. 이어서 설명하겠지만 원자핵의 결합에너지로 각기 다른 핵자들이 결합할 때 질량이 줄어들기 때문이다. 다음 표는 염소 동위원소의 질량과 존재비다.

표 7-1-2 ● **염소 동위원소의 질량과 존재비**

동위원소	기호	질량 [u]	존재비(%)
염소 35 (안정 동위원소)	$^{35}_{17}\mathrm{Cl}$	34.969	75.76
염소 37 (안정 동위원소)	$^{37}_{17}\mathrm{Cl}$	36.966	24.24

자연의 염소에는 염소 35와 염소 37이 약 4:3의 비율로 섞여 있다. 동위원소의 차이는 원자끼리 결합하는 화학반응에 영향을 미치지 않기 때문에 바닷물에 용해된 염화나트륨(NaCl)에 포함된 염소에도 이 동위원소들이 섞여 있다. 따라서 동위원소가 혼합된 상태에서 측정한 원자 1개의 평균 질량이 실질적으로 중요하며, 그 값을 원자량이라고 한다.

염소의 원자량 = 염소 35의 질량 × 존재비 + 염소 37의 질량 × 존재비
$$= 34.969u \times 0.7576 + 36.966u \times 0.2424$$
$$= 26.49 + 8.96 = 35.45$$

탄소의 안정 동위원소에는 탄소 12와 탄소 13이 있기 때문에 탄소의 원자량(원자 1개의 평균 질량)은 12.01이다. 탄소를 12.01g 모으면 그 안에는 탄소 원자가 약 6.02×10^{23}개(6,020억의 1조 배) 들어 있다. 이것은 어떤 원소든 마찬가지이며, 원자량만큼의 그램 수를 1몰이라고 한다. 그 안에는 원자가 약 6.02×10^{23}개 포함된다. 이 값을 나타내는 수치를 아보가드로수라고 한다.

물질 1몰에 포함된 원자 수 = 원자량만큼의 그램 수를 모은 양에 포함된 원자 수
= 아보가드로수 (개/몰)

● 전자의 에너지는 수준별로 일정한 값을 가진다

하전입자가 원운동 하면 전자파를 방출하여 에너지를 잃고 회전 반지름이 줄어든다. 따라서 전자가 원자핵 주위를 돈다고 주장한 러더퍼드 원자 모형은 '전자의 회전 반지름이 작아지지 않을까?'라는 의문에 답하지 못했다.

1913년 러더퍼드의 제자인 닐스 보어는 전자가 원자핵 주위를 돌아도 전자기파를 방출하지 않고 안정적으로 존재하는 구조가 있다고 생각했다. 이후 에너지 준위를 이용해 다음과 같은 가설을 세우고 수소 원자의 구조를 설명

원자핵의 구조

했다.

▶ **보어의 양자 가설**

원자 중 전자의 에너지는 연속으로 변하지 않고, 월등한 값(에너지 준위)을 가지며 안
정적으로 존재한다.

이 가설에 근거하여 보어는 전자를 에너지가 가장 낮은 수준부터 차례로 1,
2, 3, …이라고 등급을 매겼다. 이 양의 정수를 양자수라고 한다. 원운동 하는
전자의 궤도 반지름을 계산하면 양자수가 1인 전자의 궤도 반지름의 2배('보
어 반지름'이라고 한다)가 수소 원자의 지름(약 0.1nm)에 가깝다는 것을 확인할 수
있다. 따라서 가설은 타당하다.

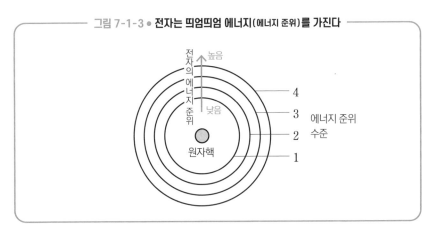

그림 7-1-3 ● **전자는 띄엄띄엄 에너지(에너지 준위)를 가진다**

● 원자의 방출과 흡수 스펙트럼은 에너지 준위의 차이로 결정된다

전자의 에너지 준위는 보통 바닥상태라는 수준이며, 정해진 양의 에너지를
흡수하면 더 높은 수준으로 올라 들뜬상태가 된다. 들뜬상태는 불안정하므로
잠시 후 흡수한 에너지를 가진 빛을 방출하여 바닥상태로 돌아온다.

다양한 원소를 저압 기체로 만들어 진공 유리관에 넣고 고전압을 가하면

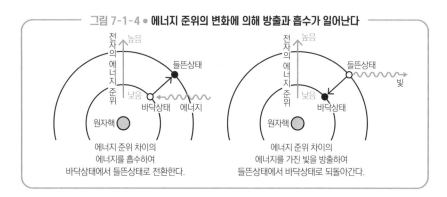

그림 7-1-4 ● 에너지 준위의 변화에 의해 방출과 흡수가 일어난다

에너지 준위 차이의 에너지를 흡수하여 바닥상태에서 들뜬상태로 전환한다.

에너지 준위 차이의 에너지를 가진 빛을 방출하여 들뜬상태에서 바닥상태로 되돌아간다.

기체를 구성하는 원자에서 빛을 방출할 수 있다. 수소 원자에서 방출되는 빛에 포함된 진동수의 분포(방출 스펙트럼이라고 한다)를 보면 다음과 같이 규칙적인 값을 가진 빛으로 구성되어 있음을 알 수 있다(방정식의 상수는 뤼드베리상수라는 수와 광속을 곱한 값을 쓴다).

$$\text{원자에서 방출되는 빛의 진동수} = \text{상수} \times \left(\frac{1}{m^2} - \frac{1}{n^2} \right) \qquad (1)$$

(m: 양의 정수, n: m보다 큰 양의 정수)

이와 같이 진동수가 규칙적인 값이 되는 것은 보어의 양자 가설을 바탕으로 한 진동수 조건으로 설명할 수 있다.

> ▶ **진동수 조건**
>
> 전자 1개가 다른 에너지 준위로 옮겨 갈 때 1개의 광자를 흡수 또는 방출하고, 그 광자의 에너지는 에너지 준위의 차이와 같다.

식(1)은 방전에 의해 날아온 전자가 기체의 원자에 충돌하여 원자 내부에 있는 전자의 에너지 준위를 어떤 양자수의 들뜬상태로 만들고, 그것이 다시 작은 양자수의 바닥상태로 돌아올 때 방출하는 빛의 진동수를 나타낸다. 여기서 광자의 에너지는 '플랑크상수 × 빛의 진동수'로 나타내며(5-8 참조), 식

(1)의 양변에 플랑크상수를 곱하면 방출되는 빛의 에너지를 구하는 식을 얻을 수 있다.

방출하는 빛의 에너지

$$= 플랑크상수 \times 뤼드베리상수 \times 광속 \times \left(\frac{1}{m^2} - \frac{1}{n^2} \right) \qquad (2)$$

(m: 양자수, n: m보다 큰 양자수)

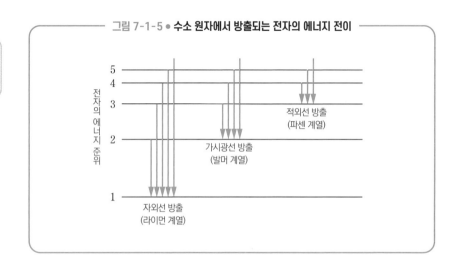

그림 7-1-5 ● **수소 원자에서 방출되는 전자의 에너지 전이**

식(2)의 우변은 양자수 m의 에너지 준위에 있는 전자를 양자수 n의 에너지 준위로 올리는 데 필요한 에너지를 나타낸다고도 할 수 있다. 여기서 m에 1, n에 ∞를 대입하면 수소 원자에서 전자를 튀어나오게 하는 데 필요한 에너지를 계산할 수 있다. 이 값은 2.18×10^{-18}J이며, 수소에서 전자를 분리하고 이온화하는 데 필요한 에너지에 해당한다. 전자 1개 수준의 에너지이므로 보통 전자볼트 단위로 환산하여 13.6eV라는 값으로 나타낸다.

● **전자에 의한 흡수 현상은 다양한 분야에 적용된다**

보어의 양자 가설은 양성자와 전자가 각각 1개뿐인 수소 원자에 관한 것이었지만, 이를 발전시켜 모든 원소에 속하는 원자의 흡수와 방출 현상을 설명할 수 있게 되었다. 예를 들어 오로라는 태양에서 흘러온 하전입자가 대기 중 분자와 부딪쳐 들뜬 전자에 의한 방출 현상이고, 불꽃의 색깔은 폭발에 의한 온도 상승으로 들뜬 화약 속 전자의 방출 현상이다.

형광등 내부에는 수은 기체가 저압으로 들어가 있으며, 방전되어 충돌한 전자에 의한 에너지 전이를 통해 자외선을 방출한다. 튜브 벽에 칠해 놓은 형광 도료 때문에 자외선을 흡수하고 그보다 에너지가 낮은 가시광선을 균형 있게 방출해 흰색을 띠는 것이다. 최근 널리 사용되고 있는 흰색 LED도 청색 LED의 빛을 흡수해 노란빛을 방출하여 원래 청색과 함께 흰색 빛을 만들어 낸다. 인간의 눈은 다양한 색상의 가시광선을 균형 있게 담았을 때 흰색으로 인식하므로 형광 도료로 균형을 조절한다.

형광 도료가 방출하는 빛은 전자가 흡수를 통해 얻은 에너지를 기반으로 한다. 따라서 흡수된 빛보다 적은 에너지의 빛을 방출한다.

태양광의 스펙트럼도 중요한 흡수 현상을 동반한다. 태양광을 분광하면 몇 개의 어두운 띠가 나타난다(이것을 프라운호퍼선이라고 한다). 다양한 원소의 흡수 스펙트럼 데이터를 바탕으로 태양과 지구 대기의 기체에 어떤 원소가 흡수되는지 연구 중이다.

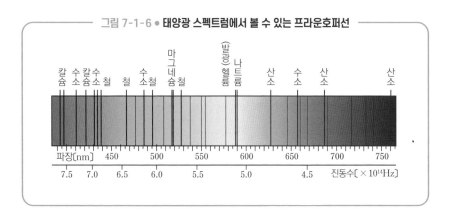

그림 7-1-6 ● 태양광 스펙트럼에서 볼 수 있는 프라운호퍼선

태양뿐만 아니라 항성에서 오는 빛을 분광하면 그 항성에 어떤 원소가 포함되어 있는지 알 수 있다. 현재는 관측 정확도가 높아져 항성 근처 행성의 대기에 의한 흡수 효과를 관측함으로써 대기 구성을 추정할 수 있다.

● X선은 전자의 에너지 전이에 의해 발생한다

전자를 많이 포함하는 금속 원자에 고속의 전자를 충돌시키면 에너지 준위가 낮은 전자가 이온화되어 튕겨 나간다. 그리고 그 빈 곳에 높은 준위의 전자가 전이되어 X선과 같은 큰 에너지를 가진(즉 진동수가 크고 파장이 짧은) 전자기파를 방출할 수 있다.

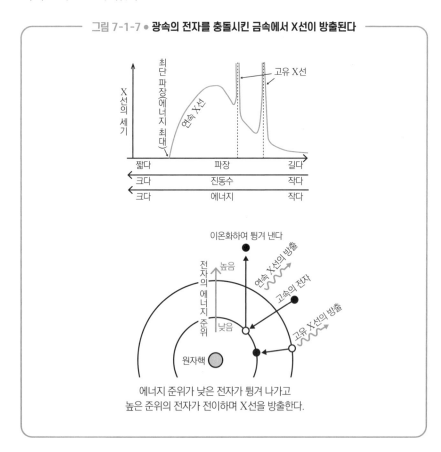

그림 7-1-7 ● 광속의 전자를 충돌시킨 금속에서 X선이 방출된다

에너지 준위가 낮은 전자가 튕겨 나가고
높은 준위의 전자가 전이하며 X선을 방출한다.

속도가 붙은 전자가 충돌하며 발생하는 X선으로는 날아온 전자의 감속에 의해 방출되는 연속 X선과 금속에서 전자의 에너지 전이에 의해 방출되는 고유 X선이 있다. 고유 X선의 파장은 금속에 따라 다르며, 그 에너지는 방출할 때 전이하는 에너지 준위의 차이다.

참고로 장치에서 방출할 수 있는 X선 광자 중에서 가장 높은 에너지는 날아온 전자 1개의 운동에너지를 모두 받은 X선 광자다. 이 X선의 파장을 최단 파장이라고 한다. 최단 파장이 아닌 X선이 방출될 때는 나머지 에너지가 금속 온도를 상승시킨다.

문자식을 사용한 관계식

보어 반지름 $r_B \,(\mathrm{m}) = \dfrac{\varepsilon_0 h^2}{\pi M e^2}$

원자에서 방출되는 빛의 진동수 $\nu \,(\mathrm{Hz}) = Rc \left(\dfrac{1}{m^2} - \dfrac{1}{n^2} \right)$

원자에서 방출되는 빛의 에너지 $E \,(\mathrm{J}) = h\nu = hRc \left(\dfrac{1}{m^2} - \dfrac{1}{n^2} \right)$

진공의 유전율: $\varepsilon_0 \,(\mathrm{C}^2/(\mathrm{N} \cdot \mathrm{m}^2))$

플랑크상수: $h \,(\mathrm{J} \cdot \mathrm{s})$ 전자의 질량: $M \,(\mathrm{kg})$

기본전하량: e 뤼드베리상수: $R \,(/\mathrm{m})$

진공 상태에서의 광속: $c \,(\mathrm{m/s})$

m: 양의 정수 n: m보다 큰 양의 정수

7-2

원자핵에서 에너지를 얼마나 추출할 수 있을까?

질량 에너지 등가 원리, 질량결손,
핵분열, 핵융합, 결합에너지, 전자볼트

문제

물리학자 아인슈타인의 수많은 발견 중 하나는 '질량 에너지 등가 원리'를 나타낸 $E = mc^2$이라는 관계식이다. 이 식은 물질의 질량이 감소할 때 그에 상응하는 에너지가 방출되는 것을 나타낸다. 좌변은 에너지(기호 E)이고 우변은 질량(기호 m)에 빛의 속도(기호 c)를 제곱한 값이다. 광속은 약 3억 m/s이므로, 이 식에 따르면 질량이 조금만 감소해도 엄청난 양의 에너지가 방출된다. 이 식을 바탕으로 거대한 에너지를 얻고자 핵폭탄이나 원자력 발전이 설계되었다.

아인슈타인

> 우라늄 235(원자기호 $^{235}_{92}$U)라는 원자는 핵분열 반응에 사용되면서 널리 알려졌다. 그렇다면 우라늄 235의 무게가 1kg일 때 몇 J의 에너지를 추출할 수 있을까?
>
> ---
>
> ① 1조 J　　　② 100조 J　　　③ 1,000조 J　　　④ 10경 J

 생각을 위한 힌트

물리학에서는 질량의 단위를 kg, 속도의 단위를 m/s로 생각한다. 핵분열 동안 질량의 몇 %가 사라졌는지 알면 방출되는 에너지를 계산할 수 있다.

[정답] ② 100조 J

정답은 ②다. 원자핵이 분열되면 우라늄 235 원자 질량의 약 0.1%만 에너지로 변환되어 방출된다.

● 원자는 원자핵과 전자로 구성된다

원자는 양성자와 중성자로 이루어진 원자핵과 그 주변에 있는 전자로 구성된다. 중성자 수와 상관없이 원자핵에 양성자가 92개 있는 원자를 우라늄이라고 한다. 이 가운데 중성자가 143개인 것이 핵분열 물질로 사용된다. 이 원자는 핵자(원자핵을 구성하는 양성자와 중성자)의 수의 합(이 수를 질량수라고 한다)이 235이므로 우라늄 235라고 한다.

원자핵 주위에는 전자가 92개 있는데, 전자는 원자 안팎으로 드나들기 쉬우며 이동할 때의 질량 변화는 원자핵의 분열에 비해 매우 작다. 따라서 여기서는 원자핵에 주목해서 질량 변화를 살펴보자.

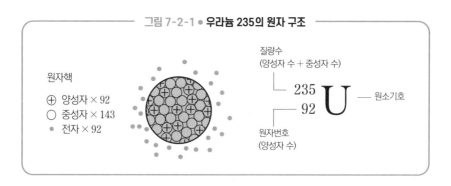

그림 7-2-1 ● 우라늄 235의 원자 구조

원자핵

⊕ 양성자 × 92
○ 중성자 × 143
● 전자 × 92

질량수
(양성자 수 + 중성자 수)

$$^{235}_{92}\text{U}$$ ─ 원소기호

원자번호
(양성자 수)

● 큰 원자는 분열할 때 에너지를 방출한다

우라늄에는 우라늄 238이나 우라늄 234와 같이 중성자 수가 다른 우라늄(이것을 동위원소라고 한다)이 있다. 그중 우라늄 235는 깨지기 쉬우며, 중성자를 충돌시키면 상대적으로 큰 원자와 작은 원자로 핵분열한다. 예를 들어 바륨 141(^{141}Ba), 크립톤 92(^{92}Kr), 2개의 중성자로 분열한다면 다음 표와 같다. 표에 있는 질량[g]은 우라늄 235의 원자핵이 1kg일 때 분열하면서 생성되는 입자들의 질량이다.

표 7-2-1 ● 우라늄 235의 핵분열

우라늄 235		바륨 141		크립톤 92		중성자(2개)
$$^{235}_{92}\text{U}$$	→	$$^{141}_{56}\text{Ba}$$	+	$$^{92}_{36}\text{Kr}$$	+	$2 \times {}^{1}_{0}\text{n}$
1,000.00g		599.52g		390.98g		8.58g
분열 전		분열 후(총 999.08g)				

표 7-2-1에서 알 수 있듯 원자핵이 분열해도 양성자와 중성자 수의 합(질량수)은 변하지 않지만, 분열 후 질량의 합은 999.08g에 불과하다. 줄어든 질량인 0.92g을 질량결손이라고 하고 이 질량은 에너지로 방출된다. 여기서 등장하는 것이 질량 에너지 등가 원리다.

> ▶ 질량 에너지 등가 원리
>
> 정지한 물체가 가진 에너지 = 질량 × 광속^2

1kg의 우라늄 235가 핵분열할 때 방출되는 에너지

= 질량결손 × 광속^2

= 0.00092kg × 3억 m/s × 3억 m/s = 82.8조 J

실제로는 연쇄 반응이 일어나 1kg의 우라늄 235에서 방출되는 에너지는 약 80조 J이다. 이 에너지로 0℃의 물을 가열하면 1kg의 물은 4,200J의 열로 1℃ 상승한다. 즉 약 19만 톤의 물을 끓일 수 있다. 같은 1kg의 휘발유보다 약 200만 배 많은 에너지다.

● 작은 원자는 핵융합할 때 에너지를 방출한다

질량수가 작은 원자핵들이 핵융합을 하면 에너지를 방출한다. 예를 들어 중수소 2개의 원자핵($^2_1$H: 양성자 1개 + 중성자 1개)이 융합되면 헬륨 3의 원자핵($^3_2$He: 양성자 2개 + 중성자 1개)과 중성자($^1_0$n)가 생긴다. 융합하는 중수소 원자핵의 질량이 총 1kg일 때 다른 입자의 질량은 다음과 같다.

————————————— 표 7-2-2 ● **중수소의 핵융합** —————————————

중수소		중수소		헬륨 3		중성자
$^2_1$H	+	$^2_1$H	→	$^3_2$He	+	$^1_0$n
500.00g		500.00g		748.66g		250.47g
분열 전(총 1,000.00g)				분열 후(총 999.13g)		

핵융합 전후의 총 질량을 비교하면 0.87g 감소했다. 이를 통해 방출되는 에너지를 계산할 수 있다.

중수소 1kg이 핵융합할 때 방출되는 에너지

= 질량결손 × 광속^2

= 0.00087kg × 3억 m/s × 3억 m/s = 78.3조 J

핵융합을 일으키려면 약 1,000만~1억 도의 고온이어야 한다. 수소폭탄처럼 충격파로 압축하여 만든 고온에서 핵융합을 일으키는 무기나 엄청난 에너지를 들여 핵융합 반응을 관측하는 실험 장치는 개발되었지만, 핵융합을 통해 에너지를 안정적으로 추출하는 장치는 아직 실현되지 못했다.

우리 주변에서는 질량과 에너지의 총량이 별개로 유지되지만 원자핵반응에서는 이렇듯 질량이 줄어들면서 에너지가 방출된다.

 한 번 더 생각하기

● **원자 수준으로 생각할 때는 특별한 단위를 이용한다**

원자 수준에서 질량이나 에너지를 생각할 때는 그 값이 매우 작기 때문에 우리가 평소 사용하지 않는 단위를 사용하기도 한다.

질량을 나타내는 원자질량단위: 탄소 12를 12u로 한 단위

1u(**원자질량단위**) = 1.6605 × 10^{-27}kg

수소 원자의 질량 = 1.0078u   양성자의 질량 = 1.0073u

중성자의 질량 = 1.0087u

에너지를 나타내는 전자볼트(eV)

: 1V 전압에서 가속된 전자의 운동에너지를 1eV로 한 단위

$$1\mathrm{eV} = 1.6022 \times 10^{-19}\mathrm{J}$$

$$1\mathrm{keV}\text{(킬로전자볼트)} = 1,000\mathrm{eV} = 1.6022 \times 10^{-16}\mathrm{J}$$

$$1\mathrm{MeV}\text{(메가전자볼트)} = 1,000\mathrm{keV} = 1.6022 \times 10^{-13}\mathrm{J}$$

질량 1u에 대응하는 에너지

$$= 1.6605 \times 10^{-27}\mathrm{kg} \times (2.9979 \times 10^{8}\mathrm{m/s})^{2}$$

$$= 14.924 \times 10^{-11}\mathrm{J} = 931.4\mathrm{MeV}$$

● 결합에너지가 더 큰 원자핵으로 변하는 핵반응

태양 내부에서는 핵융합이 일어나 에너지가 방출되어 지구 생명체의 에너지원이 된다. 항성 내부는 매우 뜨겁고 핵융합 반응이 활발하게 일어난다. 큰 항성 안에서 핵융합이 반복되어 더 큰 질량수의 원자를 만들지만, 최대 질량수 56인 철 원자까지다. 이는 원자핵의 결합에너지를 통해 설명할 수 있다.

원자핵의 결합에너지는 핵자가 결합하여 원자핵이 될 때 방출되는 에너지를 말하며, 결합에 따른 질량결손에 광속의 제곱을 곱한 값이다. 핵반응은 에너지를 방출하여 일어나는 현상이며, 결합에너지가 더 큰 원자핵으로 변화한다.

원자질량단위 또는 전자볼트와 같은 단위를 사용하여, 중수소의 핵융합으로 헬륨 3과 중성자가 생길 때 방출하는 에너지를 각 원자핵의 결합에너지에 기초하여 생각해 보자.

▶ **질량**   양성자의 질량 $= 1.0073\mathrm{u}$ 중수소 원자핵의 질량 $= 2.0136\mathrm{u}$

중성자의 질량 $= 1.0087\mathrm{u}$ 헬륨 3 원자핵의 질량 $= 3.0150\mathrm{u}$

▶ **핵자의 결합에 따라 1u의 질량결손이 일어날 때의 결합에너지**

$$= 931.4\mathrm{MeV/u}$$

● 중수소와 헬륨 3의 결합에너지

① 중수소 핵자가 결합할 때의 질량결손

= (양성자의 질량 + 중성자의 질량) − 중수소 원자핵의 질량

$= (1.0073u + 1.0087u) - 2.0136u = 0.0024u$

➡ 중수소 원자핵의 결합에너지

$= 0.0024u \times 931.4MeV/u = 2.24MeV$

② 헬륨 3의 핵자가 결합할 때의 질량결손

= (양성자의 질량 × 2 + 중성자의 질량) − 헬륨 3의 원자핵 질량

$= (1.0073u \times 2 + 1.0087u) - 3.0150u = 0.0083u$

➡ 헬륨 3 원자핵의 결합에너지

$= 0.0083u \times 931.4MeV/u = 7.73MeV$

③ 2개의 중수소 원자핵이 핵융합하여 헬륨 3과 중성자가 될 때 방출되는 에너지

= (헬륨 3 원자핵의 결합에너지) − 2 × (중수소 원자핵의 결합에너지)

$= 7.73MeV - 2 \times 2.24MeV$

$= 3.25MeV$

$= 5.21 \times 10^{-13}J$

여기서 얻은 값은 2개의 중수소 원자핵이 융합될 때 방출되는 에너지다. 중수소 1kg에는 위의 예보다 약 1.5×10^{26}배 많은 중수소가 들어 있으므로 방출되는 에너지도 약 1.5×10^{26}배가 되어 앞에서 구한 값과 같다.

1kg의 중수소가 핵융합할 때 방출되는 에너지

$= (5.21 \times 10^{-13}J) \times (1.5 \times 10^{26}) = 7.8 \times 10^{13}J = 78$조 J

● 원자핵은 핵분열과 핵융합에 의해 더욱 안정적인 상태가 된다

결합에너지는 질량수에 거의 비례하여 증가한다. 그러나 결합에너지를 질량수로 나누어 핵자 1개당 결합에너지를 비교해 보면 비율에서 약간 차이가 있다는 것을 알 수 있다.

그림 7-2-2를 보면 질량수가 56인 철 원자 근처의 결합에너지가 가장 크다. 이것은 철 원자가 가장 안정적이라는 의미다. 우주 공간에는 수소와 헬륨이 많고 지구에는 철이 많은 것은 빅뱅 이후 지금까지 항성 내부에서 핵융합이 반복된 결과

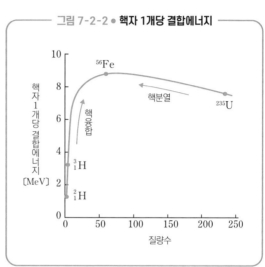

그림 7-2-2 ● 핵자 1개당 결합에너지

결합에너지가 가장 큰 원소인 철이 되었기 때문이다.

철보다 질량이 큰 원자는 거대한 항성의 초신성 폭발과 별들 사이의 충돌에 의해 고온·고압에서 합성되었다고 추측한다. 지구에 다양한 원소의 원자가 존재한다는 것은 곧 지구가 과거에 폭발한 별들의 파편으로 이루어져 있다는 뜻이다.

문자식을 사용한 관계식

핵반응에 의해 방출되는 에너지 $E\,(J) = \varDelta m \times c^2$

질량결손: $\varDelta m\,(kg)$ 진공 상태에서의 광속: $c\,(m/s)$

7-3

방사선으로부터 몸을 보호할 수 있을까?

방사성 동위원소, 방사능, 방사선,
반감기, 방사성 붕괴, 이온화 작용

문제

핵무기나 원자력 발전소 사고의 참상을 말할 때 '방사능'이라는 단어를 사용한다. 방사능은 방사선을 방출하는 능력을 말한다. 방사능이 있는 물질에는 방사선을 방출하는 물질, 즉 방사성 물질이 포함되어 있다. 만약 방사성 물질이 우리 앞에 있다면 어떻게 다루어야 할까?

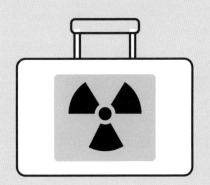

폴로늄 210이라는 물질은 반감기가 138.4일인 알파 붕괴 방사성 물질로 방사능이 매우 높다. 이 물질이 $1\mu g$ 들어 있는 병을 보관한다고 치면 어떻게 대처해야 할까?

① 방출되는 알파선은 종이로 덮기만 해도 막을 수 있다.

② 반감기의 2배(9개월)가 지나면 무해하고 안전해진다.

③ 고체라서 직접 만지지 않으면 체내에 들어가지 않는다.

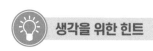
생각을 위한 힌트

　방사성 물질이라고 해도 어떤 방사선을 방출하는 원자핵을 포함하고 있느냐에 따라 위험도와 취급 방법이 달라진다.

　폴로늄 210이 일으키는 알파 붕괴란 알파선이라는 방사선을 방출하면서 일어나는 원자핵 붕괴다. 알파선은 충돌한 물질에 강하게 작용하기 때문에 그다지 먼 거리를 나아갈 수 없다. 또 반감기라는 기간이 지나면 방사선을 방출하는 원천인 폴로늄 210이 반감되어 방사능도 절반으로 줄어든다.

정답　①

　정답은 ①이다. 알파선은 종이를 통과할 수 없다. 몸 밖에 있으면 피부 안으로 들어갈 수 없으므로 언뜻 안전해 보이지만, 폴로늄은 승화하는 성질이 있어 공기 중에 떠다니며 폐로 흡입될 수 있다. 따라서 ③은 정답이 아니다. 몸에 들어가면 장기에 큰 영향을 미치므로 밀봉해서 보관해야 한다. 방사성 물질의 반감기는 방사능이 절반이 되는 시간이지만, 2배의 시간이 지나도 4분의 1로 줄어들 뿐 0이 되지 않기 때문에 ②도 정답이 아니다.

● 불안정한 원자핵에서 방사선이 발생한다

　작은 원자핵은 그 안에 포함된 양성자 수와 중성자 수가 같으면 안정된다. 반면 큰 원자핵은 중성자가 많이 들어 있을 때 안정된다(그림 7-3-2 참조).

　양성자와 중성자의 수가 불균형한 원자를 방사성 동위원소라고 하고, 불안정한 원자핵은 붕괴되어 여러 조각으로 분열된다. 만약 그 조각도 불안정하면 더욱 분열된다. 이때 원자핵의 일부를 방출하거나 불필요하게 얻은 에너지를 전자기파로 방출하기 때문에 이것들을 총칭하여 방사선이라고 한다.

　방사선에는 주로 알파(α)선, 베타(β)선, 감마(γ)선, 중성자선이 있다. 방사선을 방출하는 성질을 방사능이라고 하며, 방사능이 있는 물질은 내부에 방사성 동위원소를 포함한다. 방사성 동위원소가 붕괴하면 다른 원자가 되고, 그 원자핵이 안정되면 방사능을 잃는다.

──────── 표 7-3-1 ● 방사선의 종류 ────────

	대략적인 그림	정체	전하	질량
알파선	⊕⊕	양성자 2개 중성자 2개	$+2e$	크다
베타선	●	전자 1개	$-1e$	작다
감마선	∿∿	전자기파	없음	없다
중성자선	○	중성자 1개	없음	크다

불안정한 원자핵에는 태초부터 지구에 존재하는 것 외에도 우주 공간에서 오는 방사선(우주선)에 의해 새로 생긴 것이나 인공적으로 만들어진 것도 있다. 지각 변동과 지진을 일으키는 에너지의 일부는 땅속 방사성 물질이 붕괴해서 발생한다.

● **반감기는 원자핵이 붕괴하기 쉬운 정도를 의미한다**

방사성 동위원소의 원자핵이 언제 붕괴하는지는 통계로 명확히 알 수 있다. 방사성 동위원소가 많을 때 원자핵의 절반이 붕괴하여 안정적인 원자핵이 되는 데 걸리는 시간을 반감기라고 하며, 붕괴하기 쉬운 정도를 나타내는 지표로 사용된다.

$$\text{붕괴되지 않은 원자핵의 수} = \text{처음 원자핵의 수} \times \left(\frac{1}{2}\right)^{\frac{\text{걸린 시간}}{\text{반감기}}}$$

물질의 방사능은 방사성 동위원소 수에 비례하기 때문에 알파 붕괴에 의해 안정된 납이 되는 폴로늄 210은 반감기가 지나면 방사능이 반으로 줄어든다.

표 7-3-2 ● 주요 방사성 동위원소

명칭	우라늄 238	탄소 14	폴로늄 210
기호	$^{238}_{92}U$	$^{14}_{6}C$	$^{210}_{84}Po$
반감기	45억 년	5,700년	138일
붕괴의 종류	알파 붕괴	베타 붕괴	알파 붕괴

문제에 나온 폴로늄 210의 반감기는 138일이다. 처음에 160개가 있었다면 138일 동안 절반인 80개가 붕괴되고 80개가 남는다. 다음 138일 동안에는 그 절반인 40개가 붕괴된다. 이런 식으로 방사능은 점차 감소한다.

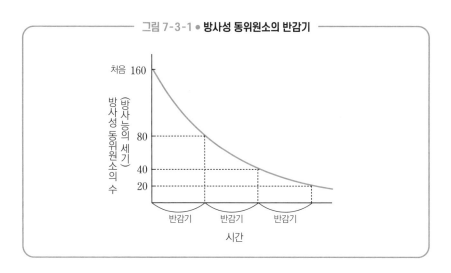

그림 7-3-1 ● **방사성 동위원소의 반감기**

● 반감기만으로 위험성을 판단할 수 없다

160개의 폴로늄이 10개가 되려면 며칠이 걸릴지 앞에 나온 식에 대입하여 계산해 보자.

$$10개 = 160개 \times \left(\frac{1}{2}\right)^{\frac{걸린\ 시간}{138일}}, \ 따라서 \ \frac{1}{16} = \left(\frac{1}{2}\right)^{\frac{걸린\ 시간}{138일}}$$

$\dfrac{1}{2}$를 4번 곱하면 $\dfrac{1}{16}$이 되므로 필요한 시간은 138일의 4배인 552일 후라는 것을 알 수 있다.

그런데 방사성 물질의 위험성은 1초에 원자핵이 얼마나 많이 붕괴하는지와 관련된다. 처음에 개수가 많아도 위험해지지만, 반감기가 짧아도 단기간에 많이 붕괴되어서 위험하다. 반대로 반감기가 길면(우라늄 238은 45억 년이다!) 그 영향이 조금씩 오래 지속되기 때문에 체내에 들어갈 위험이 커진다.

 한 번 더 생각하기

● 반감기를 이용하여 출토품의 연대를 측정할 수 있다

탄소의 질량수는 보통 12이지만 우주에서 날아온 중성자가 공기 중 질소 14($^{14}_{7}$N)의 원자핵과 충돌해 양성자를 대체하면 탄소 14($^{14}_{6}$C)가 생긴다. 탄소 14는 약 5,700년의 반감기에 걸쳐 베타 붕괴를 일으킨 후 원래의 질소 14로 돌아간다.

자연에서는 탄소 14의 생성과 붕괴가 항상 일어난다. 이산화탄소에 포함된 탄소 14의 비율은 일정하며(약 1조 분의 1), 이를 포함하는 동식물의 체내에서도 같은 비율이 유지된다. 그러나 동식물이 죽으면 탄소 14만 붕괴해서 그 비율이 감소한다. 즉 출토된 나무 조각에 탄소 14가 어느 정도의 비율로 포함되었는지 조사함으로써 그 나무가 벌채된 후의 햇수를 앞서 나온 식을 사용해 계산할 수 있다. 이러한 방법을 방사성 탄소 연대 측정법이라고 한다.

● 중성자가 매우 부족해지면 알파 붕괴나 베타 붕괴가 일어난다

중성자가 부족한 원자핵은 알파 입자(헬륨 4의 원자핵)를 방출한다. 반대로 중성자가 너무 많은 원자핵은 중성자를 양성자로 만들어 베타 입자(전자)와 중성미자를 방출한다(중성미자는 보통 관측할 수 없으므로 여기서는 생략했다). 이를 통해 불안정한 원자핵은 안정된 원자로 변한다.

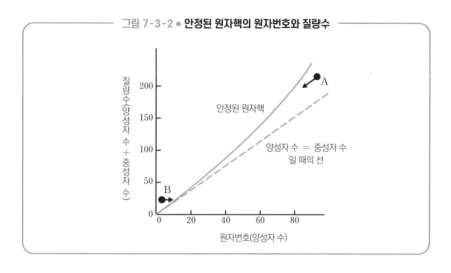

그림 7-3-2 ● **안정된 원자핵의 원자번호와 질량수**

붕괴로 생긴 에너지에 의해 알파 입자나 베타 입자는 빠른 속도로 날아간다. 이를 각각 알파선과 베타선이라고 한다. 이것들이 방출될 때 발생하는 원자핵의 방사성 붕괴가 알파 붕괴와 베타 붕괴다.

○ 알파 붕괴: 원자번호가 2 감소하고 질량수가 4 감소한 원자핵이 생긴다

예: 폴로늄 210의 알파 붕괴(그림 7-3-2의 A)

폴로늄 210		납 206 + 헬륨 4(알파 입자)
$^{210}_{84}\text{Po}$	→	$^{206}_{82}\text{Pb} + ^{4}_{2}\text{He}$

○ 베타 붕괴: 원자번호가 1 증가하고 질량수가 같은 원자핵이 생긴다

예: 삼중수소의 베타 붕괴(그림 7-3-2의 B)

삼중수소		헬륨 3 + 전자(베타 입자)
$^{3}_{1}\text{H}$	→	$^{3}_{2}\text{He} + e^{-}$

알파 붕괴나 베타 붕괴로 생긴 에너지가 원자핵에 남아 있으면, 파장이 짧은 감마선이라는 전자기파가 방출된다. 감마선이 방출되더라도 원자번호와 질량수는 변하지 않는다. 감마선과 비슷한 고에너지 전자파로 X선도 있다. 원자핵에서 방출된 것을 감마선, 원자핵 외의 하전입자에서 방출된 것을 X선이라고 한다.

또한 원자핵 붕괴로 중성자가 발생하면 다른 파편에 비해 질량이 작아서 매우 빠르게 튀어나온다. 이것이 중성자선이다.

● 방사선의 이온화 작용으로 DNA가 손상된다

방사선을 물질에 쏘면 원자핵 주위를 둘러싸고 있는 전자가 원자에서 튀어나오고 원자는 양이온이 된다. 이것을 이온화 작용이라고 한다. 생체에 방사선을 쏘면 세포의 유전정보를 가진 DNA가 이온화 작용으로 손상될 수 있다. 복구에 실패하면 세포가 죽고 손상 규모가 크면 급성 질환을 일으킨다. 또한 복구 오류로 인해 암세포가 발생할 가능성도 있다.

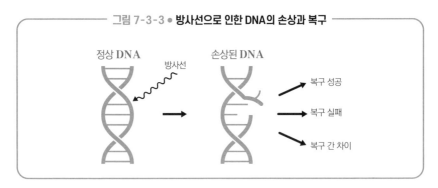

그림 7-3-3 ● 방사선으로 인한 DNA의 손상과 복구

전자제품에 많이 쓰이는 반도체는 전자의 움직임을 제어하고 있어 방사선에 의한 이온화 작용이 일어나면 정상적으로 작동하지 못한다. 그러므로 우주공간이나 원자로에서 반도체를 사용할 때는 주의해야 한다. 반대로 방사선 측정기는 방사선에 의한 이온화 작용으로 발생한 전자를 포착하여 측정한다.

● 알파선과 베타선은 상대 전자에 에너지를 주고 속도를 줄인다

전하를 띤 알파 입자와 베타 입자는 상대 원자를 이온화하면 속도가 느려지고 에너지가 0에 도달하면 정지한다. 정지할 때까지 속도를 줄이면서 진행하는 거리를 도달거리라고 한다. 알파 입자는 전자보다 질량이 훨씬 크기 때문에 전자를 튕긴 후에도 직진한다. 그래서 알파 입자는 원자핵에 부딪히기도 한다.

이온화 작용은 속도가 느려졌을 때 더 강하게 일어난다. 즉 도달거리 근처에서의 이온화 작용이 가장 크다. 또한 이온화 작용은 상대 물질의 밀도에 비례하기 때문에 철이나 납과 같이 밀도가 높은 물질은 도달거리가 짧다.

알파선은 강한 이온화 작용을 하기 때문에 에너지를 많이 잃어서 금방 멈춘다. 도달거리가 공기 중에서는 몇 cm, 물속과 생체 내에서는 몇십 μm에 불과하기 때문에 종이로도 막을 수 있고 피부에 닿아도 표면에서 멈춘다. 하지만 알파 붕괴 하는 방사성 물질이 체내에 유입되면 장기가 알파선을 지속적으로 받기 때문에 엄청난 영향이 있다.

매우 가볍고 전하가 작은 베타선은 알파선보다 빠르게 이동하고 이온화 작용도 작아서 도달거리가 약 100배나 크다. 또한 상대 전자를 튕길 때 자신도 부딪혀서 지그재그로 나아가는데, 이때 X선을 방출하여 운동에너지를 잃게 된다.

● 감마선은 광속은 유지하면서 세기가 약해진다

감마선이 원자에 충돌하면 전자에 에너지를 주어서 전자가 튀어나오거나 (광전효과) 산란되어 빛의 파장이 길어진다(콤프턴 효과). 감마선은 질량이 없는 전자기파이므로 상대 물질에 에너지를 줘도 세기가 약해질 뿐 광속을 유지한 채 나아간다. 세기 감소는 물질의 밀도와 비례하기 때문에 같은 질량이면 물이든 철이든 차폐, 즉 방사선의 영향을 막는 효과는 같다. 하지만 비중이 큰

원자핵의 구조

물질일수록 차폐 효과가 크다. 이 때문에 감마선과 X선으로부터 보호하기 위해 비중이 큰 납을 사용하는 경우가 많다.

● 중성자선은 투과성이 높지만 물로 차폐할 수 있다

중성자의 흐름을 중성자선이라고 한다. 중성자는 전하를 갖지 않기 때문에 질량이 작은 전자에는 작용하지 않지만, 원자핵과 직접 충돌하여 산란하면서 물질 속을 나아간다. 상대가 수소 원자와 같은 가벼운 원자라면 상대 원자핵도 튕겨 내고, 그 원자핵이 새롭게 충돌할 수도 있다. 또한 상대 원자핵이 중성자를 흡수해 방사성 물질이 되어 분열되거나 방사선을 방출하기도 한다.

중성자는 질량이 거의 같은 수소 원자와 충돌하면 효율적으로 에너지를 줄 수 있기 때문에 물이 풍부한 인체에 강하게 작용한다. 이러한 이유로 철과 같은 금속보다 물이나 콘크리트 등 수소를 함유한 물질로 중성자선을 잘 차폐할 수 있다.

문자식을 사용한 관계식

붕괴되지 않고 남아 있는 방사성 동위원소의 원자핵 수 $N = N_0 \times \left(\dfrac{1}{2}\right)^{\frac{t}{T}}$

최초의 수: N_0 반감기: T 걸린 시간: t

핵붕괴에서의 원자번호 변화 $\Delta Z = -2a + b$

핵붕괴에서의 질량수의 변화 $\Delta N = -4a$

알파 붕괴 횟수: a 베타 붕괴 횟수: b

올바른 핵에너지 이용

2006년 11월, 전 러시아 연방은행 직원인 알렉산드르 리트비넨코가 런던에서 의문의 죽음을 당했다. 이때 그의 몸에서는 폴로늄 210이 다량 검출되었다. 이 물질은 체내에 들어오면 원자핵 붕괴에 따라 방출되는 알파선에 의해 내부 장기에 심각한 방사선 손상을 입힌다. 그러나 알파선은 종이 한 장으로도 차폐할 수 있다. 암살자는 알파선만 방출하는 폴로늄 210을 밀폐 용기에 담아서 방사선 탐지기에 들키지 않고 자신도 피폭되지 않은 상태에서 안전하게 운반할 수 있었다.

핵분열과 핵융합으로 거대한 에너지가 방출된다는 물리학의 발견이 핵무기 제조에 응용된다는 점은 물리학자에게 매우 슬픈 사실이다. 핵반응을 통해 만들어진 이 무기들은 평소에는 엄청난 양의 힘을 숨겨서 통제했다가 소수의 사람이 필요하다고 생각할 때 한꺼번에 방출되는 잔인한 목적을 지녔다. 한편 에너지를 조금씩 방출하여 사용하도록 설계된 원자력 발전소의 원자로가 녹아 버린 멜트다운 사고는 아직 우리 기억에 생생하다. 즉 이러한 에너지를 제어하려는 인류의 시도는 성공적이지 못했다.

인간은 태양의 핵융합 반응으로 발생한 전자기파를 받는 식물을 통해 당분과 산소를 얻고 식사하며 숨을 쉰다. 기상 현상도 태양에서 오는 전자기파에 의한 온도 변화가 원인이다. 방사성 물질을 정제하여 효율적인 무기와 암살 도구를 개발할 것이 아니라, 태양에서 끊임없이 쏟아지는 에너지를 직접 활용하는 기술 개발을 위해 인류의 지혜를 모아야 할 것이다.

찾아보기